山东小麦农机农艺融合生产技术

鞠正春 马根众 王 博 吕 鹏 主编

U0246546

中国农业出版社

北 京

编　委　会

前　　言

现代农业生产中，农机和农艺是一个辩证统一体，农艺是农机的服务方向，农机是农艺的实现载体。两者只有深度融合才能充分发挥农业机械和种植技术的潜力，实现农业增产增效的目的。

小麦是山东省第一大粮食作物，也是机械化程度最高的粮食作物，其耕、种、管、收等关键环节基本实现了机械化。但由于种种原因，目前在部分地区仍然存在着农机农艺结合不够紧密的问题，导致先进农艺措施不能通过机械化手段加以实现。因此，制定科学合理、相互适应的农艺标准和机械作业规范，完善整地、土肥、播种、植保等环节的作业标准，组织引导农民统一耕作制度、种植和管理标准，实现农机农艺良好融合，对于提高劳动生产率、夺取小麦丰产丰收具有非常重要的意义。

本书针对山东省小麦生产过程中不同区域间农民种植习惯差异大、标准化程度低，小麦耕作制度、栽植方式与农机作业要求匹配度不足，部分农业机械对新型农艺技术适应性差等现状，突出农业机械和农艺技术的深度融合，从农机农艺融合的意义、种子处理、秸秆还田、土壤耕整、规范播种、田间管理、机械收获等方面进行了较系统的阐述。内容较为全面，实用性和可操作性强，可为农业技术人员、农机企业、种粮农户等提供参考。

　　本书在编写过程中，得到了许多专家和学者的支持帮助，并对提供相关资料的专家和学者表示感谢！由于时间仓促，编者水平有限，不足之处在所难免，敬请读者批评指正。

编　者

2021 年 2 月 7 日

目　　录

第一章　小麦农机农艺融合生产技术概述

　　山东省地处黄河下游，土壤肥沃，小麦栽培历史悠久，是全国冬小麦主产区。小麦作为山东省第一大粮食作物，种植面积常年稳定在 6 000 万亩*左右，单产、总产和综合机械化水平均居全国前列。2020 年山东省小麦亩产量达到 435.28 千克、总产量 256.89 亿千克，创历史新高，小麦耕种收综合机械化水平达到 99.59%。多年来，为提高山东省小麦生产能力、生产效率和生产质量，农机和农业科技工作者围绕农机农艺的结合与融合，不断研究创新、试验示范，取得了显著成效。

　　农机农艺融合是指以农艺措施为基本要求，组织农业机械化生产，开展农业机械的设计制造；并通过结合适宜不同农业机械的作业条件和环境，改进农艺措施，进而实现农业机械化生产与农业生产措施完全融合的过程。农机农艺结合是农机农艺融合的初级阶段，是指在农业生产过程中的某一环节或某一方面，通过农机与农艺有效的联系或连接，共同完成生产环节或工序的过程。因此，农机农艺融合应在进一步优化农机农艺结合的基础上，逐步将生产模式延伸应用至农业生产的各个环节，进而发展成为包括产前、产中和产后产品初加工等生产环节的全过程、全链条的生产工序。

　　农机农艺融合是一个不断创新发展、螺旋上升的过程，每一次农机农艺融合都会极大地推进生产力的提高。农业机械与农业技术或生物措施的每一次创新和发展，都孕育着新的更高层次的农机农艺融合。

---

　　* 亩为非法定计量单位，1 亩＝1/15 公顷≈667 米²。——编者注

第一节　小麦栽培技术与机械化融合发展历程

中华人民共和国成立后，山东省小麦高产栽培技术与机械化生产的发展历经六个阶段，在相互影响、相互促进的过程中，逐渐形成了山东省小麦高产栽培与机械化融合的生产技术和模式。

一、新中国成立初期的小麦合理密植与播种农具的改进

20 世纪 50 年代初期，小麦生产多采用大垄稀植（行距 40～60 厘米、每亩播种量 3～5 千克）和墩播稀植（每亩播种 3 000～4 000 墩，下种 2～4 千克）。农业技术人员吸收山东群众传统宽幅密植经验，结合苏联小麦密植经验，围绕播期、播量和播种方式进行了试验研究。试验证明：窄行密植与宽幅密植比大垄稀植增产 10%～20%，二者具有同样的增产效果。但由于宽幅密植不便于机械化作业，最终确定和推广了窄行密植增产技术。为快速推进技术应用，将农户"两腿耧"改为"三腿耧"，即在原大垄稀植的基础上再增加一行。同期，农机部门从国外引进 24 行谷物播种机，在广北农场进行小麦机械播种试验示范。在此期间，以小麦密植播种为主，带动其他配套措施的研究，促进了山东省小麦生产迅速回升和发展。1955 年，山东省小麦平均单产恢复到 51.3 千克/亩、总产达到 31.3 亿千克。

二、20 世纪 60 年代，土壤深耕与国营农场机耕作业

20 世纪 50 年代末至 60 年代中期，随着土壤肥力的不断提升以及密植、施肥、浇水等技术的改善，山东省出现了一批大面积丰产样板。在研究总结样板的基础上发现，小麦根量与土壤耕作深度呈正相关，不论哪种土壤，深耕都能增产。因此，20 世纪 60 年代山东省各地国营拖拉机站主要从事机耕、机耙作业，促进小麦增产。限于当时动力和耕作机具生产条件，确定以耕翻 20～25 厘米

为宜，深耕时间以秋耕为宜。1965 年山东省小麦平均单产达到 62.2 千克/亩、总产达到 32.1 亿千克。

三、20 世纪 70 年代，小麦蜡熟收获与割晒机、脱粒机推广应用

20 世纪 70 年代，农业科技工作者研究小麦最佳收获期后提出：小麦分段收获以蜡熟期为好，此时收获产量高、品质好，且收获运输损失小。同期，农机部门大力推广了与小型拖拉机配套的小型割晒机，主要型号为 4GL-130 型、140 型、160 型，场院配套推广了工农 2S-70、5TS-50、5T-70、5T-450 型脱粒机。至 1980 年，山东省小麦割晒机 1.8 万台，收获面积 452 万亩，脱粒机 20.8 万台。1980 年山东省小麦平均单产 116 千克/亩、总产达到 65.6 亿千克。

四、20 世纪 80 年代，小麦精播、旱麦沟播技术与装备推广应用

20 世纪 80 年代，山东农业大学进行了"冬小麦精播高产理论与实践"研究，提出了在水肥条件比较好的地区，通过小麦精播，充分发挥个体潜力，实现足穗高产。同期，有关单位研究总结出旱地小麦沟播增产技术。为尽快提高小麦产量，山东省农业厅与山东省农业机械管理局联合推广了小麦精播和旱地沟播技术，并于 1992 年在莱芜（山东省原地级市，2019 年 1 月正式撤销）共同召开了小麦精播演示现场会。同期，全省农机部门大力推广了小麦精量、半精量播种机和小麦沟播机，快速提升了山东省小麦产量。1995 年山东省小麦平均单产 342.7 千克/亩、总产达到 206 亿千克。

五、20 世纪 90 年代小麦联合收获技术与装备推广应用

20 世纪 90 年代，随着改革开放、经济发展和农村劳动力转移，小麦收获、脱粒、清选等占用大量劳动力的环节出现用工不足的情况。为此，农机和农业部门联合，将小麦分段收获改为联合收

获，将小麦蜡熟期收获改为小麦完熟期收获，大力试验示范小麦联合收获机械装备，组织"西进东征"跨区作业，使得小麦收获质量和效率得到显著提升。2005 年，山东省小麦联合收获机保有量达到 75 685 台、联合收获面积达到 3 803.13 万亩。

六、21 世纪初，小麦宽幅精量播种、保护性耕作、水肥一体化技术与装备的综合推广应用

21 世纪初，农业部门针对小麦机械化快速发展的现状，将小麦宽幅增产技术与精量播种技术结合起来，集成创新了小麦宽幅精量增产技术，并研制推广了宽幅精量播种装备；农机部门针对土壤耕层变浅、板结硬化现象，示范推广了保护性耕作技术，大力推广了玉米秸秆精量还田、土壤深松及免耕宽幅播种等一系列保护性耕作技术与装备；农机与农业部门联合完善农田水利建设，大力推进节水灌溉、测土配方和"一喷三防"等农业生产技术，推广了节水灌溉、高效植保等机械装备，进一步提升了山东省小麦生产能力。2015 年山东省小麦平均单产达到 395.18 千克/亩、总产达到 239.17 亿千克。

随着山东省小麦农艺生产技术与作业机械装备不断结合、完善与发展，山东省小麦生产能力和机械化生产水平不断提高。从发展历程看，小麦农机农艺融合由单项生产技术发展为多项生产技术相结合，且各单一生产技术相互融合效果较好。但从小麦生产的全过程看，还存在生产环节衔接差、机械配套差、作业质量低、生产资料消耗大、农机购置投入大等问题，出现农业生产环境变差、粮食增产后劲不足、粮食生产效益下降等现象，严重影响农民种粮的积极性。

第二节　小麦机艺融合存在的主要问题

虽然山东省小麦栽培技术水平高、机械化程度高，小麦单项栽培技术与农机作业技术融合紧密，但从小麦全程机械化生产视角看，小麦机艺融合生产技术还存在以下问题：

一、机械化生产种植规格不规范，装备生产率不高，土地利用率不高

由于各地资源禀赋不同、机械装备配置不同，各地小麦种植模式多样，平作畦作共存，宽畦窄畦同在，不得不配置多种动力和田间作业机械，完成不同模式和不同环节的农田作业。鲁西南、鲁西北沿黄灌区，地表水资源丰沛，小麦种植畦宽按承包土地规模大小、土地宽窄，随机分割成 2～5 米的宽畦。鲁中及半岛平原井灌区，地表及地下水资源匮乏，灌溉流量较小，小麦种植规格多采用 1.2～1.8 米的畦宽，小麦畦内播 6～12 行小麦、种植（或套种）2～3 行玉米。半岛丘陵地带、鲁南山前平原、沿湖（河）地带，降雨丰沛，年降水量 800～900 毫米，小麦种植规格多采用无畦平作，基本不灌溉或补充灌溉"救命水"，主要靠自然降雨。

在畦灌区，由于种植规格不统一，机械耕作和播种时不能破坏畦埂或跨畦作业，机组需在不满幅情况下作业，才能完成单户作业量，造成机械作业幅宽不能充分利用，机组作业效率降低，生产成本上升。收获时，宽幅收获机械跨畦作业，小麦割茬高，影响下茬玉米机械播种。

二、部分地区秸秆还田质量差，严重影响后续生产环节机械作业质量

山东省小麦玉米一年两作，玉米秸秆还田质量是决定小麦机械耕种质量的首要因素。近年来，山东省玉米秸秆还田机械化水平达到 86% 以上，但部分地区对秸秆还田培肥地力的优点认识不足，不认可、不重视秸秆还田作业，使秸秆还田质量差。主要原因：一是采用不正确的还田方式，个别地区将 3～6 行玉米割下，铺放成一幅，然后用秸秆还田机进行还田作业，由于秸秆没有根部支撑，铺放厚度大，工作部件打不透，造成长秸秆过多，还田秸秆集中，均匀性差；二是玉米还田机械选择不当，2005 年以前玉米秸秆还

田机主要是锤爪式，作业后秸秆看似粉碎，但纤维相连，造成还田质量差；三是部分地区玉米采用沟播模式与秸秆还田机不配套，造成秸秆还田质量差。

三、耕地机械选用欠科学，土壤耕层浅，土壤犁底层厚，耕层结构不合理

据调查，由于大规模耕地长期单一选用旋耕机耕作，导致山东省大部分地块 15 厘米以下存在着犁底层，耕层土壤容重在 1.45 克/厘米^3 以上，大于小麦玉米适宜生长的容重（1.2～1.3 克/厘米^3），导致适宜作物生长的耕层普遍较浅。

四、播种机械性能单一，小麦播种质量差，播种过深、晾籽、缺苗断垄现象时有发生

由于山东省大量旋耕机是秋季土地耕整装备，缺少土壤镇压装置，使得耕后土壤疏松，缺乏支撑力。同时，全省存量较大的 2BJ 系列小麦传统播种机功能单一，多采用尖铲式或圆盘式开沟器，仅有播种或施肥功能，缺少筑垄、平整土壤、仿形、限深、镇压等功能。

小麦播种机缺少筑垄装置，播前需要用扶垄机单独进行筑垄作业，机具多次进地，增加整地成本。其次，小麦播种机缺少土壤平整装置，没有土壤微整平功能；开沟器与机架刚性连接，缺少仿形功能；在旋耕后疏松的土壤上工作，轮胎碾压后的轮辙较深，较大的作业导致幅宽地表难以整平，倘若播前不对土壤进行平整或使用的播种机开沟器缺少仿形功能，极易产生晾籽现象（图 1-1），造成缺苗断垄。传统播种机播种深度靠液压悬挂控制，开沟器没有限深装置，工作中将液压放到浮动位置作业时，由于大量秸秆还田，土壤疏松塇软，极易造成播种过深（图 1-2），出现弱苗老苗，冬前不能形成壮苗。再者，传统小麦播种机从播种耧演化而来，大部分缺少强力镇压装置，播后种子与土壤接触不紧密，土壤毛管作用没有恢复，造成土壤水分蒸发快、种子不发芽、出苗或出苗后旱死的现象发生，影响小麦产量。

图 1-1 小麦播后晾籽现象

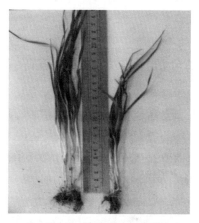

图 1-2 小麦播种过深现象

五、灌溉装备灌溉均匀性能差，造成小麦长势不均，后期影响小麦收获质量

传统农业生产采用大水漫灌或低压管灌的方式，尤其在地下水缺乏的鲁西和鲁中漏斗区，严重制约着农业生产的持续发展。近年来，各地大力推行了固定管道式喷灌系统、指针式喷灌机、平移式喷灌机、卷盘式喷灌机、喷杆式喷灌机以及简易喷灌带式节水灌溉设备。然而，在实际应用中存在管道压力不够，固定喷头式喷灌机喷灌不能接边，麦田出现圆圈式生长图案；卷盘式喷灌机移动幅度过大，易出现漏灌区域；简易喷灌带铺设在地表，小麦生长后期由

于植株遮挡喷灌扇面，造成灌溉不均，影响小麦成熟一致性。有的地区小麦灌溉定额设计不够，灌溉水分不能在耕层内充分运移，靠灌溉器较近的地方水分多、远的地方水分少，造成灌溉均匀性差。

六、传统动力（人力）植保器械存量大，农药用量大，利用率低

传统背负式植保器械，人力背负行走，劳动强度大，作业环境恶劣，以大容量、雨淋式、全覆盖的方法，药液喷雾量50～60升/亩，药液雾化程度低，喷洒流量大，药液损失严重，且加重环境污染和农药残留，喷洒不均匀系数高，个别高达46.56%，漏防漏治时常发生。

七、小麦联合机损失大，籽粒破碎多，秸秆处理质量差

目前，山东省小麦联合收获机主要为横轴流联合收获机，出草口在侧面，宽度20～30厘米，无论割幅多宽，大量秸秆都从侧面出草口排出，成条铺放，在收获后麦田形成一圈一圈的"金项链"（图1-3），影响夏季作物的抢墒抢时播种作业。

图1-3　小麦联合收割机作业后秸秆铺放情况

横轴流脱粒滚筒对物料作用时间短、作用力大，因此籽粒破碎多，收获质量差。同时，凹板间隙调整比较麻烦，机手在操作时不愿意随着小麦成熟度和干湿度调整凹板间隙，增加收获损失。

八、小麦籽粒烘干总量少，烘干设备运行效率低

近年来小麦联合收获抢农时、作业效率高等特点得到农民认可，70％以上麦田收获期由蜡熟期推迟到蜡熟后期或完熟期，小麦籽粒水分由 17％～20％降低到 11％～13％，大部分籽粒不进行烘干作业，收获后直接售出。购置的烘干设备仅用于秋季玉米籽粒烘干作业，运行率较低。

分析产生问题的原因：一是小麦全程机械化生产机艺融合欠佳，造成了小麦全程机械化生产农艺措施与农机装备不完全吻合的现状；二是部分农业机械动力机械性能低，高速高效节能型农业机械动力装备亟待研发推广；三是农业生产规模小，农业机械化规模生产效益差，高性能、高品质、高价格的农业机械装备需求动力不足；四是自动化、智能化等现代农业、精准农业、智慧农业装备发展缓慢；五是小麦全程机械化生产作业标准与规范未形成体系。以上这些现象，有待在今后的农业机械化发展进程中改进完善。

第三节 山东省小麦机艺融合生产有效途径

"十四五"期间，山东省小麦产能要再上新台阶，实现农业持续稳定发展，生产效益不断提升，必须改变传统的生产、管理、研究模式，探索农机与农艺融合的有效途径。

一、山东省小麦机艺融合技术措施

1. 统筹生产体系 将小麦玉米当作一个生产体系进行统筹研究，以获取粮食产量和生产效益最大化为目的，改变将小麦、玉米作为两种作物分别研究的传统。从收获后秸秆处理、土壤耕作、播种方式、肥料施用、灌溉用水、田间管理、机械装备配置等各个环节进行统筹考量，实现农机农艺的有机结合。

2. 规范种植模式，减少机械配备成本 按照各地自然条件和农业生产状况，通过试验示范，规范小麦玉米高产种植模式，分别形成沿黄灌区、平原井灌区、丘陵旱作区小麦玉米种植模式。按照规范生产要求，配备农业机械装备，降低农业机械配套的社会成本。

3. 采用简化栽培措施，推广耕种肥、水肥药一体化措施与装备 小麦玉米机艺融合全程栽培措施是将土壤保护、配方施肥、节水灌溉、品种选择、精播密植、防治病虫、创新机械作业等机械化生产措施复合集成，通过复式联合作业机械装备，实现精准简化作业。简化栽培不是农业生产措施的简单抛弃和粗放管理，而是提高粮食生产机械化作业质量和效益的必然要求。根据山东省农业生产实际情况，大力推广复式作业机械，实行夏秋保护性耕作"一条龙"作业。夏季开展小麦机收、秸秆精细还田、玉米免耕精播"一条龙"机械化作业；秋季开展玉米机收、秸秆精细还田、土壤耕作、小麦播种"一条龙"机械化作业，简化生产环节。

4. 开展农业机械创新，推动生产环节科学衔接 针对不同区域小麦玉米种植特点，适应农业生产规模化、集约化、规范化的要求，积极开展农业机械创新。在普及自走式小麦联合收割机和玉米免耕直播机的基础上，研发粮草兼顾型小麦玉米互换式联合收获机和复式免耕播种（精播）机；在悬挂式玉米联合收获机的基础上，研发多功能自走式玉米联合收获机。加大技术创新力度，不断推出符合农艺生产要求的、性能先进的复式作业机械。以农业机械装备的创新，引领农艺制度变革，推动生产环节的科学衔接，实现农机与农艺相互结合、互相促进、协调发展。

二、小麦机艺融合机械化生产技术途径

山东省各地自然资源禀赋不同、农村经济发展存在差异、农业机械生产装备有别，小麦全程机械化解决方案不能"一刀切"。针对小麦生产环节存在的问题，提出各生产环节技术建议。

（一）推进玉米秸秆精细还田，为提高土壤耕整与小麦播种质量奠定基础

玉米秸秆还田是秸秆综合利用最简单、最直接、最经济的方式，秸秆利用率最大化，也是补充土壤有机质、培肥地力，保障小麦持续高产的有效途径。据章丘奔腾农场测试，秸秆周年全部还田，10 厘米耕层平均增加有机质 0.74 克/千克。目前，有人认为在黄淮小麦玉米两作区，秸秆两季全部还田总量太多，玉米秸秆需离田移除。当还田质量不高、土壤耕整较浅、配套作业不当时，两季作业秸秆全部还田可能显的"多"；当玉米秸秆实现精细还田，配套土壤深耕、深旋等措施，秸秆还田量就不多。

（二）规范小麦区域种植规格和模式，提高机械装备作业效率和质量，提高土地利用效率和产量

山东省小麦玉米或小麦花生一年两作，农时衔接紧密，各地在制定种植规格时，要统筹小麦玉米全年体系。根据灌溉条件、农机装备配套情况，规范小麦区域种植规格和模式，但是无论用哪种种植模式，小麦玉米要两茬平作，以提高玉米秸秆还田质量。因为各地水资源状况、灌溉方式和灌溉装备不同，所以建议小麦采用无畦垄和固定畦垄的生产模式。

1. 小麦无畦垄生产模式　小麦无畦垄生产模式主要用于降水丰沛的鲁南山前平原和胶东丘陵小麦中低产区，以及水资源丰沛、灌溉设备齐全的高产区。在小麦中低产区，年降水量 800～900 毫米，基本满足了小麦全季生长发育所需水分要求。在小麦高产灌区，年降水量 500～600 毫米，要对小麦进行灌溉，需配备喷灌设备，适用于土地流转规模较大、经济实力较强、灌溉设备齐全的大规模生产经营组织。无畦垄种植模式，在小麦播种时，要调整行间距，预留玉米播种苗带 10～15 厘米，利于玉米播种出苗。由于无畦垄限制，作业机组可以满幅或宽幅作业，提高作业效率 10%～20%。在小麦高产灌区，这种模式还将化学肥料与灌溉融合，实现水肥一体化，有效提高产量 10%；田间不留灌溉沟渠，没有灌溉的沟沟坎坎，土地利用面积可提高 5%～10%。2019 年，山东省小麦种植在齐河、桓台、莱州三地三次创下全国单产最高纪录，均是小麦水肥一体化喷灌无畦垄生产模式。

2. 小麦固定畦垄生产模式 固定畦垄生产模式一般采用2.4米及以上（玉米行距0.6米整数倍）的畦宽，如2.4米、3.0米、3.6米、4.2米等。农业机械购置或配备时，以实现满幅作业为宜。小麦固定畦垄生产模式主要用于鲁西南、鲁西北沿黄灌区，以及沿湖低洼地带，地表水资源丰沛地区，灌溉多采用渠道灌溉或低压管灌系统。畦垄高大，在土地耕作过程中保留畦垄，不破坏或较少破坏，不但节省耕作动力消耗、筑垄环节，还便于灌溉管理，节省灌溉水资源。据初步测算，小麦第一遍灌水可节省10%～15%。小麦播种时调整行距，预留玉米种植苗带，避免小麦玉米重行，以提高玉米出苗率和整齐率，实现全年粮食高产。

（三）合理配备耕整机械，科学轮耕，建立良性耕层构造，实现粮食持续增产

针对土壤耕作存在的问题，需要探索建立适合现代农业的耕作体系。实践证明：按照规模作业面积1/3的需求量，分别配备深松、深耕、免耕播种机械，实现松耕、翻耕和免耕三种作业方式轮流耕作，可以快速构建良性耕层结构，降低阶段性耕作成本，实现粮食持续增产。具体要求：改多耕为少耕，改连耕为轮耕，配套秸秆精细还田，将松耕与翻耕、耕作与免耕结合，逐渐培肥地力，促进良性耕层构造形成，为作物播种和生长发育创造良好的土壤环境，最终达到小麦生产优质、高产、高效、生态、低耗的目的。

技术要点：对农业生产专业合作社、家庭农场等规模生产单位，可将耕地划分成不同小区，分区分类耕作。各小区以4～6年为周期，实现轮耕。第一轮以建立25厘米耕层为目标，第一年深松，第二年免（少）耕，第三年深耕，第四年免（少）耕。第二轮以建立30厘米耕层为目标，第五年深松，第六、七年免（少）耕，第八年深耕，第九、十年免（少）耕。通过合理耕作，使耕层厚度逐渐增加，土壤肥力上下一致，逐步建立30～50厘米的良性耕层构造。山东省淄博市临淄区凤凰镇东申村富群农机合作社经过4年耕作改造，2019 年小麦亩产达到 675 千克，创下了合作社单产最高纪录；5 年每亩平均耕作成本降至 43.5 元，降幅达到 30%以上。

(四) 开展高性能复式播种机械研发，配套选用土壤耕整与播种机械，提升小麦播种质量

小麦要高产，"七分种、三分管"。播种机的性能直接影响着播种作业质量。传统的小麦播种机性能单一，工作幅度窄，速度慢，肥种箱小，缺少镇压，对地表平整度要求严格，不能适应大规模生产经营者需求。随着规模生产经营单位的增加，急需高速、高性能复式播种机械的研发与推广。高性能复式播种机主要结构和性能应满足以下特点：种肥箱容量要大，减少装种、装肥时间；作业幅度要宽，提高作业效率；具有地表整理功能，节省土地整理时间，保护土地墒情，利于一播全苗；开沟器具有仿形和限深功能，确保播种深度一致，提高出苗整齐度，避免晾籽现象出现；具有播前、播后土壤镇压功能，促进土壤毛管功能恢复，提高种子出苗率。

在缺少高性能装备的情况下，针对不同的生产模式，可以根据土壤耕整方式，配套选择播种机械，以提高播种质量。在以挖掘土地生产潜力为目的的高产创建区，采用秸秆精细还田、深耕犁（深耕掩埋秸秆）、旋耕机（整细整平土壤）、碌子镇压（播前镇压）以后，配套选用小麦宽幅精播机进行作业；或采用玉米机收秸秆还田、深松整地镇压，配套小麦宽幅精播机播种作业。在以提高农业生产综合效益为目的的产区，采用秸秆精细还田机、土壤旋耕（或深松整地），配套圆盘开沟式宽幅精播机作业。在以蓄水保墒、培肥地力、节约生产成本为目的的保护性耕作产区，秸秆精细还田后，配套小麦免耕施肥播种机；也可秸秆精细还田、配套土壤深松镇压后，选用小麦免耕播种机进行作业。

(五) 配套应用新型植保机械，提高作业效率和农药利用率

病虫草害机械化防治是小麦全程机械化生产的重要环节，主要有苗期除草剂喷洒和中后期"一喷三防"作业。除草剂喷洒一般在

小麦出苗后，采用 100 升/公顷左右的大流量封闭地表作业；中后期"一喷三防"作业，既可以选择大流量作业，也可选用高浓度药液（3～4.5 升/公顷）低流量喷洒。因此，有条件的规模生产经营单位，将喷杆喷雾机与无人植保机配套选用、分类作业，以提高作业效率和植保效果。在喷洒除草剂时，小麦田间通过性好，需要大流量作业，可选用喷杆式喷雾机。按照生产单位经营规模，可分别选择喷杆长度 18 米以上、10～18 米、10 米以下的大、中、小型喷杆喷雾机，作业时选用 110°扇形喷头，装置间距 50 厘米，作业时喷头高度距地面 50 厘米。在进行"一喷三防"作业时，小麦田间通过性较差，可选择无人植保机自动巡航作业，避免漏喷重喷。同时，通过无人植保机旋翼风力，将雾滴细碎，并均匀喷洒到小麦上下层叶面上。喷杆喷雾机与无人植保机配套作业，可不受田间通过性、天气等因素影响，确保植保作业及时进行，提高植保效果。

（六）试验高效节水灌溉技术与装备，提高小麦灌溉效率和效果

季节性干旱是冬小麦生产中主要的隐性灾害之一，受降水时空分布、地表和地下水资源供给不均的影响，灌溉成为影响山东省小麦产量和持续发展的重要因素。规模生产经营单位要因地制宜，结合当地水资源禀赋和灌溉设备，合理设计种植规格，试验高效节水技术与装备，提高灌溉效率和效果。在没有灌溉条件的地区，要选用抗旱品种，将生物节水与自然降水有机结合，提高降水利用率；在沿黄灌区和沿湖低洼地带，地表水资源丰沛，可采用低压管道输水的畦灌方式，降低生产成本；在地下水漏斗状况严重、地表水紧缺地区，根据生产经营单位经济实力，可试验固定管道喷灌设备、绞盘式喷灌机、圆形喷灌机及平移式喷灌机等高效节水灌溉技术和装备，建立墒情监测网络，实现灌溉定额配置，减少灌溉管理人员，提高灌溉效率和灌水利用效率。

（七）扩大机械化适期收获规模，减少损失，提高秸秆处理质量

山东省小麦收获期集中，多年的收获装备紧缺状况，养成了早收的习惯，造成收获籽粒破碎、损失增加。同时受横轴流小麦收割机结构的影响，秸秆抛撒不均匀，给夏玉米播种造成困难。针对现状，建议在小麦收获机械和收获技术方面进行以下改进：一是横轴流小麦联合收割机加装切碎器，提高秸秆处理能力；二是将小麦收获期由蜡熟期推迟到完熟期，在干燥的天气和时间段作业，小麦秸秆干燥，粉碎质量高，收获后小麦清洁度高、清选损失率低，小麦含水率低、节省晾晒环节，收获机械作业效率高、节省油料；三是小麦根茬要短，以不高于 20 厘米为宜。从长远看，应推进小麦收割机更新换代，以"纵轴流＋秸秆切碎器"替代横轴流小麦联合收割机，实现大喂入量（8～10 千克/秒）、高效率、低损失收获，确保小麦低水分、高清洁度，提高秸秆处理质量，节省清选、晾晒或烘干环节，直接入仓，提高生产效益。

小麦全程机械化生产是一项系统工程，是黄淮海两作区机械化生产模式和装备配备的基础。因此，在统筹周年机械化生产模式和生产效益的基础上，依据当地资源禀赋、生产经营单位经济实力，确定种植规格、全程机械化生产模式和装备配备方案，从源头上实现农机农艺融合、资源有效利用、生态有效保护、装备合理利用、作业成本和生产投入明显降低，规模生产效益显著提高，实现小麦和其他作物机械化生产持续发展。

三、山东省小麦机艺融合政策措施

加强小麦生产农机农艺融合，促进农机农艺协调发展，必须改变传统的生产、管理、研究模式，通过相关部门、企业、科研院所及农业经营主体共同努力才能实现。

1. 强化宣传，提高认识　各级农业农机部门要深刻认识机艺融合在农业新技术、新科技推广过程中便利操作、配套应用等方面的巨大合力作用，要加大农机农艺结合的宣传力度，提高干部群众和农业科研人员的思想认识，推进农业高新技术和新型机械广泛应用，促进农业增产和农民增收。

2. 学科互融，培养人才　目前，农艺技术人员侧重于生物技术的研究和教学，对农机基本结构和原理了解较少；农机技术人员侧重于机械设计和运用方面的研究和教学，对作物栽培基本规律和要求掌握较少。因此，在农业人才培养方面，要进行学科互融，相互学习一些基本知识，培养农业科技综合人才。

3. 部门协作，创新机制 农业、农机部门之间紧密配合、协调一致、共同推进是农机农艺融合的关键。围绕农机农艺融合，要整合各方面的资源，建立多部门、多学科的长效合作机制，实行"产、学、研、推"密切合作，为农机农艺融合搭建合作交流平台，逐步建立符合现代农业发展的机艺融合创新体系。

4. 制定政策，扶持推动 科技部门要逐步推出科研专项资金，用于粮食生产机艺融合的基础性研究。针对不同的区域，研究农机农艺技术规范，确定生产路线，配备机械装备，优化技术模式。财政资金要优先支持粮食机艺融合生产技术项目，加大技术培训示范力度。农机购置补贴资金要优先补贴重点作物、关键环节的机械，有条件的要加大补贴比例。国家要建立农机作业补贴制度，推动机艺融合新技术的示范与普及。

第二章 种子处理农机农艺融合生产技术

第一节 小麦种子处理技术

小麦播种前做好种子处理不仅能提高种子的发芽率，保证苗齐、苗壮，而且能有效防止或减轻病虫害的发生，增强小麦抗逆能力，为提高小麦单产打下良好的基础。生产上，常用的种子处理方法主要有：晒种、选种、拌种和包衣等。

一、晒种

小麦种子从上季收获到下季播种时间长达半年，要经过夏季的高温高湿、秋季雨涝天气，不良气候影响了种子的发芽率。一般应在播种前7天，将麦种摊晒2～3天，摊晒厚度以5～7厘米为宜。晒种能改变种皮的通透性，增强种子播种后的吸水能力，增强酶的活性，有利于发芽出苗。晒种时要经常翻动，使种子吸热均匀，改善种皮的通气性，增强种子活力，提高种子发芽率。注意不要在水泥地、铁板、石板和沥青路面等上面晒种，以防高温烫伤种子，降低发芽率。

二、选种

将晒干的种子，先进行风选，再进行筛选，除去杂质、秕粒、碎粒、小粒、病粒、虫蛀粒、杂粒和草种子等，尤其是剔除杂粒和禾本科杂草的种子，如野燕麦、节节麦等恶性杂草，从而选出饱满、均匀的麦种，提高发芽势，为壮苗打下基础。选种的方法很简单：如果种子较少，可以利用簸箕进行筛选；如果种子多，可以到种子农资经营店，用选种机进行分选；有条件的可以直接到种子公司购买用大型精选机选好的良种。选种技术虽然简单，但非常必要。精选后的小麦种子出苗快而齐，叶片肥大，胚根多，分蘖早，麦苗壮。选种后要注意测定发芽率，以便确定播种量。

三、种子药剂处理技术

受秸秆还田、跨区作业等因素影响，近年来，山东省小麦种（土）传病害发生有种类增加、程度加重的趋势，对秋播小麦安全生产构成较大威胁。秋播种子药剂处理是控制病虫害的有效途径，也是推动绿色防控的关键环节。

（一）种子药剂处理的意义

1. 种子药剂处理是控制多种病虫的有效途径　种子药剂处理可有效控制小麦黑穗病、纹枯病、茎基腐病、全蚀病、胞囊线虫病、根腐病等多种（土传）病害，以及蛴螬、金针虫等地下害虫。在药效期内，对蚜虫、灰飞虱等病虫也具有一定的防控效果，还可以调节小麦株高，促进根系健壮、增加分蘖、培育壮苗、增强抗逆性，保障全苗、匀苗、壮苗，筑牢来年夏粮丰产丰收的基础。

2. 种子药剂处理是推动农药减量控害的关键措施　种子药剂处理针对性强、用药量少、持效期长，在药效期内可发挥"药等病虫"作用，实现病虫防治关口前移，既可有效控制种苗期病虫危害，还可显著降低小麦生长前中期纹枯病、蚜虫等病虫防治压力，减少农药使用量和药液流失，推动农药减量控害，实现农业绿色发展。

3. 种子药剂处理是提升绿色防控水平的重要举措　种子药剂处理符合小麦生产绿色、高效、经济、安全控害的目标，是小麦病虫绿色防控技术的关键内容，已经被广大干部群众接受。

（二）种子药剂处理的主要方法

种子药剂处理主要分为种子包衣和药剂拌种两种类型。随着农业技术的不断发展，种子包衣技术已经成为小麦种子药剂处理的重要技术。

种子包衣就是把杀虫剂、杀菌剂、微肥、植物生长调节剂等通过科学配方复配，加入适量溶剂混成糊状，然后利用机械均匀搅拌后涂在种子上，成为"包衣"。种子包衣是发达国家普遍采用的种子处理技术。该技术是以种衣剂为原料，以良种为载体，以包衣机械为手段，集农药、植保、化工、机械等多学科于一体的综合性配套技术，是种衣剂、包衣机、种子加工、包衣种子的包装储藏和播种及栽培等一系列配套技术的集合。包衣后的种子晾干后即可播种。

1. 种子包衣优点

（1）有效地防控作物苗期病、虫、鸟、鼠害，提高出苗率。包衣剂中含有杀虫、杀菌剂，包衣种子播入土壤中，种衣在种子周围形成防治病虫的保护屏障，起到种子消毒和防止病原菌侵染的作用。

（2）促进作物生长。包衣剂中含有复合肥料、微量元素、植物生长调节剂等成分，能促进作物的生长。

（3）增加农作物产量和收益。由于种子包衣具有促进苗全、苗壮与保护幼苗生长的作用，从而保证了农作物产量的提高。小麦出苗率可提高7%左右，增产8%～10%。

（4）减少环境污染，降低成本。包衣剂中含有成膜剂和缓释剂，种子的包衣在地下就像一个"小药库"缓慢释放药力。因此，使用包衣种子可减少人畜中毒，并可保护害虫的天敌。据测试，包衣对环境污染的程度只相当于根施农药的1/3、喷施农药的1%。同时可省种、省药、省劳力，减少田间投入，降低成本。苗期可省工3～5个工时，减少用药2～3次。

（5）促进良种标准化、商品化。用来包衣的种子都是种子管理和销售部门精选的优良品种或杂交种，种子质量好，保障了出苗齐、全、壮；节省了种子，为精量播种创造条件；包衣的种子带有警戒色，可以有效地防止种子经营中假劣种子的流通，并杜绝粮、种不分的现象。

2. 种子包衣主要形式　种子包衣一般采用机械包衣和人工包衣两种形式。种子量大采用机械包衣，即采用定型的包衣机械，按所用种衣剂型号与种子的比例，在种子生产部门集中包衣，达到种子标准化、商品化。一般可直接从市场购买包衣种子，生产规模和用种量较大的农场也可自己包衣。机械大批量包衣过程中，在药剂配置时应严格控制搭配比例和种子、药物的比例，先将种子放入机器中，再将药物倒入并且搅拌均匀。在包衣处理后种子要摊开晾晒后再装入袋中，但不宜进行曝晒。

人工包衣方法有两种：一种方法是用圆底容器（如大锅、脸盆等）将选好的良种清洗干净、晾干，根据药、种比例分别称好数量；先把种子倒入容器内，再将药剂倒在种子上，边倒边用木棒搅拌，使药液均匀包在种子表面后即可取出，装在编织袋内备用。每次可处理种子5～10千克。另一种方法是用"塑料袋串滚法"，即选用大小适中、结实的塑料袋，把种、药按比例称好数量，依次装入塑料袋内，扎紧袋子，两人各拉袋子一头转动数次即可。包好的种子装在编织袋内，不需晾晒或烘干，即可使用。

3. 种子包衣常用药剂 茎基腐病、纹枯病、黑穗病等病害发生区：可选用6％戊唑醇悬浮种衣剂5毫升加水200毫升，拌种或包衣10千克麦种；或3％苯醚甲环唑悬浮种衣剂20毫升加水180毫升，拌种或包衣10千克麦种；或4.8％苯醚·咯菌腈悬浮种衣剂20毫升加水180毫升，拌种或包衣10千克麦种。全蚀病发生区：可选用12.5％硅噻菌胺悬浮剂20～30毫升兑水100～120毫升，拌种或包衣10千克麦种，然后堆闷10～12小时，晾干后播种。小麦根腐病发生区：可选用25克/升咯菌腈悬浮种衣剂20毫升兑水180毫升，拌麦种10千克。

地下害虫发生区：可选用60％吡虫啉悬浮种衣剂20毫升兑水180毫升，拌种或包衣10千克麦种；或30％噻虫嗪悬浮种衣剂20毫升兑水180毫升，拌种或包衣10千克麦种。

种（土）传病害与地下害虫混发区：可选用27％苯醚·咯·噻虫悬浮种衣剂20毫升兑水180毫升，拌种或包衣10千克麦种；或31.9％戊唑·吡虫啉悬浮种衣剂40毫升兑水200毫升，拌种或包衣10千克麦种；或45％烯肟·苯·噻虫悬浮种衣剂50克兑水

150 毫升，拌种或包衣 10 千克麦种；或 2.3％吡虫·咯·苯甲悬浮种衣剂 60 克兑水 150 毫升，拌种或包衣 10 千克麦种；或选用杀虫剂与杀菌剂混合拌种或包衣，如选用 40％辛硫磷乳油 50 克或 60％吡虫啉悬浮种衣剂 20 毫升，加 6％戊唑醇悬浮种衣剂 5 毫升兑水 180 毫升，拌种或包衣 10 千克。严禁超量、超范围使用，防止药害事件发生。

4. 种子包衣应注意的问题

（1）需包衣的种子必须是精选的优良品种，无机械损伤、虫伤，整齐度大于 94％，以利于包匀。

（2）选用合适的种衣剂型号和药种比。因为不同种衣剂所含有的成分不同，所适用的作物和防治对象也不同，即使是同一种型号，对不同作物的用药量也不同。因此，要根据当地小麦种（土）传病害及地下害虫的发生特点，科学合理地选择经过试验示范、高效安全的种衣剂。要严格掌握种子处理剂的使用剂量和浓度，不得随意增减剂量和浓度，避免出现药害事故。提高包衣质量，要确保种衣剂（拌种剂）均匀覆盖在种子表面，提高包衣（拌种）效果。要大力推广专用器械拌种或包衣，提高种子处理质量。不得推广应用未在当地试验示范的种子处理剂，不得推广使用不合格的种子处理剂产品，确保用药安全和作物安全。

（3）种衣剂是已调制好的成品药剂，使用时如有沉淀现象，可用木棒充分搅匀后再使用。直接用于种子包衣处理，严禁加水或其他物品，严格按药、种比例进行，以免引起药效变化或产生毒性，造成失效或药害。

（4）周密计划，当年包衣当年播种。包衣时间宜早不宜迟，早包衣有利于种衣膜固化牢固，不脱落，效果好。在进行大批量小麦种子包衣时，应使用机械化包衣工具，合理配比药种和药剂的关系，按药种比例调好包衣机药箱和种箱的计量系统，以保证包衣的质量和操作者的人身安全。

（5）包衣种子最好装入塑料编织袋中。不能用麻袋，以免麻袋纤维粘连或飞扬，影响包衣效果或发生中毒事故。必要时分小包装出售。种衣剂容器和用过的包衣种子袋等不能再装粮食或饲料，要集中处理、烧毁。

（6）种衣剂使用农药多为有毒型号，要按使用规则、规程进行操作。进行手工包衣加工时，必须强化劳动保护措施，要集中在远离人畜的场所并有专人进行操作，操作员要戴口罩、防护眼镜、紧口袖套、手套等防护用品。包衣场所要通风良好，不能在高温房内进行包衣，以免种衣剂中药剂蒸汽致人中毒。种衣剂药液绝不能溅入口中、眼中，沾到皮肤上也要迅速用肥皂水或碱水冲洗干净。如有人中毒，一般用阿托品口服或注射。

（7）若有警戒色的包衣种子只能作种子用，不能再食用或作为工业、副食原料。贮存要远离人畜所在地并通风，绝不能与粮食及其他食用物品混放在一起，以防中毒事故的发生。盛过包衣种子的盆子、篮子等，必须用清水冲洗干净后再作他用，严禁盛装食物。清洗盆和篮子的废水严禁倒入河流、水井或水塘，以防污染水源。在搬运种子时，要先检查包装有无破损、漏洞。严防包衣种子被儿童或禽畜误食中毒。

四、种子其他处理技术

在小麦种子处理中，除了药剂处理以外，还有植物生长调节剂、微肥拌浸种等方式。

（一）植物生长调节剂拌种

冬小麦种植后越冬前若气温较高，或暖冬年份，易造成小麦冬前或早春旺长，分蘖节离开地面一旦遇到寒流极易造成冻害，特别是近年来全球性气候变化，暖冬等异常气候给小麦安全越冬带来威胁。山东棉茬、稻茬等冬麦区，晚茬麦面积大，晚播小麦弱苗促壮问题比较突出。如何使幼苗在冬前达到一定的生长量，使总茎数达到高产要求，并保证安全越冬，是种植制度改革后出现的又一新课题。

应用天达 2116 植物细胞膜稳态剂、甲哌鎓·多效唑混剂、矮壮素、烯效唑、萘乙酸、吲哚乙酸等处理种子（拌种或浸种）的化控技术在冬小麦上都有控旺促壮、提高抗逆能力的作用。

1. 天达 2116 植物细胞膜稳态剂浸拌种 小麦播种前，取天达 2116 植物细胞膜稳态剂浸种拌种专用型 25 克，兑水 2.5 千克搅匀，加入 5～7.5 千克小麦种子，用量以稀释液浸没种子为宜，浸种 10～12 小时，其间翻动几次，使药液被种子均匀吸收，捞出晾干后播种。或每 25 克产品兑水 375 克搅匀，加入种子 12.5 千克拌匀，晾后播种。此方法可活化细胞生长基因，保护细胞膜免受伤害；激发种胚活力，促进胚芽、胚根发育生长，发芽势强；促进种子萌发，根系发达，苗全、苗齐、苗壮；诱导植株增强抗病抗逆能力。

2. 甲哌鎓·多效唑微乳剂浸拌种 冬小麦播种前，用 150 毫升的 20％甲哌鎓·多效唑微乳剂浸种 4～6 小时或鎓 3 毫升 20％甲哌鎓·多效唑微乳剂拌 10 千克种子，在阴凉处堆闷 2～3 小时，然后摊开晾晒至种子互相之间不粘连即可播种。此方法可明显改善冬前幼苗根系和叶片的发育及功能；加快叶龄进程和促进分蘖发生，增强抵抗低温逆境的能力；对培育冬前壮苗、提高麦苗适应不良环境有益。

3. 多效唑拌种 用 15％多效唑可湿性粉剂 20～25 克，加适量水溶解后拌麦种 100 千克，拌匀堆闷 4～6 小时，晾干播种，此方法可使幼苗抗寒、抗旱，并能提高植株对氮素的吸收利用率。

4. 矮壮素拌浸种 用 50％矮壮素 250 克，兑水 7.5 千克，均匀地喷拌在 50 千克麦种上，拌匀后堆闷 5 小时；或用浓度为 0.5％的矮壮素溶液浸种 12 小时，此方法可使麦苗生长健壮，增强抗冻、抗倒伏能力。

（二）肥料拌种

1. 磷酸二氢钾拌（浸）种 用磷酸二氢钾 0.5 千克，兑水 5 千克，均匀地拌入 5 千克麦种中，堆闷 6 小时；或用浓度为 0.5％的磷酸二氢钾溶液浸种 6 小时，捞出晾干播种，此方法可以改善小麦苗期磷、钾营养，促进根系下扎，有利于苗全苗壮。

2. 硫酸锌拌（浸）种 用硫酸锌 50 克，溶于适量水中，喷拌在 50 千克的麦种上，拌匀后堆闷 4 小时，晾干播种；或者将选好的麦种放入 0.05％的硫酸锌溶液中浸泡 12～24 小时，捞出晾干播种。适宜浓度的硫酸锌拌（浸）种能促进小麦出苗、分蘖及根系发育，并能提高幼苗叶片中叶绿素含量，改善植株养分状况。

3. 硫酸锰拌种 播种前，将 200 克硫酸锰溶解在 1 千克清水中，然后拌 50 千克麦种，晾干后播种，可提高千粒重。

4. 硼砂拌（浸）种 用 10 克硼砂溶于 5 千克水中，配成 0.2％的溶液，喷拌在 50 千克麦种上；或者将选好的麦种放入 0.01％～0.05％的硼砂溶液中浸泡 6～12 小时，此方法有利于植株根系发育和开花结实。

5. 钼酸铵拌（浸）种 每千克种子需要钼酸铵 2～6 克，先把钼酸铵用少量温水溶解，稀释到以淹没种子为度，同种子一起搅匀，置于阴凉处晾干后播种；或者将麦种放入 0.05％～0.1％的钼酸铵溶液中，按种子与肥液 1∶1 的比例，浸种 12 小时，捞出晾干后播种，具有促进根系发育和分蘖的作用。

第二节　种子机械加工的方法与常用机械

一、种子机械加工的主要方法

种子机械加工是指从田间收获后到播种前对种子采取的各种处理，主要包括初清、预加工、干燥、清选、分级、包衣、定量包装等一系列工序，以达到提高种子质量和商品特性、利于种子安全贮藏、促进田间成苗及提高产量的目的。小麦种子加工主要包括风筛清选、重力清选和包衣等工艺。

风筛清选是风选法加筛选法，由风选工作部件和筛选工作部件组成，同时完成风选和筛选作业，能清除轻杂、大杂和小杂。典型设备是风筛式清选机，其中单吸气道和单筛箱为风式初清机，用于种子初清；双吸气道双筛箱为风筛式清选机，用于种子基本清选。

　　重力分选是按种子与杂质的相对密度差异清除重杂和轻杂的分选方法。重力分选常用设备为重力式分选机。

二、种子加工的常用机械

(一) 5X-5 风筛式清选机

1. 结构　5X-5 风筛式清选机主要由机架、喂料装置、风选部分、筛选部分、传动部分、风选排杂机构组成（图 2-1）。

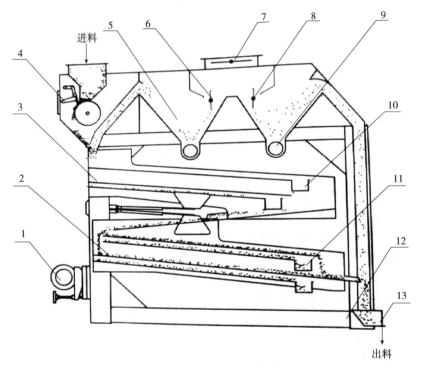

图 2-1　5X-5 风筛式清选机结构示意图
1. 传动部分　2. 下筛箱　3. 上筛箱　4. 喂料装置　5. 沉降室　6. 前吸气道风量调整装置　7. 总风量调整装置　8. 后吸气道风量调整装置　9. 风选排杂机构　10. 大杂排出口　11. 小杂排出口　12. 机架　13. 主排出口

喂料装置由喂料斗、喂料辊等组成；风选部分包括前吸气道、后吸气道、前后吸气道风量调整装置及前后沉降室，用于清除和排除轻杂；筛选部分由上、下筛箱组成，两筛箱悬吊在机架上，筛板可更换，筛箱由同一轴上的两组曲柄连杆机构驱动，做往复运动，自行平衡，采用橡胶球清筛；传动部分主要由电机、曲柄连杆机构组成，驱动筛箱做往复运动；风选排杂机构由螺旋输送机和条状活门板等组成，将风选出来的轻杂排出机外。

2. 工作过程　根据原料种子含杂率及加工质量要求可选择不同的筛板配置。本文以上筛箱二层筛板串联、下筛箱二层筛板并联、大杂筛-小杂筛-小杂筛-小杂筛的配置方式为例说明：种子由喂料装置喂入并均匀散开，种子散落过程中进入前吸气道，被气流将其中的轻杂吸进前沉降室，通过风选排杂机构排出。经过前吸气道清除轻杂后，种子落到上筛箱第一层筛板清除大杂，由大杂排出口排出。筛下物落到第二层筛板清除小杂，由小杂排出口排出。第二层筛板的筛上物经滑板流到下筛箱，经分料器将种子分到第三层、第四层筛板上清除小杂。筛选后的种子经过后吸气道，进行第二次风选，除去轻杂，轻杂经后沉降室分离沉降，由风选排杂机构排出机外，清选后种子经主排出口排出机外。

3. 使用和维护

（1）安装要求。风筛式清选机筛箱多用木质构件，因此要求安装在干燥、通风条件良好的室内。安装时，周围应留出足够的空间进行操作和维护。

（2）筛板配置。风筛式清选机在作业前，首先要根据原料种子中大杂、小杂含量不同选配筛板。含大杂较多时选用大杂筛-大杂筛-小杂筛-小杂筛或大杂筛-小杂筛-大杂筛-小杂筛配置，含小杂较多时选用大杂筛-小杂筛-小杂筛-小杂筛配置。

（3）调整。喂入量的调整。喂入量应达到风筛式清选机的额定生产率。喂入量过大，种子层厚，阻力大，风选时中间层轻杂不易被吸出，降低风选性能，影响除杂率；喂入量过小，种子层薄，容易被气流吹穿，降低风选性能，影响除杂率。

前吸气道的调整。前吸气道的作用是清除种子中的轻杂，其气流速度调整范围为 2～8 米/秒。前吸气道气流速度过大时，容易将合格的种子吸走，过小则不能完全清除种子中的轻杂，气流速度应调整到大于轻杂的悬浮速度、小于种子的悬浮速度，风量为总风量的 30%～50%。

后吸气道的调整。后吸气道的作用是清除应淘汰的被清选作物种子，其气流速度调整范围为 2～14 米/秒，一般以不吸入合格种子为准，风量为总风量的 50%～70%。

筛板的更换。更换筛板时，先把筛箱门板卸下，用专用钩子抽出筛框，然后换上所需规格的筛板。装筛时一层一层平推进去，注意锁紧筛箱门螺栓，以防止作业时筛框前后窜动。

（4）维护与保养。每次作业前，应检查各紧固件是否松动，转动是否灵活，有无异常声响，故障全部排除后方可作业。按使用说明书要求，对各润滑点进行润滑；检查并清除风机沉降室、筛箱等内部的杂物；定期检查排杂装置出口挡风板的状态，要保持挡风板可自由转动、杂余能顺利排出而空气不会进入沉降室，以避免降低风选效果。风筛式清选机必须在室内存放，并有良好的通风防潮措施，以防木质件受潮变形。

（5）故障分析及排除方法。风筛式清选机常见故障分析及排除法见表 2-1。

表 2-1　风筛式清选机常见故障分析及排除法

序号	故障现象	产生原因	排除方法
1	喂入量减少	进料口堵塞	清理种子中异物
2	筛上物偏向一方	进料在宽度上不均匀	调整进料间隙
3	筛板不水平	筛板不水平	调整两侧吊杆
4	杂中含有较多合格种子	筛框与筛箱侧板间隙过大	调整筛框与筛箱侧板间隙
5	轻杂中含有较多合格种子	风量过大	调整风量

（二）5XZ-5 重力式分选机

1. 结构　5XZ-5 重力式分选机主要由角度调整机构、工作台面、机架、风室、传动机构、排料室等组成（图 2-2）。

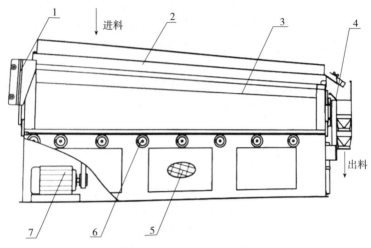

图 2-2　5XZ-5 重力式分选机

1. 角度调整机构　2. 工作台面　3. 机架　4. 排料室　5. 风室　6. 风量调整机构　7. 传动机构

工作台面是重力式分选机的主要工作部件，由木制框架、金属编织筛网、匀料板和挡板等部分组成，起到导向和调整种子排放速度的作用；风室由风机、风机电机、风量调整机构等组成；角度调整机构包括纵向倾角调整机构和横向倾角调整机构，纵横向调整机构均由调整手柄、螺杆和锁紧机构组成；传动机构由电机、曲柄连杆机构及振动频率调整机构等组成。

2. 工作过程　种子从进料端落入具有倾角的工作台面，在振动和气流的共同作用下，种子呈悬浮状态，并按相对密度自动分层。重杂和种子下沉，轻杂上浮。在纵向倾角的作用下，同时发生表层轻杂向台面低边下滑、底层重杂和种子向台面高边上移的层间交错运动。在横向倾角的作用下，同时发生表层轻杂向横向出料边低端运动、底层重杂和种子向出料边高端的合成运动。在上述三种运动作用下，使重杂在高边的重杂出口排出，种子和轻杂在出料边按相对密度大小从高端向低端依次分区从各排出口排出。

3. 使用和维护

（1）安装要求。重力式分选机应固定在防振工作平台上或水泥地面上，并处于水平状态。在将重力分选机定位时，因四周都有调整机构，应留有足够的空间。

（2）调试。试运转。调整前应检查并锁紧纵向横向倾角锁紧机构，进行 10 分钟试运转，无异常振动和噪声，方可进料试机。

喂料量调整。最佳喂料量一般应满足工作台面纵向高边种子层厚度是工作台面低边种子层厚度的 2～3 倍。工作台面进料端种子层厚度是台面出料端种子层厚度的 2～4 倍。小麦种子平均厚度 1.25～2.5 厘米。料量的大小一般通过电磁振动给料器来控制。

风量调整。适当的风量使种子铺满整个台面，达到流化悬浮状态，轻杂流向轻杂出口而不向种子出口蔓延，与种子有较明显或大体能判断出来的分界线。风量调整的原则是从进料口端向出料口依次调整，且风门宜大、转速宜低，这样节能效果好、部件使用寿命长。调整一般由小到大，风门或风机转速逐渐加大，边调整边观察，每次调整后，需稳定 1 分钟左右，再接样检查，如不合适再调整。

振动频率调整。振动频率可通过变频器或机械变速机构来调整。振动频率与台面的纵向倾角密切相关，应相互配合调整。

振幅调整。调整振动电机偏心量的大小或调整偏心块位置可改变振幅。

纵向倾角调整。调整时先松开锁紧装置，通过转动手柄螺杆调整纵向倾角。合适的倾角使工作台面纵向高边种子层厚度是台面低边种子层厚度的 2～3 倍。

横向倾角调整。调整时先松开锁紧装置，通过转动手柄螺杆调整横向倾角。合适的倾角使工作台面进料端种子层厚度是台面出料端种子层厚度的 2～4 倍。

台面挡板和匀料板调整。调试前，关闭挡板。最初阶段喂料量较小，待种子基本满台面后，通过观察轻杂的走向，再逐一将挡板调至半开位置。调整其他参数，待达到有效分选后，结合喂料量的加大，根据分选情况再调整挡板打开的位置。在混合区与合格种子、混合区与轻杂区的交汇处，利用匀料板作适当的分隔。待重杂积累到一定程度后，视重杂排量再将重杂出口挡板打开到合适的开度，可减少种子的流失。

（3）故障分析及排除方法。重力分选机常见故障分析及排除法见表2-2。

表2-2　重力式分选机常见故障分析及排除方法

序号	故障现象	产生原因	排除方法
1	异常声响	连接件松动	紧固连接件
2	台面未铺满	喂入量过小	调整喂入量
3	种子分层不明显	风量不适合	调整风量
4	获选率低	纵向倾角过大	调整纵向倾角

（三）5B-5 种子包衣机

1. 结构　5B-5 种子包衣机主要由供种装置、供药系统、种子与药液混合装置、搅拌筒、操作控制装置和机架组成（图2-3）。

供种装置由料斗、叶轮及料位传感器组成，可通过变频器来改变叶轮喂料器转速，调节喂入量，实现精确供种；供药系统由药液桶、计量泵、输药管等组成；种子与药液混合装置由种子甩盘、药液甩盘、电机、雾化室和包敷室组成；搅拌筒内装有一个可拆卸的搅拌轴，通过搅拌使包膜种子在筒内不停地翻转并沿轴转动，进一步扩大包敷面积和均匀包膜厚度，最后排出；搅拌轴可拆卸，方便进行清洗；在搅拌轴出料口处设有传感器，用于监测搅拌轴运转情况，当出现堵塞时在电控柜上有红灯报警；操作控制装置以触摸屏和 PLC 可编程控制器为核心，与料位传感器及其他辅助电器一起构成智能化监控系统，可实现生产率及药种比在线修改、药种计量精度的校正、运行状况的监测和故障报警及保护性关机等作业。

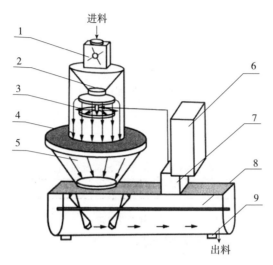

图 2-3　5B-5 种子包衣机

1. 供种装置　2. 种子甩盘　3. 药液甩盘　4. 雾化室
5. 包敷室　6. 操作控制盘　7. 供药系统　8. 搅拌筒　9. 机架

2. 工作过程　种子由叶轮喂料器喂入，经种子甩盘使种子呈伞状均匀抛撒下落进入雾化室和包敷室，与此同时精确计量的种衣剂经药液甩盘雾化后，包敷至均匀下落的种子表面。然后初步包衣的种子进入搅拌筒，在搅拌轴作用下使种衣剂进一步均匀包敷在种子表面，最后从出料口排出。

3. 使用和维护

（1）作业前准备。种子包衣机应保持机身平稳，检查各部件轴承是否加注润滑油脂。将供药液桶底部的排液阀门关闭，注入药液达桶高的 3/4，再打开进入计量泵的阀门。

（2）供种供药调整。调整供种装置叶轮转速，达到标定生产率（供种量）。根据药种比要求，调整计量泵的流量，达到所需的供药量即可进行正常包衣作业。

（3）维护保养。一是更换药剂时应对整个包衣机进行清洗；二是使用 1～2 年后应更换可编程序控制器的电池；三是作业结束后必须彻底清洗一次。具体方法：将药液桶和输药管中的药液放净，在药液桶中加入清水不断循环清洗，使计量泵得到彻底清洗。

（4）安全操作要求。一是动力线无破损符合绝缘要求，机体应接地；二是向药液桶内加入种衣剂时，应切断电源；三是停电、中途断电、机器发生故障时，应切断电源，严禁在带电和运转时排除故障；四是非专业人员严禁拆卸计量泵。

（5）故障分析及排除方法。包衣机常见故障分析及排除方法见表 2-3。

表 2-3　包衣机常见故障分析及排除方法

序号	故障现象	产生原因	排除方法
1	计量泵不启动	输药管堵塞	疏通输药管
2	喂入不均匀连续	叶轮喂料器故障	检修叶轮喂料器
3	药液雾化效果差	供药量过大	调整供药量
		甩盘转速过低	调整甩盘转速
4	包衣种子不合格	种子喂入量过大	调整喂入量
		搅拌不均匀	检修搅拌机构
		药种比不正确	重新设定药种比

第三节　种子加工机械作业质量与检测方法

一、种子清选机作业质量

（一）种子清选机作业主要指标

按照《窝眼滚筒式种子分选机质量评价技术规范（NY/T 365—2017）》《重力式种子分选机质量评价技术规范（NY/T 372—2010）》要求，作业时风筛式、复式清选机空气粉尘浓度≤10毫克/米^3，选后净度分别不小于98％和97％，获选率不低于98％；重力式和窝眼滚筒式清选机除轻杂不低于85％、除重杂不低于80％，获选率不低于97％。

（二）试验条件与测试方法

1. 试验条件　在使用说明书明示的适用范围内选择一种作物

种子进行试验。试验用物料应符合表 2-4 的要求。

表 2-4 试验物料要求

作业机具	原始净度	小麦中野豌豆与野燕麦含量
风筛式清选机	94%～96%	—
重力式清选机	94%～96%	—
窝眼滚筒式分选机	93%～95%	不低于 100～200 粒/千克
复式清选机	92%～95%	不低于 100～200 粒/千克

喂料量控制在使用说明书明示的范围内（水稻生产率按小麦的70%计算）。试验 1 次，试验时间不少于 40 分钟。试验现场距地面1.2 米，风速应不大于 3 米/秒。

2. 样机状态 样机应符合使用说明书的要求，人员操作应熟练。

3. 接样 清选前种子样品在喂入口接取，清选后种子样品在各排料口同时接取。等间隔各取样 3 次，每次取样间隔时间不少于5 分钟，取样量不少于 1 千克。

4. 试验条件测定 将喂入口接取的样品充分混合后，用四分法或分样器分取小样 3 份，每份 200 克，挑选出小样中的净种子、其他作物种子、重杂质、轻杂质、长杂质和短杂质等，并分别称其质量，计算原始净度、重杂率、轻杂率、长杂率和短杂率等。将约1 千克种子放入漏斗，漏斗下口距水平面 20 厘米处平放方格纸，使种子自然下落在平面的方格纸上，形成一个圆锥体，测定种子的休止角，测 1 次。

5. 指标测试与计算方法

（1）空气粉尘度。将试验用滤膜在 120℃ 条件下烘干 2 小时，称量后置于干燥皿内待用。在规定的环境条件下，样机按使用说明书规定的状态稳定作业 10 分钟后，将装有称量后干燥滤膜的粉尘采样仪置于距喂料口和主出料口 1 米、距地面 1.5 米的位置，以20 升/分钟流量采集空气样品 15 分钟。取出滤膜，在 120℃ 条件下烘干 2 小时，称量采样后滤膜质量，按下式计算粉尘浓度。每个位置测 1 次，取较大值。

$$C = \frac{m_2 - m_1}{q \times t} \times 1000$$

式中，

C——粉尘浓度，单位为毫克/米³；

m_2——采样后的滤膜质量，单位为毫克；

m_1——采样前的滤膜质量，单位为毫克；

q——采样流量，单位为升/分钟；

t——采样时间，单位为分钟。

采用快速粉尘测量仪器测量时，将仪器置于上述位置，每个位置测 3 次，计算各位置的算术平均值，取较大值。

（2）净度测定。将主排料口接取的样品混合均匀，用四分法或分样器分取小样 3 份，每份小样 200 克。挑出小样中净种子，称其质量，按下式计算清选后种子净度，取平均值。

$$J_d = \frac{W_j}{W_y} \times 100\%$$

式中，

J_d——种子净度，单位为%；

W_j——小样中净种子质量，单位为克；

W_y——小样质量，单位为克。

（3）获选率测定。将各排料口接取的样品称重后，挑选出其中的好种子并分别称其质量，按下式计算获选率，取平均值。

$$H = \frac{W_{zh}}{\sum W_h} \times 100\%$$

式中，

H——获选率，单位为%；

W_{zh}——主排料口好种子质量，单位为克；

$\sum W_h$——各排料口好种子质量之和，单位为克。

各排料口包括主排料口，主排料口样品中好种子质量按接样质量与清选后种子净度的乘积计算，其余排料口接取样品中的好种子质量可按全部接取的样品挑选，也可取小样挑选后再折算。

（4）除重杂率测定。将重杂排料口接取的样品称重后，挑选出其中的重杂并称其质量，按下式计算除重杂率，取平均值。

$$I_z = \frac{Z}{Z_z \times W_0} \times 100\%$$

式中：

I_z——除重杂率，单位为%；

Z——重杂排料口样品中含重杂质量，单位为克；

Z_z——原始种子中含重杂率，单位为%；

W_0——各排料口样品质量之和，单位为克。

（5）除轻杂率测定。将轻杂排料口接取的样品称重后，挑选出其中的轻杂并称其质量，按下式计算，取平均值：

$$I_q = \frac{Q}{Z_q \times W_0} \times 100\%$$

式中，

I_q——除轻杂率，单位为%；

Q——轻杂排料口样品中含轻杂质量，单位为克；

Z_q——原始种子中含轻杂率，单位为%；

W_0——各排料口样品质量之和，单位为克。

（6）除长杂率测定。将长杂排料口接取的样品称重后，挑选出其中的长杂并称其质量，按下式计算除长杂率，取平均值。

$$I_c = \frac{c}{Z_c \times W_0} \times 100\%$$

式中，

I_c——除长杂率，单位为%；

C——长杂排料口样品中含长杂质量，单位为克；

Z_c——原始种子中含长杂率，单位为%；

W_0——各排料口样品质量之和，单位为克。

（7）除短杂率测定。将短杂排料口接取的样品称重后，挑选出其中的短杂并称其质量，按下式计算除短杂率，取平均值。

$$I_{\mathrm{d}}=\frac{D}{Z_{\mathrm{d}}\times W_0}\times 100\%$$

式中，

I_{d}——除短杂率，单位为％；

D——短杂排料口样品中含短杂质量，单位为克；

Z_{d}——原始种子中含短杂率，单位为％；

W_0——各排料口样品质量之和，单位为克。

第三章 前茬作物秸秆处理农机 农艺融合生产技术

我国秸秆种类多、分布广，长期以来，秸秆大多用作农村居民的主要生活燃料、牲畜饲料和有机肥料，少部分作为工业原料和食用菌基料。但随着农村劳动力的转移、能源消费结构的改善和各类替代原料的应用，加上秸秆综合利用成本高、经济性差、产业化程度低等原因，地区性、季节性、结构性的秸秆过剩问题日益严重，特别是在粮食主产区，违法焚烧现象屡禁不止，不仅浪费资源、污染环境，还严重威胁交通运输安全。近年来，在国家政策的引导和扶持下，秸秆资源化利用技术不断完善和推广，在秸秆用作肥料、饲料、食用菌基料、燃料和工业原料的产业化利用等领域得到较快发展。目前，一批以秸秆为工业原料，生产替代木产品、商用发电、秸秆成型燃料、秸秆沼气企业的兴起，推进了秸秆资源综合利用的产业化进程。

第一节 秸秆综合利用的主要途径

目前，山东省小麦种植的前茬作物秸秆主要用于肥料、能源、饲料、基料、工业及建材原料等。

一、秸秆肥料化

在秸秆肥料化加工生产方面，利用菌种制剂将秸秆快速堆沤成高效、优质的有机肥；或经过粉碎、传输、配料、挤压造粒、烘干等工序，工厂化生产出优质的商品生物有机肥料。产品主要包括精制有机肥和有机-无机复混肥两种产品。精制有机肥一般由农作物秸秆或禽畜粪便经腐熟、发酵、灭菌、混拌、粉碎等工艺加工而成，其原料多为农业废弃物；有机-无机复混肥不是有机肥和无机肥的简单混合产物，其生产过程比单一生产有机肥和无机肥更复杂，主要包括滚筒造粒、挤压造粒、圆盘造粒、喷浆造粒等几种方式。

在秸秆还田方面，主要的还田方式有秸秆粉碎覆盖还田、秸秆粉碎浅旋还田、秸秆粉碎旋耕还田和秸秆留茬固土等。另外，秸秆碳基化、秸秆沼肥、秸秆木醋液在肥料等方面的应用水平也正在逐步提高。

二、秸秆能源化

农作物秸秆作为生物质能源的主要来源之一，含有丰富的热能和氮、磷、钾、微量元素等营养成分，是目前世界上仅次于煤炭、石油、天然气的第四大能源，在世界能源总消费中占14%。目前，我国每年农作物秸秆资源量约占生物质能资源量的1/2，我国秸秆生物质资源开发利用的主要技术有固化成型技术、直燃及气化发电技术、气化集中供气技术、热裂解液化技术、秸秆沼气发酵技术以及制取燃料乙醇等。

三、秸秆饲料化

秸秆的饲料化利用是秸秆较好的利用方式之一。世界人口日益增长使得对粮食、乳、肉的需求不断增大，而这又会导致畜牧养殖规模进一步扩大。综合利用农作物秸秆资源，饲料化利用作物秸秆，不仅减少了精料的投喂量，降低养殖成本，提高乳肉品质，使得人畜争粮的问题得以解决，而且减少了放牧，使草原得以保护。秸秆饲料化利用是提高秸秆综合利用率的有效途径。通过物理、化学或生物的处理方法，可以改进秸秆的饲喂价值。目前，大多采用秸秆碱化、氨化等方法，主要制取方法有堆垛法、窖池法、氨化炉法和氨化袋法。

四、秸秆基料化

目前，我国的秸秆基料化主要以食用菌基料为主。食用菌具有较高的营养和药用价值，秸秆作为生产基质，大大增加了生产食用菌的原料来源，降低了生产成本。现在我国利用秸秆生产平菇、香菇、金针菇、鸡腿菇等技术已较为成熟，但仍存在技术条件要求较高、玉米秸秆和小麦秸秆培育食用菌的产出率较低等问题。

五、秸秆工业原料化

秸秆纤维作为一种天然纤维素，生物降解性好，可替代木材用于造纸、生产板材、制作工艺品、生产活性炭等，也可替代粮食生产木糖醇、低聚木糖，还能够适应符合环保要求的产品开发。秸秆制作的主要产品有包装用纸、秸秆浆模塑制品（一次性餐具和包装内衬材料）、秸秆密度板、秸秆节能自烧砖、生物有机肥料、蛋白饲料、功能性膳食等。

六、秸秆建材化

秸秆建材指以农作物秸秆为原材料，按照一定的配比添加辅助材料和强化材料，通过物理、化学或者两者结合的方式，形成的具有特殊功能和结构特点的建筑材料。其突出的特点是防火防潮、耐压耐酸碱、抗震抗冲击、无毒无害、节约空间、隔音保暖，可取代常规建材，与板材、砖石、水泥融接牢固，且强度高、韧性好、材质轻，可减轻墙体负荷，降解建筑自重，增加 10% 的使用面积，减少工程造价 30% 以上。目前，秸秆建材的主要品种有秸秆人造板材、秸秆建筑装饰板、秸秆复合墙板、秸秆砖、秸秆砌块等。

第二节 前茬作物秸秆处理农艺要求

目前，山东省小麦种植的前茬作物主要是玉米，玉米秸秆处理以还田为主。玉米秸秆还田主要包括直接还田、间接还田及综合还田三种方式，受环境条件和耕作制度影响，各种植区在操作上有一定差别。直接还田包括覆盖还田和翻压还田两种方式，间接还田包括堆沤还田和过腹还田两种方式。

我国秸秆覆盖还田技术的研究始于20世纪70年代，山西、陕西、吉林、黑龙江等省相继开展了以秸秆覆盖为主，少耕、免耕技术为辅的保护性耕作技术体系研究，方式以整株还田覆盖为主。此后，随着农艺及农机技术的革新，秸秆粉碎后覆盖还田又逐步成为主流趋势。覆盖还田方式操作简便，省时省工，优点是可以减少土壤中水分的蒸发，达到保墒的目的；秸秆腐烂后增加土壤有机质含量，优化土壤结构，促进生物循环。秸秆作为不利导体，可通过启温作用和降温作用实现对土壤温度的有效调节，缺点是不利于灌溉及影响播种。因此，覆盖还田方式只对干旱地区及北方玉米产区相对适用。

我国翻压还田技术的研究始于20世纪90年代，是为解决土壤肥力日趋下降的问题而逐步发展起来的。经过多年努力，初步形成了适用于我国的翻压还田技术体系，研制出了一批相对适用的农业机械。目前的大体操作为通过农业机械将玉米秸秆粉碎成小于10厘米的茎段，均匀抛洒于地表，于秋季配合化肥一同翻入土壤中压平，深度以20～30厘米为宜。翻压还田操作简便，但对农业机械要求较高，优点是秸秆中的营养物质可以全部保留，分解速度可以加快，可以更加有效地改良土壤的理化性状，改善土壤的微生物环境，提高土壤的肥育能力，实现作物增产；缺点是能耗偏大，极易受地域条件限制。总体而言，翻压还田优势较强，可操作性好，目前已成为我国主要的秸秆还田方式。

堆沤还田技术如应用合理，可有效缓解我国有机肥短缺的情况，同时也将对改良土壤、培肥地力起到积极的促进作用。通常的做法是在运输方便的地点挖1个深坑，将玉米秸秆粉碎成10厘米左右的茎段，放入坑中，洒入适量的促腐剂，用塑料薄膜覆盖，填土压实，借助促腐剂产生的大量纤维素酶，将秸秆迅速沤制成有机肥。堆沤温度控制在50～60℃为宜，湿度控制在60%～70%为宜。

堆沤还田的优点在于可形成大量的腐熟肥料，利于土壤理化性状的改良；缺点在于用工量大，技术难度高，在推广上困难较大，目前应用并不广泛。

过腹还田技术就是把秸秆作为饲料，在牛、马、猪等家畜腹中经消化吸收一部分营养，其余变成粪便施入土壤，培肥地力，改善土壤理化性状。而秸秆被动物吸收的糖类、蛋白质等营养部分可转化为肉、奶等产品，被人类广泛利用。这种还田方式科学、环保，应大力提倡，但目前的农业生产以机械化为主，家畜数量已大量减少，加上其他的生产现实问题，应用并不广泛。总体而言，间接还田受技术水平、现实条件等问题困扰，发展难度较大，应用面积相对较小。

综合还田方式主要是将直接还田和间接还田结合在一起的系列还田方式，如果能寻找到两种还田方式的最佳契合点，将大幅提升还田效率，扩大还田规模。目前应用较广泛的操作是将玉米秸秆粉碎成小于 10 厘米的茎段，均匀覆盖于地表，趁秸秆青绿时，将适量促腐剂与氮肥的混合物均匀撒在秸秆上，及时深翻入土，深度以 20～30 厘米为宜，使各类物质混合均匀，然后压平，以防止墒情流失。综合观察，这种还田方式具有较好的推广前景。

一、玉米秸秆还田的作用与效果

（一）增加土壤有机质和养分含量

玉米秸秆的主要成分是纤维素和木质素，在土壤微生物的作用下可部分转化为土壤有机质，因此还田后可有效提高土壤中有机质的含量。宫亮等研究表明，玉米秸秆还田 3 年后，各处理有机质含量提升幅度介于 7.13%～9.44%，而不施肥、单施化肥处理有机质含量分别降低 1.15 克/千克、0.92 克/千克，差异达到显著水平。颜丽等研究表明，6 种不同秸秆还田方式的土壤有机质含量在 17.00～17.50 克/千克，易氧化有机质含量在 8.20～9.10 克/千克，有机无机复合度在 86.5%～90.4%，其中秋季玉米秸秆不调氮、加微生物促腐剂处理效果最好，可有效提高土壤中易氧化有机质含量，有效降低土壤中有机无机复合度。

马永良等研究表明，秸秆翻压还田后土壤有机质含量随年份递增，年均递增 0.02%～0.04%。赵凡等研究表明，秸秆浅翻还田后土壤有机质含量随还田年限的延长呈三次曲线递增趋势，年均增长 3.84%。王应等研究表明，玉米秸秆还田 3 年、6 年、9 年后，土壤有机质含量分别增加 0.05%～0.09%、0.06%～0.10%、0.09%～0.12%，趋势明显。

秸秆还田可活化土壤中氮、磷、钾等养分，提高土壤肥力。新鲜玉米秸秆中有机质含量约为 15.0%，氮、磷、钾含量分别约为 0.6%、0.3%、2.3%，同时还含有钙、镁、硅等作物生长所必需的微量元素。赵聚宝研究表明，秸秆还田 2 年后，土壤全氮含量增加 11.0%，全磷含量增加 10.0%，水解氮含量增加 41.0%。张电学等研究表明，过腹还田对于维持和提高土壤氮素含量意义重大，而直接还田则能够补充和提高土壤磷素和钾素含量。颜丽等研究表明，秋季玉米秸秆处理在提高土壤中各种形态的氮素含量，有机磷、有效磷和活性有机磷含量及土壤中有效钾、缓效钾、水溶性硫和可矿化硫含量方面效果较好，春季腐熟玉米秸秆处理各方面效果均较差。

慕平等研究表明，在 0～20 厘米耕层内，连续秸秆还田 3 年、6 年和 9 年处理，土壤碱解氮含量分别较对照增加 9.40%、12.30% 和 20.00%，速效磷含量分别较对照增加 1.30%、4.80% 和 10.60%，速效钾含量分别较对照增加 2.40%、2.70% 和 4.30%，说明连续秸秆还田对耕层土壤速效养分含量有一定补偿作用，且碱解氮含量的增幅大于速效磷和速效钾。

（二）改善土壤理化性状

土壤容重与土壤的水、气、热状况及养分调节关系密切，对植物的根系伸展及生长发育影响较大。土壤孔隙度与土壤结构及腐殖质含量有关，对水、肥、热、气等肥力因素的变化与供应影响较大。玉米秸秆还田可有效降低土壤容重，增加土壤孔隙度，且该效应与秸秆还田量呈正相关。Bescansa 等研究表明，经过连续 3 年的玉米秸秆还田后，处理地块土壤容重比对照降低 0.10～0.20 克/厘米³。邓智惠等研究表明，深松、旋耕条件下，秸秆连年还田与对照相比，土壤容重分别降低 5.64％、7.40％，土壤孔隙度分别增加 6.89％、5.37％。慕平等研究表明，连续 3 年、6 年、9 年秸秆还田地块，20～50 厘米耕层的土壤容重分别较对照降低 6.40％、11.60％、15.03％，证明该方式能有效促进秸秆纤维腐解残体与土壤团粒结合，起到降低容重、增加土壤孔隙度的作用。

但是，秸秆还田后土壤容重和土壤孔隙度的变化是有一定适用范围的，耕层太浅或太深，改良效果均不明显。多数研究表明，秸秆还田在提高土壤水分利用率方面具有积极作用，在提高土壤含水量、土壤饱和水传导能力和水分渗入量方面增效显著。曲学勇等研究表明，玉米秸秆还田后，不同深度的土壤均具有较高的含水量。林蔚刚等研究表明，在玉米秸秆覆盖还田条件下，免耕后在 0～10 厘米、10～20 厘米耕层的土壤含水量可分别较对照增加 16.00％、35.30％。战秀梅等研究表明，秸秆还田条件下，10～15 厘米耕层的土壤含水量表现为秸秆连年还田＞秸秆隔年还田＞无秸秆还田，而在 20～25 厘米和 30～35 厘米耕层差异不显著。于晓蕾等研究表明，秸秆覆盖还田能有效降低水分蒸发量，其效果与覆盖量呈正相关。李全起等研究表明，秸秆覆盖还田后，有利于灌溉水的渗入，渗入速度较对照增加 33.33％。秸秆还田后，土壤保水保墒能力增强，可能与蒸发量降低、土壤剖面中毛细管连续性被破坏及土壤与大气接触面减小等因素有关。秸秆还田后，利于水稳性土壤团粒结构的形成，因此可直接影响土壤微生物的生长与繁殖，增强土壤团聚体的稳定性。形成的腐殖酸可与土壤中的钙、镁结合，形成水稳性的土壤团粒结构。蔡晓布等研究表明，秸秆还田后粒径大于 0.25 毫米和 1～3 毫米范围内的水稳定性土壤团粒结构大幅度增加。Malhi 等研究表明，秸秆还田后机械稳定性土壤团粒结构的平均质量和直径得到迅速增加。

上述结果表明，秸秆还田可将土壤中的微小颗粒凝聚成较大的微团聚体，从而改善土壤结构，提高土壤稳定性。此外，

Raimbault 等研究还表明，由于玉米秸秆中酚类物质含量偏高，更易于土壤团聚体的形成。

(三)提高土壤微生物活性

玉米秸秆还田可改善土壤的生物性状，提高土壤的呼吸速率。李玮等研究表明，玉米秸秆还田后，土壤中的碳氮比升高，微生物含量增加，促进土壤的呼吸速率提高；同时，夏季高温促进耕层中秸秆的分解，使土壤中二氧化碳排放量增加。王丙文等研究表明，玉米免耕全量还田处理的土壤呼吸值比对照高 37.93%，玉米常规耕作还田处理的土壤呼吸值比对照高 30.72%。雷宏军等曾在黄淮海地区进行秸秆还田后二氧化碳排放量长期定位试验，结果证明秸秆还田量是决定耕层中二氧化碳排放通量的最主要因素。玉米秸秆还田后，有机物质和各种养分含量得到提升，为微生物的生长与繁殖奠定了丰富的物质基础。微生物则主要通过纤维素酶的作用，将秸秆中纤维素、木质素水解为葡萄糖、短链脂肪酸等物质。强学彩等研究表明，玉米全量还田后，在 0～10 厘米和 10～20 厘米耕层中，土壤总微生物量较对照分别增加 29.80% 和 19.80%。张星杰等研究表明，秸秆还田免耕处理条件下，玉米全生育期土壤中真菌、细菌、放线菌和纤维素分解菌的数量比对照分别高 67.90%、1.90%、47.10% 和 65.70%，且此效益受玉米发育进程影响较大。吴景贵等研究表明，玉米秸秆还田后能显著提升土壤中微生物的数量，还田 50 天后，真菌、细菌和放线菌的数量比对照分别提升 212.20%、54.00% 和 47.80%，说明秸秆还田后对土壤中真菌的促进作用更大。土壤酶主要源自土壤微生物、动植物残体及活体，秸秆还田后，土壤中脲酶、碱性磷酸酶、过氧化物酶活性迅速上升，这可能与秸秆本身带入大量活的微生物有关。闫慧荣等研究表明，土壤蔗糖酶、纤维素酶、脲酶、脱氢酶和荧光素二乙酸酯水解酶等 5 种土壤酶的活性均与玉米秸秆还田量呈极显著正相关，不同酶活性的倍增剂量在不同时间下的变化略有差异。5 种土壤酶中，以荧光素二乙酸酯水解酶的活性对玉米腐解过程最为敏感。玉米秸秆还田后，5 种土壤酶活性间呈极显著正相关，说明其变化是彼此相关的。颜丽等研究表明，秋季玉米秸秆在不调氮加微生物促腐剂条件下还田，土壤中过氧化氢酶、转化酶、脲酶和酸性磷酸酶的含量均有较大幅度提升。综合来看，玉米秸秆还田对土壤酶活性具有较强的促进作用。

（四）改善农业生态环境

近年来，农作物秸秆已经成为农业面源污染的新源头，每年秋后玉米秸秆的焚烧加上不良气象条件的传播和输送，加重了季节性雾霾的影响范围、时间和强度。有研究表明，每燃烧 1 千克作物秸秆会产生 20.27 克的 PM2.5，68.33 克的一氧化碳，1 455 克的二氧化碳、二氧化硫、氮氧化合物、甲烷等气体，使空气质量严重下降。大规模秸秆焚烧还会造成飞机场、高速公路等烟雾弥漫、能见度低甚至造成交通事故。在各地加大对秸秆还田推广力度后，玉米秸秆焚烧现象明显减少，季节性雾霾发生频率降低、影响变小，空气质量有明显的改善。

（五）提高小麦产量

玉米秸秆还田导致土壤理化性质改善，对作物增产有直接的作用。适宜的秸秆还田量可以增加下茬及长期作物产量，据有关试验对比分析，长期秸秆还田与不还田比较，平均增产率为 10.8%。并且和普通无机肥相比，秸秆有机肥在作物生长发育后期发挥作用更加明显。

二、玉米秸秆还田存在的主要问题

（一）玉米秸秆粉碎质量不高

部分农户秸秆粉碎不及时，在玉米成熟收获后不能及时将秸秆粉碎，而是等到下茬播种前再进行秸秆粉碎，此时秸秆失水较重，干枯柔软，还田机械很难打碎，粉碎效果差，且土壤耕翻难以将土壤与秸秆混合均匀，在土壤中易形成秸秆团，腐熟分解慢。小麦播种后，一是影响出苗，造成缺苗断垄；二是麦苗根系扎到秸秆里出现根系悬空和烧根现象，轻者出现黄苗，重者造成死苗，影响小麦产量品质。

部分地块因为以下原因,常常造成秸秆粉碎质量差:一是还田机手责任心不强、技术操作不当,秸秆粉碎机离地面过高、田间作业速度过快,或接茬不好留有间隙,遗留秸秆打不碎或打不着;二是还田机械动力小,还田机械刀具磨损过重,刀锋不利,秸秆粉碎过长过大。玉米秸秆还田技术要求秸秆粉碎的长度不宜超过10厘米,破碎率在95%以上,如果秸秆过长,需再次粉碎。但实际还田过程中,由于农民担心租用机械的成本问题,往往只采取粉碎一遍后旋耕或翻耕一遍的方式,导致玉米秸秆粉碎长度不达标,破碎率较低,直接影响下茬作物小麦的播种和生长。

(二)配套土壤耕作深度浅,整地质量差

由于整地质量差,秸秆还田地块小麦播种、出苗质量较差的现象比较普遍。一方面是因为部分地块耕翻过浅混土不均。目前,大多数农户采用旋播机耕翻土地,耕作深度小于20厘米,耕作层较浅,常导致秸秆和土壤混合不均匀的现象产生,土壤中易形成秸秆团,也会出现秸秆还田晚和质量差的黄苗问题。另一方面,地块整地不平,播种深浅不一。特别是秸秆粉碎时间晚、还田质量差的地块,土地不平整,造成播种深浅不一,出现缺苗断垄,不同农户之间土壤翻耕深度不一致;暄松地块播种过深,有些播种深度达6~7厘米或更深,致使小麦出苗率低、出苗慢,出苗后即成弱苗,分蘖少,冬前达不到壮苗标准,影响翌年小麦产量。再者,地块土壤暄松不实,易造成土壤接触不严密,跑墒漏气,出苗后根系悬空,易出现小麦吊死根的现象,冬季易造成冻害。

(三)碳氮比不合理,秸秆腐烂慢

玉米秸秆自身碳氮比为(65~85):1,而适宜土壤微生物活动的碳氮比为(25~30):1。因此,秸秆在腐烂的过程中需要大量的氮元素参与,会导致部分地块土壤中暂时的碳氮比失衡,解决该问题通常的做法是在秸秆还田后按秸秆量(干重)的1.5%~2.0%配施氮肥,调节土壤的碳氮比。然而,目前全国多数地区玉米秸秆还田后没有后续的增施氮肥补充措施,导致耕作层存在大量的未经腐烂的玉米秸秆,影响下茬作物的播种和灌溉,严重时会和

下茬作物争抢氮肥，造成秸秆与土壤微生物争氮的矛盾。土壤中氮素明显缺乏，影响幼苗生长，出现苗黄及死苗现象。建议秸秆还田时增施氮肥，同时还应注意补充少量磷肥。

（四）病虫残体处理差，病虫害加重

玉米秸秆中存在大量病菌、虫卵等，在秸秆直接粉碎过程中无法将其杀灭，如果不进行秸秆腐熟或药剂处理直接还田，则会将一些地下害虫和病菌带入土壤中，不利于小麦的健康生长。如蛴螬、蝼蛄及金针虫等地下害虫和茎基腐病等病原菌，随着秸秆还田留在土壤中，加重了病虫危害程度，给小麦实现高产稳产造成较大制约条件。

（五）播种行距不规范，影响作业质量

近几年，随着小麦联合收获和玉米免耕播种机械的推广，玉米种植模式进一步规范。但由于一家一户地窄，播种机播到最后一趟必须对垄重播，打乱了种植行距。还有的地区，玉米采用大小行种植，种植行距差异很大，导致玉米联合收获机无法插入行内收割，影响机械的作业效率和作业质量。尽管各生产企业宣传自己的产品可实现不对行收获，但事实上难以达到。

三、提高玉米秸秆还田的技术措施

搞好玉米秸秆还田工作，需要农机农艺高度融合。首先，要在小麦、玉米上下茬种植中统一规格，玉米种植行距最好以60厘米为宜，方便玉米联合收获和秸秆还田。其次，农机、农业部门要紧密联合，共同选派技术人员深入到乡村、田间地头，对农机合作社的机手、农机大户进行技术培训，讲解玉米秸秆还田机械的选择、操作使用、故障排除、作业技术标准等知识，对机具操作进行现场演示，切实提高农机手技术操作水平，确保机具状态良好，为玉米秸秆机械化还田提供技术保障。具体要重点抓好以下技术措施：

（一）提高秸秆粉碎质量

首先，要及时粉碎秸秆。玉米成熟后趁秸秆青绿，用联合收割机尽早摘穗，随即粉碎还田，迅速耕翻。玉米青绿秸秆中水分和糖

分含量高，易于粉碎和加速腐烂分解，使秸秆迅速变为有机肥料。如果玉米成熟后小麦播种适期尚早，可以先将秸秆粉碎深耕掩埋，等到适宜播种期后再进行土地耕翻。

其次，要科学粉碎秸秆。应尽量使用设计合理、功能较全的大型联合收割机或秸秆粉碎机具，秸秆还田时机手要正确选择前进速度、还田的刀片，控制地面的间隙在 5 厘米左右，并及时更换刀片，粉碎长度以 3～6 厘米为宜，不要超过 10 厘米。如果秸秆过长，应进行二次作业。秸秆、根茬粉碎后应抛撒均匀，尽量做到短、碎、匀，无堆积和条带，确保还田质量。农户要对还田质量进行检查，发现问题及早采取补救措施，不要在还田质量差的情况下进行耕地播种。

(二)增加耕作深度，提高整地质量

秸秆粉碎并被均匀撒在田地后，要尽快耕翻入土，以大犁深耕大于 30 厘米为宜。土壤深耕后，再用旋耕机旋匀整平，其旋耕深度一般为 15～20 厘米。最好是边收获边耕埋，达到粉碎秸秆与土壤充分混合、地面无明显粉碎秸秆堆积的目的，以利于秸秆腐熟分解和作物种子发芽出苗。没有深耕条件的也可以采用旋耕机旋耕 2～3 次，使秸秆和土壤混合均匀。机械整地后个别不平整的地方，要进行人工整地，达到土地平整。小麦播种时，要根据土壤暄松程度调整播种深度，一般控制在 3～5 厘米为宜。

(三)增施氮磷肥和秸秆腐熟剂

微生物生命活动存在于秸秆腐解于土壤的过程之中，需要吸收水分以及相应的化学元素如磷、氮等，这些化学元素原本就存在于土壤中。通过试验发现，100∶4∶1 为碳、氮、磷三种元素在秸秆腐解时所需的比例，而 100∶2∶0.3 为碳、氮、磷三种元素在秸秆中存在的比例。碳氮比在秸秆与微生物活动中分别是 80∶1 和 25∶1，这一差异导致后茬作物在机械化还田之后出现严重的争氮问题，造成秸秆分解缓慢，引起苗弱与苗黄问题。75～150 千克/公顷的尿素为秸秆还田时的增施量，并以其他肥料（尤其是磷肥）同时配施，以达到提高含氮量的目的，通常能够在秸秆干物

质中增加 1.5%～2.0% 的含氮量，有助于腐解秸秆，加速有效养分的转换，进而对麦苗缺磷、缺氮问题进行改善。

秸秆腐熟剂属于有机物料，其中存在多种微生物菌群成分，对杂草、秸秆的腐熟具有明显的加速作用，促进秸秆向肥料转变，最终被作物吸收，实现对土壤微生物环境的改善。腐熟剂中存在一种菌群，既能解钾也能解磷，对土壤中钾与磷的释放具有促进作用，并能促进游离氨转化。15～30 千克/公顷为秸秆腐熟剂的一般使用量，在秸秆上均匀地撒上湿度适宜的细沙土和腐熟剂，将秸秆深翻埋入土壤中，保证土壤的高湿度，以雨水或灌溉水进行，能够实现秸秆的迅速腐熟分解。

（四）保障土壤墒情良好，促进秸秆分解

秸秆还田地块水分充足，能够加快玉米秸秆的腐解速度。因为土壤微生物的生存繁殖需要有合适的土壤墒情，如果土壤含水量不足，土壤微生物的繁殖速度就会下降，秸秆分解速度随之下降，所以及时灌溉十分重要。小麦播种后，如果土壤墒情不足，一定要及时浇"蒙头水"。玉米秸秆还田的冬小麦地块最好浇越冬水，浇水后尽早压实土壤。如果地块板结，要及时中耕，以保持良好的土壤墒情。

（五）播前搞好土壤或种子处理，减轻病虫危害

由于秸秆直接还田，未经高温发酵，应该在旋耕或深翻前应用适量的化学药剂喷洒地面，以防止秸秆本身所带的病虫害蔓延。方法是：在旋耕或深翻前，每亩撒施 3% 辛硫磷颗粒剂或 3% 甲·辛颗粒剂 3～5 千克和五氯硝基苯可湿性粉剂 2～5 千克；或用 48% 辛硫磷乳油 500 毫升兑水 1～2 千克稀释，与 20～25 千克细沙或细土拌匀后，再与 2～5 千克 70% 甲基硫菌灵可湿性粉剂拌匀，均匀撒施地面深翻或旋耕土中，以预防和杀死土壤中的病虫菌源和虫卵，达到防控病虫害的目的。

对于没有进行土壤处理的秸秆还田地块，一定要进行种子处理。采用种子包衣技术或选用 20% 戊唑醇悬浮剂 50～70 克、三唑酮乳油 100 克或 50% 多菌灵可湿性粉剂 75～100 克拌种 50 千克；

地下害虫发生较重的地块，选用40％甲基异柳磷乳油100毫升或48％毒死蜱乳油100毫升拌种50千克。病虫混发地用上述杀菌剂加杀虫剂混合拌种。

（六）播前耙耢镇压

小麦播种前要精细整地，通过耙地或者镇压等措施，将大孔隙消除，消灭明暗坷垃，密实土壤，以达到"地平土碎"的目的，进一步解决土壤架空问题，使秸秆残体碎片与土壤充分混合与接触，加快腐解速度。通过耙耢镇压使土壤上虚下实，也是小麦播种的农艺要求，可以为发芽扎根提供良好保障。

第三节　常用作业机械与技术

目前山东省重点以秸秆直接还田作为培肥地力的主要措施。按照秸秆综合利用现状与技术发展趋势，本节重点介绍直接还田、打捆、青贮、制有机肥等秸秆综合利用方式。

一、秸秆直接还田技术与机具

秸秆直接还田是将新鲜秸秆按照不同方式直接施入土壤中，可分为翻压还田、覆盖还田和高留茬还田。翻压还田是通过机械把秸秆粉碎成长度10厘米左右，耕地时直接将秸秆翻入土壤里。覆盖还田是把秸秆粉碎后直接覆盖在地表或整秆倒伏在地表，秸秆逐渐腐解，有利于土壤保墒。留高茬还田是指农作物收割时，留下一定高度的秸秆（10～15厘米）在土地里，然后直接翻入土中使其腐烂分解。我国各地区因气候特点、作物种类和种植制度等不同，采用的秸秆还田方式也应根据实际情况做出调整。秸秆还田唯有腐烂分解后，才会在不影响耕作和作物生根发芽的情况下释放养分。秸秆直接还田需要适时适量施入氮磷肥或石灰，以促进秸秆腐烂，增加的部分费用抵销了秸秆带入养分所节省的费用，对农民秸秆还田的积极性会有所影响。秸秆中残留的病虫害会形成有害生物累积，在秸秆腐熟过程中分解出的有机酸、多种小分子有机化合物和化感活性物，存在重茬作物自毒性风险。在寒冷地区，微生物活性较低，大量秸秆难以在下茬作物收获前完全腐熟，导致残留秸秆过量积累，使当季秸秆无法还田，直接影响下茬作物种植。

（一）技术要点

在黄淮海小麦-玉米两熟区，为保证小麦顺利播种，需要对玉米秸秆进行精细还田。还田时需注意以下操作要点：首先，改玉米沟垄种植为玉米平作。在秸秆还田机作业幅宽内，使玉米根部在同一高度平面内，以便还田部件能够将秸秆全部粉碎，为秸秆还田机械作业创造好的条件。其次，正确选择和使用秸秆粉碎机械。高速旋转的刀轴总成是秸秆还田机主要工作部件，刀轴上装有粉碎刀具，如锤爪、甩刀、直刀等，图 3-1 所示。锤爪式秸秆还田机灭茬效果好，甩刀式和直刀式秸秆还田机粉碎效果好，为实现玉米秸秆精细还田，可选择甩刀式或直刀式秸秆还田机。另外，作业前不能拆卸工作部件，工作部件磨损后，及时更换。第三，正确选用作业方式。玉米摘穗后，秸秆含水量高，及时进行还田作业，利于秸秆粉碎。作业时，秸秆直立或与根茬连结，以便实现有支撑粉碎，减少动力消耗。第四，规范机械作业方式。秸秆机械还田要作业两遍。第一遍工作部件紧贴地表；第二遍工作部件入土 1～2 厘米，将细碎的秸秆与表土混合，形成 2～4 厘米的地表覆盖层，避免大风刮走秸秆，减少土壤水分蒸发，保持土壤墒情。

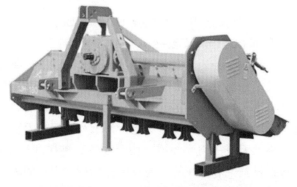

图 3-1 4JH 型甩刀系列秸秆还田机

（二）常见机具种类

秸秆还田机与拖拉机配套作业，主要用于田间直立或铺放秸秆的粉碎，可对玉米、小麦、高粱、水稻、棉花等作物秸秆、根系及蔬菜茎蔓进行粉碎，粉碎后的秸秆自然散布均匀，覆盖在地表（免耕）或经翻耕后还田。秸秆还田机按结构型式可分为立轴式和卧轴式。立轴式主要用于高粱等高粗秆直立作物秸秆的粉碎灭茬作业，卧轴式主要用于小麦等低细秆或铺放在田间的作物秸秆的粉碎灭茬作业。按刀轴数量可分为单轴式和双轴式。单轴式秸秆粉碎还田机在刀轴上安装粉碎灭茬刀，粉碎灭茬刀有锤爪式、甩刀式和直刀式三种（图3-2）。双轴式秸秆粉碎灭茬还田机前面设置粉碎灭茬刀辊，对秸秆进行粉碎灭茬，后面设置旋耕刀辊对秸秆进行混土还田。

图 3-2　粉碎灭茬刀

a. 锤爪式　b. 甩刀式　c. 直刀式

各类型的秸秆粉碎还田机结构及工作原理如下：

1. 单轴卧式秸秆粉碎灭茬机

（1）主要结构特点。单轴卧式秸秆粉碎灭茬机主要由传动机构、粉碎室及辅助部件三大部分组成（图3-3），传动机构由万向节、传动轴、齿轮箱和皮带传动装置组成，将拖拉机的动力传给工作部件进行粉碎作业；粉碎室由罩壳、刀轴和铰接在刀轴上的粉碎灭茬刀（也称动刀或甩刀）组成，用于粉碎、抛撒和撒布碎秸秆；辅助部件包括悬挂架和限深轮，通过限深轮调整刀片的离地间隙即留茬高度，粉碎灭茬刀片一般不打入土中，否则会造成动力负荷过大，刀片过早磨损。

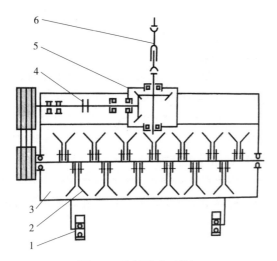

图 3-3　秸秆粉碎灭茬机
1. 限深轮　2. 粉碎灭茬刀　3. 粉碎壳体
4. 联轴器　5. 变速箱　6. 万向节联轴器

（2）工作原理。秸秆粉碎灭茬机作业时，拖拉机通过动力输出轴、万向节联轴器等传动机构驱动刀轴旋转。在刀轴上铰接的甩刀一方面绕刀轴转动，另一方面随机组前进，前进中定刀床首先碰到茎秆，使其向前倾倒；接着旋转的动刀把茎秆从根部砍断，并将茎秆向前方抛起；在定刀床的限制下，茎秆被转向水平位置的动刀再次砍切；此时前倾的茎秆受到前方为粉碎茎秆的阻挡，随着机具的前进，茎秆进入罩壳后在甩刀片、罩壳和定刀的反复作用下被进一步粉碎，碎茎秆沿罩壳内壁滑到尾部在出口处抛撒到田间。

2. 双轴卧式秸秆粉碎还田机　双轴卧式秸秆粉碎还田机是将收获后的作物秸秆粉碎并翻埋或与土壤混合后进行还田的机械。可一次完成多道工序，不仅争抢了农时，而且减少了环境污染，增强了地力，提高了粮食产量，具有很好的社会效益和经济效益。

（1）主要结构特点。双轴卧式秸秆粉碎还田机主要由主变速箱、侧变速箱、旋耕刀轴、粉碎滚筒等组成。旋耕刀轴上安装有旋耕刀，粉碎滚筒上安装有粉碎刀，粉碎刀在刀轴上以一定的规律排列（一般为螺旋或双螺旋）。

（2）工作原理。双轴卧式秸秆粉碎还田机工作时，粉碎刀轴高速旋转，对地面上的秸秆进行砍切作业，并以高速砍、切、撞、搓、撕的方式将玉米秸秆直接粉碎，秸秆成碎段或纤维状，被后面的旋耕装置混合在土壤中。

3. 立轴式秸秆粉碎灭茬机

（1）主要结构特点。立轴式秸秆粉碎灭茬机主要由悬挂架、齿轮箱、大罩壳、粉碎室工作部件、限深地轮、前护罩等组成，如图3-4所示。

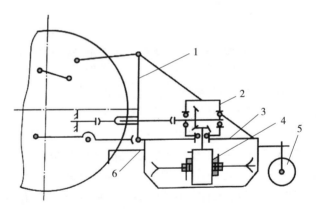

图 3-4　立轴式秸秆粉碎灭茬机
1. 悬挂架　2. 齿轮箱　3. 大罩壳　4. 工作部件　5. 限深轮　6. 前护罩总成

（2）工作原理。立轴式秸秆粉碎灭茬机工作时，由前方喂入端的导向装置将两侧的秸秆向中间聚集，甩刀对秸秆多次数层层切割后通过大罩壳后方排出端导向装置排出，均匀地将碎茎秆铺撒在田间。

（三）典型秸秆还田机介绍

1. 甩刀系列秸秆还田机　山东大华机械有限公司，以下简称

"山东大华"、河北农哈哈机械集团有限公司生产的 4JH 型甩刀系列秸秆还田机。作业幅宽 1.5～4.0 米不等，作业幅宽 2.6 米以下为单侧皮带传动，作业幅宽 2.6 米及以上为双侧皮带传动；配套动力 36.75～147 千瓦拖拉机；粉碎轴转速 2 000～2 490 转/分钟；还田部件为弯刀或两弯刀一直刀组合。特点是：作业效率高，可将拖拉机轮胎压过的秸秆捡拾破碎。

2. 直刀系列秸秆粉碎灭茬还田机　山东奥龙农业机械制造有限公司，以下简称"山东奥龙"、河北双天机械制造有限公司生产的 4QZ 型直刀系列秸秆粉碎灭茬还田机（图 3-5）。作业幅宽 1.5～2.2 米不等，单边皮带传动，配套动力 36.75 千瓦以上拖拉机，粉碎轴转速 2 000 转/分以上，还田部件为直刀。特点是：还田直刀数量多、排列紧密，作业后秸秆细碎，还田质量高。

3. 粉碎灭茬系列还田机　山东奥龙、郓城县工力有限公司生产的 4QMZ 型（图 3-6）。作业幅宽 1.5～2 米不等，单边皮带传动，配套动力 66.17 千瓦拖拉机，还田和破茬两轴作业，粉碎轴转速 2 000 转/分以上，破茬轴转速 230 转/分左右，还田部件为甩刀或直刀，破茬部件为旋耕刀。特点是：作业后秸秆细碎，根茬破碎，秸秆与土壤混合，为耕整地作业创造了条件，缺点是动力消耗大。

图 3-5　4QZ 型直刀系列秸秆粉碎还田机

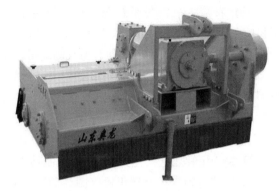

图 3-6　4QMZ 型系列秸秆粉碎灭茬还田机

二、秸秆打捆技术与机具

传统的秸秆收集方法主要是人工收集，劳动强度大、效率低。随着机械化的快速发展，玉米秸秆收集一般通过机械完成，不仅减少了劳动时间和劳动强度，还提高了农业生产效益，其中直接打捆和田间粉碎收集是两种主要形式。

我国对秸秆打捆机的研究起步于 20 世纪 70 年代，经过大量机械研究与设计工作，于 20 世纪 80 年代开始有小方捆打捆机投入市场使用。经过多年的研究与发展，现阶段我国的打捆机技术取得了长足的进步，玉米秸秆打捆的主要机型包括了方捆打捆机和圆捆打捆机等。经过不断的技术改进，现阶段使用的打捆机械已逐渐适应我国国情，使用量也在逐渐提升。

（一）常见机具种类及工作原理

1. 圆捆打捆机

（1）主要结构特点。圆捆打捆机主要由传动系统、捡拾器、喂入机构、成捆室、捆绳机构、液压系统以及卸草器等组成（图 3-7）。

（2）工作原理。圆捆打捆机工作时由拖拉机牵引，拖拉机的动力通过传动系统传递到各工作部件，在田间作业过程中，随着机器的运转和前进，捡拾器的弹齿将地面草条捡拾起来，经喂入机构送入成捆室，在旋转辊筒的作用下物料旋转形成草芯，图 3-7 所示，

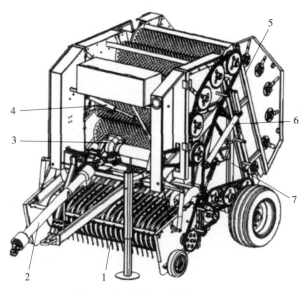

图 3-7　钢辊外卷式圆捆打捆机

1. 捡拾器　2. 传动轴　3. 齿轮箱　4. 捆绳机构　5. 后门　6. 液压系统　7. 机架

随着越来越多的物料进入成捆室并不断旋转逐渐形成圆捆，继续捡拾，物料将在圆捆外周缠绕，形成外紧内松的圆草捆。圆捆成型达到规定值时，机组停止前进，驾驶员操纵捆绳机构进行捆绳作业，捆绳作业完成后开启后门将草捆经卸草器弹出落到地面，合上后门继续进行下一个圆草捆的卷制作业。

2. 方捆打捆机

（1）主要结构特点。小方捆打捆机与大方捆打捆机均属于方捆打捆机，其工作原理基本相似，主要结构包括捡拾装置、喂入装置、打结器、压缩室、传动系统和与拖拉机的悬挂连接结构等（图 3-8）。

（2）工作原理。方捆打捆机由拖拉机牵引，工作时，拖拉机的动力输出轴与方捆打捆机的动力输入轴连接，驱动方捆打捆机的喂入装置、打结器、压缩室以及穿线装置，喂入装置通过拨叉将秸秆拨入压缩室，通过活塞的往复运动将喂入的玉米秸秆压实，当捆形长度达到指定长度时，打结器将捆扎秸秆的两道捆绳打成绳结。捆

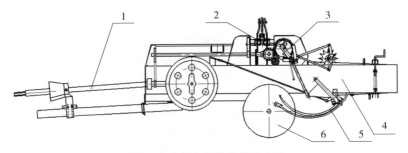

图 3-8　方捆打捆机结构示意图

1. 动力输入轴　2. 喂入装置　3. 打结器　4. 压缩室　5. 穿线装置　6. 行走轮

扎好的秸秆包在后续压实秸秆的推动下逐渐移动到压捆室出口，经放料板滑落到地面，完成秸秆打捆收获。

（二）常见机型技术参数

1.9YG-1.4B 型圆捆秸秆打捆机　9YG-1.4B 型打捆机可卷制玉米秸秆、小麦秸秆、水稻秸秆、牧草等农作物（图 3-9）。

图 3-9　9YG-1.4B 型圆捆秸秆打捆机

主要技术参数：配套动力不小于 60 千瓦，动力输出轴转速540 转/分钟，成捆室直径 1 200 毫米、长度 1 400 毫米，捡拾器宽度 2 270 毫米，轮距 2 880 毫米，生产率线绳 40～50 捆/时、网绳60～70 捆/时，草捆尺寸（直径×宽度）1 200 毫米×1 400 毫米，草捆质量茎秆小于 250 千克、牧草小于 300 千克。

2.9YY-1250A 圆捆打捆机　主要技术参数：打捆室直径Φ1 250毫米、长度 1 250 毫米，打捆成形滚筒数量 18 个、转速 119

转/分钟，捡拾宽度 2 210 毫米，配套动力不小于 66.2 千瓦、匹配PTO 转速 540 转/分钟，工作速度 2～6 千米/时，缠网装置（网卷尺寸）长度 2 000 米或 3 000 米、宽度最大 1 300 毫米，吨草耗油量≤0.9 千克/吨，纯工作小时生产率≥6 000 千克/时（图 3-10）。

图 3-10　9YY-1250A 圆捆打捆机

3.9YF-2200S 型方捆打捆机　主要技术参数：草捆截面（宽×高）460 毫米×360 毫米，草捆长度 350～1 200 毫米，活塞频率 100次/分钟，捡拾宽度 2 200 毫米，捡拾齿杆为 2 条双螺旋刀轴，捡拾弹齿为 22 个锤爪或 63、84 个甩刀，刀轴转速 2 250 转/分钟，配套动力为 70～90 千瓦拖拉机、匹配传动轴转速 540 转/分钟（图 3-11）。

图 3-11　9YF-2200S 方捆打捆机

4. L341 型方捆机 主要技术参数：草捆截面 90 厘米×120 厘米、草捆长度 60～300 厘米；捡拾器宽度 2.2 米或 2.5 米，捡拾辊直径 25.6 厘米，捡拾齿 4 组，捡拾齿间距 6.6 厘米；打结器数量 6 个，打捆绳盘容量 30 卷；成型室柱塞行程数量 45 行程/分钟，柱塞行程 69.5 厘米，打捆室长度 305 厘米；最小配套动力 108 千瓦（图 3-12）。

图 3-12 L341 型方捆机

5. 9YFG-2.2 型秸秆方捆打捆机 主要技术参数：捡拾宽度 2 200 毫米，配套动力 73.55 千瓦以上拖拉机，动力输出轴转速 720 转/分钟，压缩室横截面尺寸(宽×高)450 毫米×360 毫米，草捆长度500～1 350毫米，捆绳箱容量 10 卷，工作效率 10～20 亩/时(图3-13)。

图 3-13 9YFG-2.2型秸秆方捆打捆机

三、秸秆制肥技术与机具

从本质来讲，秸秆是一种农业产出物，要将其当作农业生产的一种农产品，而不仅仅是副产品。基于物质循环和养分平衡，秸秆的养分最终应该回到农田，回归土地是秸秆利用的主要方向。长期以来，我国农业生产肥料以化肥为主，化肥施用总量和强度逐年累增，由于化肥的不合理施用，造成了资源的浪费，同时也对土壤、地下水和作物造成污染。秸秆肥料化应用，能够在提升秸秆利用率的同时改良土壤，获得多赢。与直接还田相比，将秸秆制成有机肥再施入田间，减少了对下一环节作业的影响、降低了秸秆堆积后病虫草害的发生概率等，并且培肥地力效果更为显著，近年来受到农业规模经营组织欢迎。

按照不同的流程和工艺，秸秆制肥可分为秸秆堆肥和过腹制肥法等类型。过腹制肥是秸秆最传统的一种利用方式，将秸秆直接或通过碱化、青贮氨化等技术处理后饲喂家畜，再将家畜产生的粪尿作为肥料还田。在条件允许的情况下，可大力发展秸秆饲料深加工产业，这种"秸秆养畜，畜粪还田"良性循环生态链，可有效地解决饲草匮乏时期牲畜饲草短缺的矛盾，降低生产成本，增加经济效益。但由于作物秸秆中纤维素、木质素含量较多，粗蛋白质含量较少，因此它不能完全替代富含能量与蛋白质的精饲料，要防止过分夸大秸秆养畜的作用。与过腹制肥相比，秸秆堆肥更适合规模化、机械化生产。这里重点介绍秸秆堆肥技术和机具。

（一）技术要点

秸秆堆肥是将作物茎秆、杂草等植物性物质与粪尿、垃圾等混合堆置，至其腐熟的方法。为加速秸秆腐解，可在秸秆堆腐时添加生物菌剂。堆肥一般有普通堆肥和高温堆肥。秸秆堆肥在一定程度上能杀死秸秆中的病虫害，避免病虫感染农作物，有机质的损失相对直接还田会减少，肥力增加显著，但劳动强度较高。若堆肥腐熟不完全，则会对土壤环境、植物生长造成不良影响，故在堆肥的质量控制中，腐熟度最为重要。秸秆原料中碳氮比较高，为促进微生物对堆肥中有机物的分解和腐殖化需添加氮源，目前多采用畜禽粪便作为氮素调理剂，但不同来源的畜禽粪便中氮含量不同，对秸秆堆肥工艺会有所影响，使得各种原料的配比存在很大不同，并且以畜禽粪便作为氮素调理剂还存在重金属、抗生素等潜在的环境风险因素。

秸秆堆肥技术充分把秸秆和畜禽粪便进行综合利用。秸秆和畜禽粪便等混合而成的物料经过堆肥化处理以形成精制有机肥制品，生产过程主要包括原料粉碎混合、一次发酵、陈化（二次发酵）、粉碎和筛分包装几个部分。精制有机肥的生产方法主要有条垛式堆肥、槽式堆肥和反应器式堆肥等几种形式，其中条垛式堆肥是可以在田间地头进行的，可减少秸秆的运输过程。条垛式堆肥有露天式好氧堆肥和香肠式好氧堆肥两种。

（二）制备过程

1. 露天式好氧堆肥 露天式好氧堆肥是用生态堆肥制备机将秸秆、畜禽粪便进行搅拌、撕碎、充分混合，配以生物发酵菌剂，在田间地头进行条垛处理，在适当时机进行翻抛，确保好氧发酵。其技术优势主要有以下几点：一是过程可控，二是生产周期短，三是不依赖外部环境，四是便携式生产、田间地头随时加工，五是减少有机肥公路运输成本。

制备流程

第一步：使用生态肥制备机将秸秆与畜禽粪便混合并充分搅拌（图 3-14）。

图 3-14　生态肥制备机

第二步：将搅拌均匀的混合原料堆积到田间地头（图 3-15）。

图 3-15　搅拌物料堆积

第三步：使用成型机将堆积在田间地头的混合原料做条垛处理（图 3-16）。

图 3-16　条垛处理

第四步：待条垛内部温度 70℃ 左右时进行翻抛（图 3-17）。

图 3-17　翻抛

第五步：肥料发酵完毕后，可直接用撒粪车将肥料施撒到地里（图 3-18）。

图 3-18　肥料施撒

2. 香肠式好氧堆肥　用香肠式灌装设备把预处理好的有机肥原料装入长条袋中，在灌装原料的同时铺设空气管路，原料灌装完毕后封好袋口，通过进气管向袋中输送空气确保好氧发酵。其技术优势主要有以下几点：一是过程高度可控；二是环保无异味、无渗出液；三是生产周期短；四是不依赖外部环境；五是便携式生产、田间地头随时加工；六是减少有机肥公路运输成本。

制备流程

第一步：混合废物。废弃物（作业秸秆、畜禽粪尿等）预处理粉碎、均匀混合，重点考虑原料配比（碳氮比）、含水量、切碎长宽及颗粒大小。

第二步：灌装原料。使用灌装机把废物原料灌装进可伸长的袋子中（图 3-19）。

第三步：输送空气。使用气泵通过管子向袋中输送空气，确保充足的氧气供应，也可通过曝气程度来改变温度。根据原料不同，堆肥需要 8～16 周。每条袋子长 60 米、宽 1.5 米，可装约 70 吨原料（图 3-20）。

图 3-19　原料灌装作业

图 3-20　输送空气

第四步：过程监控。温度、pH 和含水量的常规测量（图 3-21）。

图 3-21　过程监控

第五步：开袋出肥（图 3-22）。

图 3-22　开袋出肥

第四节　前茬作物秸秆处理机械作业质量与检测方法

一、秸秆机械还田作业

（一）秸秆机械还田作业质量指标

按照农业行业标准《秸秆粉碎还田机作业质量》(NY/T 500—2015) 要求，秸秆粉碎还田机作业质量主要指标如下：

1. 作业条件　土壤含水率适宜机组作业，麦类秸秆含水率为≤17％，水稻秸秆含水率为≤25％，玉米秸秆含水率为≤15％或≥30％，棉花秸秆含率为≤30％或≥60％。

2. 在规定的作业条件下，秸秆粉碎还田机作业质量　粉碎长度合格率≥85％，残茬高度≤80 毫米。抛撒不均匀率≤20％，漏切率≤1.5％，且无明显漏切，合格粉碎长度：麦类、水稻秸秆≤150 毫米，玉米秸秆≤100 毫米（山东省地方标准规定玉米秸秆切碎长度≤50 毫米），棉花秸秆≤200 毫米。

（二）秸秆粉碎还田机械作业质量检测方法

秸秆粉碎还田机作业质量的检测，一般应以一个完整的作业地块为测区，在作业地块现场正常作业时或作业完成后立即进行。当秸秆粉碎还田机作业的地块较大时（如作业地块宽度大于 60 米，长度大于 80 米），可采用抽样法确定测区。确定的方法是：先将地块沿长宽方向的中点连十字线，将地块分成 4 份，随机抽取对角的 2 份作为 2 个测区。然后，每个测区按照五点法取 5 个测点。确定的方法是：从之前抽样测区的 4 个角画对角线，在 1/4～1/8 对角线长的范围内，确定出 4 个检测点位置再加上 1 个对角线的中点。每个测点取长为 2 米，宽为实际作业幅宽加 0.5 米的面积。

1. 粉碎长度合格率的测定　每个测点捡拾所有秸秆称重，从中挑出粉碎长度不合格的秸秆（秸秆的切碎长度不包括其两端的韧皮纤维）称其质量。测定玉米秸秆时，应进行田间清理，拣出落粒、落穗。粉碎长度合格率按下式计算。

$$F_h = \frac{\sum (\frac{m_z - m_b}{m_z})}{5} \times 100\%$$

式中，

F_h——粉碎长度合格率，单位为%；

m_z——每个测点秸秆质量，单位为克；

m_b——每个测点中粉碎长度不符合规定要求的秸秆质量，单位为克。

2. 残茬高度的测定　每个测点在一个机具作业幅宽度左、中、右随机各测取 3 株（丛）的根茬，其平均值为该测点的残茬高度。求 5 个测点的平均值。

3. 抛撒不均匀率的测定　抛撒不均匀率的测定和秸秆粉碎长度合格率的测定同时进行，每个测点内按幅宽方向等间距三等分，分别称其秸秆质量。按下式计算。

$$F_b = \frac{3 \times (m_{max} - m_{min})}{m_z} \times 100\%$$

式中，

F_b——抛撒不均匀率，单位为%；

m_z——每个测点秸秆质量，单位为克；

m_{max}——测区内测点秸秆质量最大值，单位为克；

$m_{\min}$——测区内测点秸秆质量最小值，单位为克。

4. 漏切率的测定　每个测点在宽为实际割幅加 0.5 米、长为 10 米的面积内，拣拾还田时漏切秸秆，称其质量，换算成每平方米秸秆漏切量。按下式计算漏切率。

$$F_1 = \frac{m_{s1}}{m_s} \times 100\%$$

式中，

F_1——漏切率，单位为%；

m_s——每平方米应还田秸秆总量，单位为克；

m_{s1}——每平方米秸秆漏切量，单位为克。

5. 简易检测方法　抛撒不均匀程度、漏切量项目可以采用目测，如果服务双方对作业质量有争议，应用前述方法专业检验。

二、秸秆机械打捆作业

(一) 圆草捆打捆机械作业质量

1. 圆草捆打捆机械作业质量指标　按照农业行业标准《圆草捆打捆机作业质量》（NY/T 2463—2013）的规定，常用配套拖拉机用牵引式圆草捆打捆机作业质量主要指标为：在物料含水率在 18%～25% 的作业条件下，玉米、稻麦草捆密度 ≥90 千克/米³，成捆率 ≥99%。

2. 圆草捆打捆机械作业质量的检测　圆草捆打捆机械作业质量的检测一般应以一个完整的作业地块为测区，采用抽样方法确定 2 个测点。对于面积大于 1 公顷的较大地块测区确定的方法是：先将地块沿长宽方向的中点连十字线，将地块分成 4 块，随机抽取对角的 2 块作为测区，在每个测区中心位置测量 2 个打捆行程。

（1）秸秆含水率的测定。从每个行程前、中、后位置均匀地取不少于 100 克的样品，立即称其质量，在 105℃ 恒温下烘干 5 小时后再称其质量。按下式计算秸秆含水率。

$$H_c = \frac{G_{sc} - G_{gc}}{G_{sc}} \times 100\%$$

式中，

H_c ——秸秆含水率，单位为％；

G_{sc} ——秸秆湿质量，单位为克；

G_{gc} ——秸秆干质量，单位为克。

（2）草捆密度的测定。在规定的测区内，随机抽取 10 个草捆，分别测量草捆的长度、直径和质量。按下列公式计算草捆当量质量和草捆密度。结果取 10 个草捆平均值。

$$W_{kd} = \frac{W_k(1-H_c)}{(1-0.2)}$$

$$V_k = \frac{1}{4}\pi d^2 h$$

$$P_d = \frac{W_{kd}}{V_k}$$

式中，

P_d ——草捆密度，单位为千克/米^3；

V_k ——被测草捆体积，单位为米^3；

W_{kd} ——草捆当量质量，单位为千克；

W_k ——被测草捆实际质量，单位为千克；

H_c ——被测作物含水率；

h ——被测圆草捆宽度，单位为毫米；

d ——被测圆草捆直径，单位为毫米。

（3）成捆率的测定。在作业区域内，测定总捆数不少于 100 捆。成捆率按下式计算。

$$\beta = \frac{I_c}{I_z} \times 100\%$$

式中，

β ——成捆率，单位为％；

I_z ——总捆数，单位为捆；

I_c ——成捆数，单位为捆。

（4）简易检测方法。草捆密度项目可以采用目测。由服务双方现场进行检测，捆绳捆绕应均匀，当双手抓紧草捆两侧外端捆绳时，捆绳提起高度不超过 15 厘米，如果服务双方对作业质量有争议，应用前述方法专业检验。

（二）方草捆打捆机械作业质量

1. 方草捆打捆机械作业质量指标 按照农业行业标准《方草捆打捆机质量评价技术规范》（NY/T 2905—2016）的规定，常用配套拖拉机用牵引式方草捆打捆机作业质量主要指标如下：

（1）作业条件：地块适宜机组作业，稻、麦秸秆含水率为 10%～17%，玉米秸秆含水率为 17%～25%。

（2）在以上规定的作业条件下，方草捆打捆机作业质量为：绳打捆玉米、稻、麦秸秆草捆密度≥100 千克/米³，钢丝打捆玉米秸秆草捆密度≥130 千克/米³，钢丝打捆稻、麦秸秆草捆密度≥150 千克/米³。

2. 方草捆打捆机械作业质量的检测 方草捆打捆机械作业质量的检测方法与圆草捆打捆机械无显著差异。

（1）秸秆含水率的测定。从每个行程前、中、后位置均匀地取不少于 100 克的样品，立即称其质量，在 105℃ 恒温下烘干 5 小时后再称其质量。按下式计算秸秆含水率。

$$H_c = \frac{G_{sc} - G_{gc}}{G_{sc}} \times 100\%$$

式中，

H_c ——秸秆含水率，单位为%；

G_{sc} ——秸秆湿质量，单位为克；

G_{gc} ——秸秆干质量，单位为克。

（2）草捆密度的测定。在规定的测区内，随机抽取 10 个草捆，分别测量尺寸（方草捆在各面中线位置分别测量草捆的长、宽、高，结果取平均值），称其质量。按下列公式计算草捆当量质量和草捆密度。结果取 10 个草捆平均值。

$$W_{kd} = \frac{W_k(1 - H_c)}{(1 - 0.2)}$$

$$V_k = a \times b \times c$$

$$P_d = \frac{W_{kd}}{V_k}$$

式中，

P_d——草捆密度，单位为千克/米³；

V_k——被测草捆体积，单位为米³；

W_{kd}——草捆当量质量，单位为千克；

W_k——被测草捆实际质量，单位为千克；

H_c——被测作物含水率，单位为％；

a——被测方草捆长度，单位为毫米；

b——被测方草捆宽度，单位为毫米；

c——被测方草捆高度，单位为毫米。

（3）成捆率的测定。在作业区域内，测定总捆数不少于100捆。成捆率按下式计算。

$$\beta = \frac{I_c}{I_z} \times 100\%$$

式中，

β——成捆率，单位为％；

I_c——总捆数，单位为捆；

I_z——成捆数，单位为捆。

（4）规则草捆率。随机抽取20个草捆，测定方草捆四个长边的边长尺寸，当其最大值与最小值之差不大于平均值的10％时，为规则草捆，否则为不规则草捆。按下式计算规则草捆率。

$$S_g = \frac{I_{gc} - I_{gb}}{I_{gc}} \times 100\%$$

式中，

S_g——规则草捆率，单位为％；

I_{gc}——被测草捆数，单位为捆；

I_{gb}——不规则草捆数，单位为捆。

（5）简易检测方法。草捆密度项目可以采用目测。由服务双方现场进行检测，捆绳捆绕应均匀，当双手抓紧草捆两侧外端捆绳时，捆绳提起高度不超过 15 厘米，如果服务双方对作业质量有争议，应用前述方法专业检验。

第四章 土壤耕整农机农艺融合生产技术

土壤耕整是农业生产活动的一项主要内容。调查表明，农业生产劳动量中有 50％以上从事各种土壤耕整，农业生产资金约 1/3消耗于土壤耕整。土壤耕整主要作用在于调整耕层三相比，创造适宜的耕层构造；创造深厚的耕层与适宜的种床；处理作物残茬、肥料和杂草。因此，研究采用适宜的土壤耕整技术，对减少劳动量、节约能源、提高农作效益具有重要意义。

第一节 小麦栽培对土壤及耕作的要求

一、小麦栽培对土壤的要求

土壤是小麦生长的根本条件，受不同土壤理化性状的影响，小麦在产量上表现出不同的效果。了解小麦所需的土壤条件、土壤性能以及土壤管理、培肥和调控技术，是获得小麦高产稳产的关键。小麦对土壤的适应性较广，但能够形成高产的麦田土壤应满足以下条件。

（一）适宜的土壤松紧度、酸碱度

土壤的紧实度状况对小麦的生长发育影响密切。土壤松紧适中，孔隙适宜，水、肥、气、热因素协调，具有较好的保水保肥能力，养分含量高，供肥能力强，耕性好，有利于小麦的根系生长和产量形成。沙质土壤结构松散，水、肥、气、热等因素协调差，土壤中沙粒含量高，孔隙较多，温度变化幅度大，保肥保水能力差，养分含量低，供肥能力弱，限制了小麦的生长发育和产量的提高。黏质土壤，结构紧密，遇涝则土壤透气性差，造成闷苗，遇旱则土

壤收缩龟裂，拉断根系，也不利于小麦高产。土壤的活土层在25～40厘米，处于松而不散，黏而不紧的状态最适合小麦的生长。

土壤的酸碱性对小麦的生长影响也很大。小麦正常生长要求pH6～7，近于中性。出此范围，小麦的生长受到抑制，严重的会导致死苗。

（二）良好的土体结构和深厚的土层

在土体剖面结构自上而下的耕作层、犁底层、心土层和底土层四层中，深厚的耕作层是获得小麦丰产的重要土壤因素。小麦的根系有60%～70%分布在该层，所以这一层的有机质含量、土层厚度、土壤紧实度状况对小麦的生长发育影响很大。土层过浅，保水保肥能力差，不利于小麦高产，一般认为，土层厚度低于40厘米时不适于种植小麦。

（三）土壤肥沃，供肥能力强

土壤的有机质含量与小麦产量密切相关。据统计，山东省高产地块土壤有机质含量大都在1.3%以上。有机质所含养分比较全面，其中的腐殖酸、胡敏酸类，能促进作物生长发育，活化土壤中的微生物，释放土壤中的矿物质营养。另外，腐殖酸还能促进团粒结构的形成和各种矿物质的溶解，改善土壤的理化性质，加速养分的转化。有机质含量的高低一般与土壤肥力水平的高低相一致，但有些情况下并不如此。土壤供肥能力主要指速效养分供应的数量和持续时间，供肥能力强的土壤表现为肥劲大而平稳。供肥能力强的土壤是小麦高产稳产的重要物质基础，也是持续高产的可靠保证。

二、小麦生长对土壤耕作的要求

耕作整地是改善麦田土壤条件的基本措施之一。麦田的耕作整地一般包括深耕和播前整地两个环节。深耕可以加深耕作层，有利于小麦根系下扎，增加土壤通气性，提高蓄水保肥能力，协调水、肥、气、热，提高土壤微生物活性，促进养分分解，保证小麦播后正常生长。在一般土壤上，耕地深度为20～25厘米。播前整地可起到平整地表、破除板结、匀墒保墒、深施肥料等作用，是保证播种质量，达到苗全、苗匀、苗齐、苗壮的基础。不同茬口、不同土质的耕作整地，必须达到深、透、细、平、实、足的要求，即深耕深翻，加深耕层；耕透耙透、不漏耕漏耙；耕层土壤不易过暄，上松下实；底墒充足，为小麦播种和出苗创造良好条件。为此，必须正确运用深耕（松）、耙糖、镇压等耕作措施，掌握宜耕、宜耙时机，改进耕作技术，提高作业质量。

（一）耕地的农艺要求

1. 耕地的作用 耕地是整理苗床的基础，通过耕地协调固、液、气三相关系，为小麦种子萌芽和生长准备条件。其作用如下：一是改善土壤物理性状，主要表现在减少容重和增加孔隙度，使土壤中的水分和空气得到适当协调，同时增强土壤保蓄水分的能力，有利于保墒抗旱；二是增加土壤中好气性有益微生物的数量，有利于分解土壤中不能直接被小麦吸收利用的养分，从而提高土壤中有效养分含量；三是耕地可以打破犁底层，加厚活土层，有利于小麦根系发育；四是耕地能把地面残茬和病虫杂草种子翻到土壤深层，以增加土壤中有机质含量和减少病虫草害；五是逐步建设良性耕层构造；六是协调土壤水肥气热各项因子，充分发挥土壤潜能，实现粮食高产；七是延长耕作后效，也为实现少（免）耕创造条件，降低生产成本，提高粮食生产效益。

2. 耕地的农艺要求

（1）适时耕翻。为保证小麦适时播种和土壤墒情良好，必须根据前茬作物收获早晚区别对待。早秋作物收获后，应抓紧时间灭茬并择时耕翻，以尽可能保持雨季所蓄水分，减少蒸发，等待播种。前茬作物收获后，应立即灭茬耕翻，准备播种，以免贻误农时。间作套种的晚茬作物，在收获前可在行间先行耕翻整地，以保证小麦适时播种。稻、麦两熟地区可在水稻收获后，抢时耕翻整地播种或旋耕播种。

（2）耕深适度。耕深的确定与原耕作深度、土壤肥力、土壤状况有关。一般麦田以20～25厘米为宜。适当增加耕深，有利于加深耕作层，增加土壤的保水、保肥能力和提高土壤肥力，但一次性增加过大，不利于小麦生长，往往造成当年减产。此外，随着耕深增加，土壤耕作阻力显著增大。因此，必须做到合理耕深，才能取得经济有效的增产增收效果。对于盐碱地，机械耕作最好采用上翻下松或深松等不乱土层的耕作方法，既能取得深耕带来的加快脱盐作用，减轻盐碱危害，又可切断毛细管防止返碱，有利于小麦增产。耕地要求耕深一致，不重耕、不漏耕。

（3）土垡松散，地面平整。耕后土垡松散，地面平整，是建立理想苗床的基础。影响碎土的因素除犁体工作曲面以外，主要是耕期的土壤含水量，一般以15%左右为宜。土壤含水量过高或过低，则耕后分别形成明垡或大土块，不仅造成整地困难，而且明暗坷垃增多，以致土壤孔隙太大，透风跑墒，不利于小麦出苗和生长。影响耕后地面平整的主要原因是：作业中掌握耕深不一致，有深有浅；有漏耕、重耕现象；以及开墒或收墒方法不当。耕后地面不平，将为整地、播种和灌溉造成极大困难。

3. 深耕作业要求

（1）深耕主要作用。深耕可改变土壤物理性状，从而引起土壤内部物质的理化性状及生物过程的变化，对提高土壤蓄墒蓄水能力、培肥地力、扩大根系的吸收范围、提高小麦对土壤深层水分以及其他物质的利用能力均有重要意义。因此，深耕技术正成为提高整地质量、减轻病虫草害、提高播种质量的有效手段。不少研究表明，深耕深翻后，土壤容重一般可降低0.1%～0.2%，土壤水分比浅耕提高1%～2%，土壤中好气性有益微生物比浅耕增加4～5倍，固氮菌、硝化菌、磷细菌等可在深层土壤活动，利于分解土壤中不能被小麦吸收利用的养分，从而提高土壤中有效养分含量，起到增产的作用。

（2）深耕农艺要求。为充分发挥深耕的增产作用，达到当季增产、持续增产的目的，深耕必须因地制宜，耕深一般控制在23～25厘米，破除犁底层，掩埋前茬秸秆，耕翻后及时耙地或镇压，破除土块，耕层土壤不过暄，无明暗坷垃，无架空暗垡，达到上松下实，保墒抗旱，避免因表层土壤疏松导致播种过深，形成深播弱苗。具体应做到以下几点：一是深耕要结合增施肥料。肥料多时，应尽量分层施肥，在深耕前铺施一部分，浅耕翻入耕作层；肥料少时，在深耕后铺肥，再浅耕掩肥。二是要注意熟土在上，生土在下，防止打乱土层。深层土壤多是生土，含可溶性养分少，盐碱地下层含盐碱较多，把下层土壤翻上来，对培育小麦壮苗不利。三是深耕必须结合精细耙地。机耕时要机耙，耙透耙匀，使土壤不暄空，耕层达到应有的紧实度。四是要掌握合理的深度。深耕不是越深越好，尤其播种前深耕不宜过深。土层较深厚的高产麦田，深耕以打破犁底层为目的。当前犁底层深度多在 20 厘米左右，破除犁底层的耕深以25 厘米左右为宜。土层薄的山丘地，以加深耕作层为目的进行深耕，可逐步加深到 30～40 厘米，结合整地，亦可更深。但是这种深耕，应在冬闲期进行，即深冬耕。五是对于秸秆还田的地块，深耕前要尽量将秸秆打碎、打细，这样可以将较多的秸秆翻埋到地下，有利于提高整地质量，也有利于提高播种出苗质量。

4. 深松作业要求

（1）深松主要作用。深松技术是指通过拖拉机牵引深松机或带有深松部件的联合整地机具，进行行间或全方位土壤耕作的机械化整地技术。近十年来，山东省不少地区示范推广深松整地技术，取得了较好的效果。该技术可在不翻转土垡、不打乱原有土层结构的情况下，打破坚硬的犁底层、加厚松土层、改善土壤耕层结构，从而增强蓄水保墒和抗旱防涝能力，能有效改良土壤、增强小麦等作物基础生产能力，促进农业增产、农民增收。按作业性质可分为局部深松和全面深松两种。全面深松是用深松犁全面松土，这种方式适用于配合农田基本建设，改造耕层浅的土壤。局部深松则是进行松土与不松土相间隔的局部松土。实践证明，由于间隔深松创造了虚实并存的耕层结构，因此间隔深松优于全面深松，应用较广。

（2）深松作业要求。深松作业应根据土壤墒情决定，过湿或过干的土壤都会影响深松的实际效果。耕层内无石块等其他硬物，地块宜耕深一些，反之宜浅。土壤含水率在 15％～22％时较适合深松作业，含水量过大的黏重土壤地块则不适宜，尤其不适宜全方位深松作业，以免出现坚硬的大土块，对整地效果造成影响。土壤比阻较大或是犁底层较厚的地块，应采用复式深松机进行作业，土层薄或沙土地同样不宜进行深松作业。深松松土深度一般为 25～35 厘米，最深为 40 厘米，以破除犁底层。为确保深松质量，深松作业要做到与耕层深度一致，各行之间深度误差小于 2 厘米，并做到行距一致。以垄作地块为例，要以垄距为依据确定行距，对于全面深松的地块，其深松行距一般为 35 厘米；对于采用间隔深松法的地块，行距一般为 70 厘米，为避免土壤水分快速散失，深松后要用旋耕机旋耕 2 遍，旋耕深度 15 厘米，将粉碎的秸秆与耕层土壤充分混匀。有条件的地区，要大力示范推广集深松、旋耕、施肥、镇压于一体的深松整地联合作业机，或者集深松、旋耕、施肥、播种、镇压于一体的深松整地播种一体机，以便减少耕作次数，节本增效。

5. 旋耕作业要求

（1）旋耕主要作用。旋耕技术是应用旋耕机对土壤表面及浅层进行处理的一种作业方式，主要是将田地表面的秸秆粉碎、将土块细碎化，以便于小麦的播种等作业。旋耕机有较强的碎土能力，一次作业即能使土壤细碎，土肥掺和均匀，地面平整，达到小麦播种的基本要求，有利于争取农时，提高工效。

（2）旋耕作业要求。旋耕深度应根据地块土壤墒情及当地农艺要求确定，一般为 12～15 厘米，误差不大于 2 厘米；不重耕，不漏耕，重耕率和漏耕率不大于 1%。旋耕作业后，要求地表平整，碎土均匀，土层疏松，地头整齐。旋耕后及时用钉齿耙耙压 2 遍，或者用镇压器多次镇压沉实土壤，然后及时进行小麦播种作业。长期浅耕，会使耕层下部趋于免耕，逐渐形成犁底层，对小麦的产量有一定影响。一般连续旋耕 4 年，就有减产的趋势。因此，旋耕要与深耕或深松结合起来，即旋耕 2～3 年，深耕或深松 1 年。

（二）整地的农艺要求

1. 整地的方式　整地一般分为耕前整地和耕后整地两种。一是耕前整地。山东省小麦播种季节常遇到秋旱，为使雨季渗到土壤中的雨水尽量保蓄起来，应抓紧在前茬作物收获后进行耙地灭茬。根据各地经验，灭茬地土壤水分蒸发少，不灭茬地水分蒸发多。灭茬有消灭杂草和切碎玉米根茬的作用，对小麦苗全苗旺极为有利。一般茬高3～5厘米的玉米茬，如不进行耙茬处理，玉米根茬耕翻下去，不仅影响播种质量，还能在地下架空土壤，达不到一定的紧密度，难以形成上暄下实的理想苗床。二是耕后整地。一般耕地作业后，土壤的破碎程度、紧密度和地面平整状态，都不能满足播种作业的要求，需要进一步整地，为小麦发芽生长创造良好条件。

2. 整地的农艺要求 整地作业一般应满足以下农艺要求：一是整地要及时，以利防旱保墒；二是整地后，土壤要具有松软、细碎的表土层，表土层下的土壤要有一定的紧密度；三是工作深度要达到规定要求并保持深浅一致；四是地面平整，无漏耙、漏压。

3. 耙耢镇压 耙耢、镇压是小麦播种前重要的整地环节。麦田耕翻或旋耕后要及时耙耢，特别是秸秆还田和旋耕播种的地块，必须随深（旋）耕随耙耢，再镇压2～3次，并做到耙深、耙透、耙匀、耙实、耙平，以破碎土垡，疏松表土，平整地面，减少蒸发，抗旱保墒，确保播种深度一致，促使种子与土壤紧密接触，出苗整齐健壮。不同茬口、不同土质都要在耕地后根据土壤墒情及时耙地。机械作业，要机耕机耙，最好组成机组进行复式作业。耙地次数以耙碎、耙实、无明暗坷垃为原则，耙地次数过多反而容易跑墒。播种前遇雨，要适时浅耙轻耙，以利保墒和播种。耕作较晚，墒情较差，土壤过于疏松的情况下，播种前后镇压，有利沉实土壤、保墒出苗。试验表明，一般土壤小麦播种前适宜的紧实度为土壤容重1.20～1.30克/厘米^3，镇压强度以450～500克/厘米^{2}为宜，土壤过湿、涝洼、盐碱地不宜镇压。播种前镇压可使土壤容重为0.86～0.99克/厘米^{3}的过松土壤压至适宜的紧实度，干土层下降1～2厘米，耕层大孔隙减少80%，减少气态水蒸发，提高表墒1%～3%，小麦出苗率提高并提早出苗，增产5.6%～13.5%。耙压之后，耢地是进一步提高耕作质量的措施。耢地可使地面更加平整、土壤更加细碎、沉实，形成疏松表层，减少水分蒸发。据山东省农业科学院测定，耙后耢地，干土层为 3.6 厘米，5～10 厘米土壤含水量为 11.7%，不耢的干土层为 5 厘米，含水量为 9.8%。

第二节　土壤耕层与耕作制度

一、土壤耕层

（一）耕作后的土壤耕层结构

农业生产土壤在耕作前后都会呈现紧实和疏松两种状况，都会不同程度地影响土壤水、肥、气、热和作物生长。农耕界普遍采用"上虚下实""虚实并存"来表述土壤耕作状况，"虚""实"已被农业科技工作者广泛接受和采用，"虚"和"实"的本质是表明高孔隙度的好气性土壤环境和低孔隙度的嫌气性土壤环境（表 4-1）。

表 4-1　不同耕作方式土壤状况

耕层结构	人为因素		自然因素		本质特性
	土壤耕作	土壤状态	土壤质地	土壤结构	
虚	深松土壤 耕翻土壤	扰动土壤 熟土、松土	粗质土 肥土	团粒结构 有结构土壤	高孔隙度土壤 好气性土壤环境
实	原茬土壤 免耕土壤	紧密土壤 原状土壤	黏质土 细质土	单粒土壤 无结构土壤	低孔隙度土壤 嫌气性土壤环境

1. 虚实变化，改变耕性　专家多年测定证明，随着虚实递变，耕层土壤水、气、热、养分也呈规律性变化。

（1）水分。从虚到实，即土壤孔隙度从 64% 递减到 39% 时，耕层自然含水量相差 50 毫米，占可容量最大值的 44.6%，并呈现不同形态水含量规律性递减；毛管饱和水量相差 80.5 毫米，变幅达 78%，呈现虚土提墒和渗水快而多的现象，有利于水分上下运行。

（2）温度。2015 年 10 月 9 日、19 日、29 日，山东省农业机械推广站在章丘监测，耕作后 0～5 厘米耕作最高温度 27.35℃，三次温度高低相差 3.71℃，变幅 15.69%；日较差相差 5.74℃，变幅 17.5%。呈现虚土白天增温高、夜间降温低、日较差大的现象；而实土的变化规律与此相反。

（3）养分。从虚到实，有机质、全氮和全磷分别差 0.219%、0.000 7% 和 0.008%，变幅为 6.89%、16.6% 和 6.4%。呈现虚土养分含量低，实土养分含量高的变化规律。

2. 典型耕层结构的土壤性状

（1）全虚耕层。具有渗水快、蓄水多的作用，土壤水分呈"表润底湿，水分深蓄"的特点。其上层透水、通风好，相对含水量多，绝对含水量少，土壤热容量小，导热慢，增温快，不利于根系生长发育；形成好气性土壤环境，土壤好气性微生物分解强，作物所需速效养分供应快。其下层蓄水多，容积热量大，成为"水热库"。同时，不利于嫌气性土壤微生物的生长活动和作物根系发育，养分分解太快、太多，作物根系受不了，造成非生产性消耗太多。在作物生长发育上"发老苗，不发小苗"，易造成贪青晚熟。在生产措施上，为创造全虚耕层而全部耕动土壤，遇透雨或大水漫灌，又易回实，后效小，经济效益低，成本高。

（2）全实耕层。具有提墒快、供水性能好的作用，土壤水分呈"毛管浸润连续分布"，导热好，底层增温高，绝对含水量较充足，土壤热容量大于全虚耕层上部，温度变化平缓，利于作物根系生长发育；形成了相对嫌气土壤微生物增殖和好气分解作用，减弱了土壤潜在养分分解释放，促进腐殖质合成，相对保存养分，起到了养地作用。但这又导致它蒸发强、渗透慢，易产生径流，保水、贮水不好，以致产生不利于保存水分、速效养分供应少、满足不了作物需要的弱点，在生长发育上"发小苗，不发老苗"，早衰产量低。

（3）虚实并存耕层。虚实并存耕层的主要特征：耕层的虚部深蓄水，成为耕层"土壤水库"；实部提墒供水，在毛管浸润和蒸发动力作用下，具有抽水作用，协调了水分贮存与供给的矛盾。可抗春旱、防夏涝，秋墒春用。据监测，其渗透强度为 13.5%～40.2%，在 12 小时内 70 毫米降雨强度时，不产生径流，增加耕层有效降水 4.0%～5.6%。由于水分特征的改变，土壤各部分的通气性和温热性随之变化。虚部上层孔隙度增加约 10%，地表地温提高 2.0℃，上层水分比底层水分减少 9.3%，成为好气环境；微生物矿化分解活动加强，使有机质分解提高 5.7%。实部底层温度提高 0.3℃，日较差减少 0.5℃，上、下层水分含量仅差 0.2%，有效含水量高于全虚、全实，成为嫌气环境；腐殖化合成活动相对加强，有机质含量提高 0.2%。在作物生长方面，"既发小苗，又发老苗"，早熟高产。

创造虚实并存的耕层只需在 1/4 的虚部动土，3/4 的实部免耕，是局部耕作，一方面省工、高效，有利于深耕；另一方面由于有实部做骨架，不易回实，又增加了后效。具有高效、低耗、动土量少、后效期长、合理轮耕等特点。

实践表明，虚实并存的耕层是用养结合、高产稳产的耕层结构。三种典型耕层结构的特点见表 4-2。

表 4-2　三种典型耕层结构特性

耕层结构	耕作方法	微生物过程	作物生长	产量	用养趋势
全虚	旋耕翻	好气性强	发老苗,不发小苗	高产不稳产	用大于养
虚实并存	深耕或间隔深松	好气、嫌气并行	既发老苗,又发小苗	高产稳产	用养结合
全实	直接免耕	嫌气性强	发小苗,不发老苗	低产保产	养大于用

二、土壤耕层构造

(一)耕层构造

耕层构造是由耕作土壤及其覆盖物所组成，是人类耕作加工土壤后形成表面形态及其覆盖物、种床层、稳定耕层、犁底层的总称。

耕层构造是调节耕层土壤肥力变化的重要决定性因素之一，不同的耕法及所使用的耕具创造出不同的耕层构造，而不同的耕层构造又创造出耕层土壤的不同水、肥、气、热状况。耕层构造一方面决定了作物生长发育状况和经济产量，另一方面又决定了地力衰退和提高的程度，同时也影响到经济效益。因此，耕层构造决定耕作方法，而耕作方法又决定耕作机械的选择和应用。

(二)土壤层次

土壤常年耕种，就会形成不同层次，一般土壤层次分为表土层

（包括覆盖层和种床层）、稳定层、犁底层、心土层。每个土壤层次具有不同的特点和作用，通过耕作，形成特点鲜明的土壤层次。

覆盖层决定着大气与土壤的水、气、热交换速率，是耕层的"盖"。覆盖层要保持土壤疏松，要有一定的粗糙度，以利于透水透气，防止水分蒸发。

种床层是放置作物种子的层次。要求适当紧实，毛管空隙发达，使土壤水分易于沿毛管移动至该层，供种子吸水发芽。《吕氏春秋》中"稼欲殖于尘而生于坚"，其中"尘"是虚土，"坚"是实土，作物在虚土中发芽，在实土中生根。因此，土壤耕整应采取措施，减少大孔隙，抑制土壤水分蒸发，促进种床层毛管空隙的形成。

稳定层也称作物根际层，是作物根系活动的层次，深度根据耕作深度不同而变化。其理化、生物状况比较稳定，是蓄纳和协调土壤的水、肥、气、热的关键层次，决定着作物生长发育的状况。耕作中，处理好这层土壤的蓄水保肥性能，对抑制土壤水分蒸发，提高水、肥利用效率具有重要意义。根据不同的耕作方式，稳定层土壤内部结构主要分为全实、全虚和虚实并存3种状态。

犁底层是由于多年用同一耕作深度，耕作机械对土壤的挤压和土壤黏粒沉积，在土壤稳定层和心土层之间形成的容重大、透性不良的土层。犁底层隔离了耕层与心土层间水、气、热交换。对薄土层、沙砾土壤，犁底层有防止水、肥、气三漏的作用，有时是作物的"保命"层；对于土层深厚的土壤，不利于土壤水分下渗，有造成耕层渍水的危险，对盐碱土壤更为不利，同时也不利于稳定层与心土层之间热能交换。因此，土壤耕作要防止犁底层形成，并逐步消除犁底层。

心土层和底土层一般指犁底层以下的土层。该层土壤结构紧实，毛管空隙多，通透性差，微生物活动微弱，有机质含量极少。此层受外界气候、耕作措施影响较少，但受降雨、灌溉影响较大。该层的土壤性状对土壤水分的蓄保、渗漏、供应，以及土壤通气状况、养分运转、土温变化仍有一定影响，有时影响巨大。

耕层构造和心土层结构共同决定耕层的水、气、热环境及肥力的高低,以及土壤自身肥瘠的变化趋势。但由于农作物根系主要在耕层内,外部大气环境主要影响到耕层,所以耕层或表土层的水、气、热变化多较剧烈,而40～50厘米以下的心土层水、气、热变化与上层相比则很微弱,微生物活动大受限制,生物学过程与上层相比也很微弱。因此,调控耕层构造是土壤肥力变化的决定因素之一。

(三)良性耕层构造的条件

良好的耕层构造应具备以下两方面条件:

用养结合方面,能最大限度地蓄纳并协调耕层中水、气、热状况。不但为作物提供良好的土壤环境,促进耕层中矿质化作用,加速养分释放,让作物"吃饱、喝足、住好",而且能更好地促进腐殖化作用,保存和积累腐殖质,培肥地力。

经济效益方面,能最大限度保持耕作后效,降低耕作成本,又能延长轮耕周期,逐步建立合理的土壤轮耕制度。

三、耕作制度

耕作制度是一个地区或生产单位的农作物种植制度以及与之相适应的养地制度的综合技术体系,以种植制度为中心,养地制度为基础,受自然条件、生产条件和生产力水平所决定,反映着农业综合生产力发展方向和水平,它对整个农业生产技术措施起着组装、调节、调控作用,对实现农业持续增产、发挥周期效益具有决定性意义。不同的耕作制度要搭配不同的种植制度,还要根据当地的土壤情况选择。

(一)耕作制度

1. 保护性耕作 保护性耕作是一项有助于保护农田水土、增加农田有机质含量的农业栽培技术,它具有减少能源消耗、减少土壤污染、抑制土壤盐渍化、恢复受损农田生态系统等作用。

(1)秸秆还田。秸秆还田是把不宜直接作饲料的秸秆(小麦秸秆、玉米秸秆、高粱秸秆等)直接或堆积腐熟后施入土壤中的一种方法,是提高土壤腐殖质含量的重要来源之一。农作物秸秆含有丰富的氮磷钾和微量元素成分，秸秆还田可以有效抑制水分蒸发、减少径流、保持水土、改善土壤结构、调节地温、增加产量和提高水分利用效率，同时可以增加土壤碳固存，减少农田碳排放，增加作物氮素利用，降低土壤硝态氮损失，保证作物产量。

（2）少免耕。少免耕耕作较传统耕作可以降低土壤容重、提高土壤含水量，有效改善土壤理化性状，能够有效提高小麦叶片的光合能力并且改善旗叶光合特性，提高干物质的积累和转化，从而提高小麦产量。与常规耕作相比，免耕措施借助于秸秆覆盖，同时减少土壤扰动，已被证明免耕秸秆覆盖可以减少径流 52.5%，减少侵蚀 80.2%。有研究表明，在北方旱区经过 20 年免耕秸秆覆盖，土壤表层有机碳比常规耕作增加 100%。免耕措施可以增加作物产量和水分利用效率，这种提高在很大程度上是因为改善了土壤质量。

2. 土壤犁耕　使用犁等农具将土垡铲起、松碎并翻转的一种土壤耕作方法，通称耕地、耕田或犁地。在世界农业中的应用历史悠久，应用范围广泛。中国在 2 000 多年前就已开始使用带犁壁的犁翻耕土地。翻耕是指把土地进行铲起、打散、疏通等把土地变得平整松散，是农民耕种最初步的一个过程，翻耕可以让种子在土壤中得到呼吸和容易生长，翻耕也是中国南北方惯用了几千年的耕种方法，也是南北方唯一统一的耕种方法。

3. 土壤旋耕　旋耕是中国小麦生产上的常规耕作方式，是利用旋耕机的一种整地方式，旋耕的深度 12～13 厘米，不超过 15 厘米，但连年旋耕导致农田耕层变浅、犁底层变厚变硬、通气透水性差、土壤容重显著降低，作物产量提高困难。

4. 土壤深松　深耕深松技术是通过机械作业使土层上翻下松，并保持不乱土层的一种耕作技术，属于在农业生产过程中广泛采用的一种增产技术。实施深松作业，能够为作物生长提供更加良好的土壤环境。该技术能打破犁底层，使可耕层更加疏松绵软，结构更好，具有更厚的活土层，使土壤固、液、气三相间形成协调的比例，改善土壤的渗透性能和对降水的接纳和蓄存能力，提高旱地蓄水保墒性能和水分利用效率，更利于农作物生长和发育。

5. 土壤轮耕制度 免耕、深松和犁耕等耕作措施各有其优缺点，但长期实施单一免耕和深松等保护性耕作措施，会导致土壤结构紧实、表层富营养化、病虫害加剧等弊端凸显。因此，将免耕、深松、犁耕等土壤耕作措施实行合理组配与轮换，形成与种植制度相适应的土壤轮耕技术体系，是解决长期连续单一耕作技术弊病的有效措施。土壤轮耕有以下好处：

第一，相对于连年犁耕，轮耕模式可明显改善土壤物理性状，主要表现在耕层土壤容重的降低，大于 0.25 毫米粒级团聚体含量的增加和团聚体稳定性增强。

第二，轮耕处理 25～30 厘米土层不同粒级有机碳含量和全氮含量显著高于连年犁耕处理。其中，两年深松一年免耕处理的有机碳含量最高。

第三，在小麦生长前期，轮耕处理土壤贮水量均高于连年翻耕，生长后期，两年深松一年免耕处理土壤水分含量最高，轮耕处理的小麦生物量和籽粒产量均显著高于连年翻耕处理，两年深松一年免耕处理增产效果最为显著。

第四，轮耕模式通过改善土壤的理化性状，提高作物的干物质积累，最终影响小麦的籽粒产量。总之，免耕/深松轮耕措施可显著改善土壤的理化性状和土壤水分环境，显著增加耕层土壤有机碳、氮含量，维持了作物的生产力。

土壤轮耕技术是通过犁耕、深松与免耕等土壤耕作措施的有机组合，可以扬长避短，有效地改善土壤孔隙度和容重等重要理化性状，调节土壤肥力，克服单一耕作方式带来的不利影响，是用地养地相结合的农田生产技术。例如，小麦玉米两熟农田可以采用免耕-免耕、免耕-深松、深松-免耕、深松-深松、犁耕-免耕、犁耕-深松 6 种耕作制度。不同的轮耕制度对土壤总孔隙度、土壤含水量、作物产量、作物品质等有不同的影响。与全年免耕处理相比，各种轮耕措施都能提高土壤孔隙度，提高作物产量、改善营养品质。

（二）种植制度

山东省种植制度基本上以小麦为中心，根据各地自然条件特点，现阶段种植制度主要以小麦-玉米一年两作、小麦-玉米-花生或小麦-玉米-棉花两年三作等为主。

1. 轮作　轮作可不同程度增加旱地小麦产量。粮草短周期轮作有利于提高小麦籽粒产量，粮草长周期轮作有利于提高小麦秸秆产量和生物产量。种植豆科牧草后第 2 年小麦产量高于第 1 年小麦，至苜蓿茬后第 3 年小麦产量逐渐降低，轮作优势逐渐减弱。粮豆轮作小麦产量有增加趋势，但不显著。轮作可提高旱地小麦对氮钾的吸收，粮豆轮作效果最明显；轮作对旱地小麦吸收磷无显著影响。轮作及茬口年限对小麦大量元素收获指数影响较小。粮草长周期轮作可促进旱地小麦对铁、铜、锌的吸收，且苜蓿茬后第 3 年小麦产量＞第 2 年小麦产量＞第 1 年小麦产量。粮草短周期轮作可促进小麦对铁的吸收，且红豆草茬后第 1 年小麦产量＞第 2 年小麦产量。粮豆轮作可促进小麦对铁、锰的吸收，且豌豆茬后第 2 年小麦产量＞第 1 年小麦产量。粮草轮作铁的吸收量低于连作小麦，粮豆轮作则有利于铜向籽粒转移。轮作可提高土壤氮素供应潜力和供应强度，且粮草短周期作用最明显。粮草轮作减少了土壤磷的累积和有效磷的供应强度，粮豆轮作则刚好相反。

2. 套作　小麦/玉米/大豆套作模式是中国南方近几年发展的一种旱地新型高效多熟套种模式，能有效实现土地的用养结合和养分互补，相对传统的小麦/玉米/甘薯套作具有明显的增产节肥优势。"麦/玉/豆"体系通过固氮作物大豆的引入，改变了套作体系中各作物的生态位，使各作物氮素吸收特性发生改变，其中改变最大的是玉米。在玉米、大豆共生过程中，玉米和大豆在氮素吸收形态上占据不同生态位，玉米以吸收硝态氮、氨态氮等离子态氮为主，而大豆则更多通过自身根瘤固氮，此种组合缓解了套作体系对氮素的竞争，并促进玉米对氮素的吸收；在小麦、玉米共生过程中，又因小麦、玉米的生育期不同，对于养分需求的高峰期错开而表现出玉米对小麦的促进作用。

3. 间作　间作为资源需求特性不同的作物提供了从时间和空间利用生态位分异的基础，促成了种间互补对相关资源的高效利用，或者一种作物对另外一种作物直接提供资源形成了种间互补，并且在短生育期作物收获后，可形成时间和空间上的补偿效应，使作物在间作共生期内由竞争造成的早期生长抑制得以恢复。

第三节　土壤耕整技术与装备

土壤耕整是指在作物种植前，或在作物生长期间，为改善作物生长条件而对土壤进行的机械加工。按照土壤耕整作业方式不同，山东地区土壤耕整技术主要包括土壤深耕作业、土壤旋耕作业、土壤深松作业，以及配套作业。

一、机械深耕作业技术

深耕（也称翻耕、犁耕），是利用铧式犁将耕层土垡切割、抬升、翻转、破碎、移动、翻扣的过程。深耕是熟化土壤、提高耕地质量的重要措施。黄淮海两作区，深耕的主要机械是铧式犁。

（一）深耕特点

深耕具有以下优点：一是翻土，可将原耕层上土层翻入下层，下土层翻到上层，熟化土壤；二是松土，土壤耕层上下翻转，紧实的耕层变得疏松；三是碎土，犁体曲面前进时将土垡破碎，进而改善结构，在水分适宜时，松碎成团聚体状态；四是熟土，下层土壤上翻，增加耕层厚度和土壤通透性，促进好气微生物活动和养分矿化等；五是掩埋，耕翻可掩埋作物根茬、化肥、绿肥、杂草，显著降低了病虫草危害程度。

但是深耕也有以下缺点：一是能量消耗大，土壤全层耕翻，动土量大，消耗能量多；二是土壤孔隙度大，下部常有暗坷垃架空，有机质消耗强烈，对作物补给水分效果差；三是水分损失多，翻耕过程土壤扰动多，水分损失快，旱作区不利于及时播种和幼苗生长；四是生产成本高，深耕前要进行破茬作业，深耕后要进行耙、糖、压等表土作业，增加了作业次数和生产成本；五是形成新的犁底层，深耕打破了一个犁底层，又会形成一个新的犁底层。

（二）深耕作业标准和要点

1. 深耕作业标准　山东省农机化创新示范工程《旱作节水农业机械化作业技术规范　深耕作业》（NJGF 37/T 07—2006）规定，耕深≥25 厘米，沟宽≤ 35 厘米，垄沟深≤1/2 耕深，垄脊高度≤1/3 耕深，碎土率≥65%；植被覆盖率≥60%（无秸秆还田的情况），减少垄、沟数量；耕层浅的土地，要逐年加深耕层，切勿将生土翻入耕层；深耕同时应配合施有机肥，利于培肥地力。

2. 深耕技术要点

（1）深耕季节。由于各地种植模式不一，深耕时期可分为伏耕、秋耕和春耕。伏耕、秋耕比春耕更能接纳、积蓄秋季降雨，减少地表径流，对蓄墒防旱有显著作用。伏、秋耕比春耕能有充分时间熟化耕层，改善土壤物理性状。盐碱地伏耕能利用雨水洗盐，抑制盐分上升，加速洗盐效果。一般来讲，伏耕优于秋耕，早秋耕优于晚秋耕，秋耕又优于春耕。黄淮海一年两作区，农耗时间短，一般在秋季适墒翻耕（土壤含水 20% 左右）。耕前要对玉米根茬进行破茬，对玉米秸秆进行精细还田，耕后及时耙耢镇压，保护墒情，形成适播土壤层次。

（2）深耕深度。深耕的适宜深度，应视作物、土壤条件与气候特点确定。一般情况下，土层较厚，表、底土质一致，有犁底层存在的黏质土、盐碱土等，可翻耕深些；而土层薄，沙质土，心土层较薄或有石砾的土壤不宜深耕。耕层浅的土地，要逐年加深耕层，勿将犁底层一次翻入耕层过多，影响产量，同时配合增施有机肥，逐步培肥地力，秸秆还田地块要每亩增施 5～10 千克氮肥，促进秸秆腐烂；作业时，要装配合墒器，提高耕后土壤整平度。

（3）深耕后效。深耕创造的疏松土壤能保持一定时间。据有关部门验证，旱作农田深耕后有 2～3 年的效果，灌溉农田深耕后有 1～2 年的效果。

（4）深耕配套机具。深耕作业后，建议用动力驱动耙进行配套整平压实作业。动力驱动耙与卧式旋耕机相比，具有耙的透、碎土好、地表平、镇压实，上下土层不乱，掩埋的残茬和秸秆仍然处于

图 4-1　动力驱动耙

底层，播种条件创造好等特点。图 4-1 为 1BD-2.1 型动力驱动耙，作业幅宽 2.1 米，耙地深度 3～25 厘米。

（三）机耕犁种类与选择

1. 犁的型号　按照农业机械分类办法，犁的型号一般用犁铧数量、单铧耕幅及犁的结构特征来表示。如 1LF-425 表示 4 铧、单铧耕幅 25 厘米的翻转犁。在不知道犁的结构时，可以根据犁的型号，简单了解犁的结构和性能。

2. 机耕犁种类　按照《农业机械分类》（NY/T 1640—2015）标准，机引犁分为圆盘犁和铧式犁。

圆盘犁（图 4-2）是以球面圆盘为工作部件的耕作机械，它依靠重量强制入土，入土性能比铧式犁差，土壤摩擦力小，切断杂草能力强，翻垡覆盖能力弱，适于开荒、黏重土壤作业。圆盘犁的优点是工作部件滚动前进，与土壤的摩擦阻力较小，不易缠

图 4-2　圆盘犁

草、堵塞，圆盘刃口长，耐磨性好，较易入土。缺点是重量较大，耕过后沟底不平，耕深不稳定以及覆盖质量较差，造价较高，只在局部某些地区使用。

铧式犁是以犁铧和犁壁为主要工作部件进行耕翻和碎土作业的一种耕作机械。铧式犁是一种应用历史悠久、样式繁多的常用耕作机械。铧式犁按与动力机械挂接方式不同分牵引犁、悬挂犁和半悬挂犁；按用途不同分为通用犁、深耕犁、高速犁等。此外还可按结构不同分为翻转犁、调幅犁、栅条犁、耕耙犁等；按犁体数量分为单铧犁、双铧犁、三铧犁等；按犁的重量和适应土壤的类型则可分为重型犁、中型犁和轻型犁等。几种常见铧式犁如图 4-3 至图 4-6 所示。

图 4-3　悬挂式铧式犁

图 4-4　半悬挂式铧式犁

图 4-5　悬挂式液压翻转犁

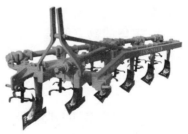

图 4-6　悬挂式耕耙犁

3. 机耕犁选择　根据现有配套动力、土地经营规模、生产用途等来选择购买机引犁。一般土地经营规模超大（5 000 亩以上）、具有大型链轨拖拉机的农场，可选择犁铧多（5 铧以上）、耕幅宽的牵引犁；土地经营规模较大（2 000～5 000 亩），具有大型轮式拖拉机（100 马力以上）的农户，可选择 4～5 铧悬挂式双向翻转深耕犁；土地经营规模小、以服务型为主的农机合作社和农机大户，可选择 3～4 铧悬挂式装配合墒器的双向翻转犁（图 4-7），以减少墒沟数量，平整耕后土地，为整地播种创造条件。

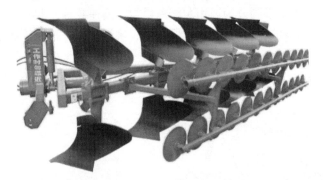

图 4-7　悬挂式耕耙犁

（四）铧式犁翻垡原理

土垡的翻转过程，大致可分为滚垡和窜垡两种形式。为了简化分析过程，假设土垡在翻转过程为刚体，不会发生变形。滚垡过程可以分为 3 个阶段。

1. 滚垡的翻垡原理　滚垡就是假设土垡在被翻转过程中只有纯粹的翻转而没有侧移（图 4-8）。

（1）切土。铧刃与胫刃分别沿水平面和垂直面切出土垡的底面和左侧面，其耕宽为 b，耕深为 a。

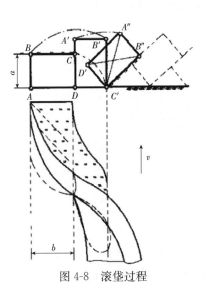

图 4-8　滚垡过程

（2）抬垡。被切出的土垡 ABCD 在铧面和犁胸的作用下，左边被抬起，绕右下角 D 点回转。

（3）翻垡。土垡在回转过程，通过直立状态，然后在犁翼作用下继续绕点 C′回转，最后在重力作用下靠在前一行程的土垡上。因为整个翻转过程相当于一个物体做纯滚动，故称为滚垡。滚垡的结果理想与否，与土垡的宽深比 $k(k=b/a)$ 有关。土垡被翻转后的重心线应落在支撑点的右方才能得到稳定（图 4-9），如落在支撑点左边，则土垡在犁通过后又会重新翻回犁沟中，成为回垡或立垡，影响翻耕质量。

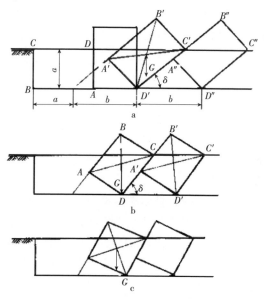

图 4-9　不同犁垡示意图
a. 稳定状态　b. 不稳定状态　c. 回垡状态

2. 耕垡宽深比确定　土垡翻转后是否稳定，取决于深宽比 a/b 或临界覆土角 δ，可以看出 $\Delta DA'D'$ 与 ΔBCD 为相似三角形，故有：

$$\frac{a}{b}=\frac{b}{\sqrt{a^2+b^2}}$$

令 $b/a=k$，k 称为宽深比，整理后则有：$k^4-k^2-1=0$

解得：$k=1.27$

从而有：临界覆土角 $\delta=\arcsin(a/b)=52°$

要保证耕起的土垡在翻转过程不会出现回落，或稳定翻转，则宽深比 k 应大于 1.27，或者临界覆土角 $\delta<52°$。根据以上条件，在设计犁时，结合犁的类型、土壤的性质，对于宽幅犁 $k=1.3\sim3$，且土壤越黏重，则 k 值越大；对于窄幅犁，$k=1\sim1.4$。

3. 窜垡过程 土垡在"窜垡型"犁体曲面上的运动过程与前述滚垡过程不同，如图 4-10 所示。当土垡被犁体的铧刃和胫刃切开后，不是绕某一棱角滚翻，而是沿着犁体曲面向上窜升，同时略有扭转和侧移；当土垡上窜到一定高度后，扭转和弯曲加大，并腾空翻转；土垡离开犁壁后，在重力和落地后的撞击力作用下，土垡内的剪切裂纹发生断裂，并形成较短的垡块，称为断条。

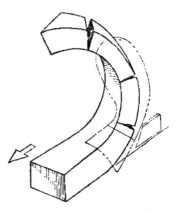

图 4-10　窜垡过程示意图

由于土垡是腾空翻转，且回转点沿高度不断变化，所以土垡的铺放状态同滚垡犁不同。为了防止土垡的过度窜升，土垡的宽深比 k 可取较小值。如南方水田犁系列中的窜垡型犁体，耕宽为 20 厘米，设计耕深为 16~18 厘米（最大耕深为 20 厘米），耕作质量能满足农业技术要求。其中 $k=1\sim1.25$。

二、旋耕作业技术

由于铧式犁作业前后配套环节多、作业成本高，在黄淮海区域，旋耕作业被大面积采用。随着旋耕面积越来越大，应用时间越来越长，产生问题也越来越多。主要有耕层变浅，有的地方仅 4~5 厘米；旋耕动土量少，造成土壤秸秆比例过高；旋耕机没有镇压装置，耕后土壤疏松暄软，播种质量不能保障，蓄水保墒能力下降。据统计，截至 2019 年年底，山东省旋耕机保有量达到 35.72 万台，作业面积 7 500 多万亩，占耕地面积的 75％以上。

旋耕就是利用旋耕机旋转的刀片切削、打碎土块、疏松混拌耕层的过程。旋耕可将犁、耙、平三道工序一次完成，多用于农时紧迫的多熟地区和农田土壤水分含量高、难以耕翻作业的地区。

（一）旋耕特点

1. 旋耕优点　旋耕具有碎土、松土、混拌、平整土壤的作用，将上下土层翻动充分，耕后土壤细碎；地表杂草、有机肥料、作物残茬与土壤混合均匀；作业牵引阻力小，工作效率高；耕后地表平整，可以直接进行播种作业，省工省时，成本低。

2. 旋耕缺点　耕作后旱地耕层疏松，播种深度不易控制；旋耕深度过浅，易导致耕层变浅、理化性状变劣；旋耕刀挤压土层，犁底层加厚，土壤底层水、热交换变弱，影响作物生长。

（二）旋耕作业标准和要点

1. 耕作标准　《旋耕机作业质量》（NY/T 499—2013）规定，以及山东省小麦耕整地农艺要求，旋耕前地表平整，基肥撒施；耕深 15 厘米以上，合格率不低于 85％；在适耕条件下，土壤细碎，碎土（最长边＜4 厘米的土块）率壤土≥60％、黏土≥50％、沙土≥80％；耕后地面平整，跨幅宽地表高低差≤5 厘米；根茬破碎，长度＜8 厘米，合格率应大于 80％；作物残茬掩埋效果好，掩埋率不低于 70％；无漏耕，不拖堆；相邻作业幅重耕量＜15 厘米。

2. 旋耕技术要点

（1）旋耕时间。旋耕主要以混合肥料、疏松土壤为主要目的，南方可以按照种植模式需要，在土壤水分适宜的情况下，随时耕作。黄淮海一年两作区，一般在秋季作业；一年一作区，可以秋季作业或春季作业。

（2）旋耕深度。旋耕机按其机械耕作性能可深耕 15～18 厘米。但在生产实际中，农机手贪快求利，一般耕深在 8～16 厘米，耕深较浅，严重影响粮食产量进一步提升。因此，旋耕应与翻耕、深耕技术轮换应用，作为翻耕、松耕的补充作业。

（3）旋耕镇压。传统的旋耕机缺少对耕后土壤的压实作业，对小麦玉米两作区秋季耕作时，要将旋耕机拖土板更换为镇压轮，或直接购置带有镇压轮的旋耕机，实现对耕后土壤的压实作业，为小麦播种创造条件。

（4）旋耕后效。由于耕作深度浅，土壤回实快，土壤疏松时间短，一般需要年年耕翻。

（三）旋耕机工作部件

旋耕机的工作部分由刀轴、刀片和辅助部件等组成。

1. 旋耕刀轴　刀轴有整体式和组合式两种。组合式刀轴由多节管轴通过接盘连接而成，如图 4-11 所示，其特点是通用性好，可以根据不同的幅宽要求进行组合。整体式刀轴由无缝钢管制成，轴的两端焊有轴头，用来和左右支臂相连。刀轴上焊有刀座或刀盘，刀座可采用直线形和曲线形两种，如图 4-12 所示，曲线形刀座滑草性能好，但制造工艺复杂，刀座在刀轴上按螺旋线排列焊在刀轴上，以供安装刀片；用刀盘安装旋耕机刀片时，每个刀盘周边有间距相等的孔位，便于根据农业技术要求安装多把刀片。

图 4-11　组合式刀轴

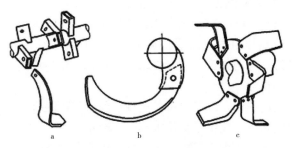

图 4-12　旋耕刀的安装

a. 直线形刀座　b. 曲线形刀座　c. 刀盘

2. 旋耕刀片　旋耕刀片安装在刀轴上，工作时随刀轴一起旋转，完成切土、碎土、翻土工作。刀片的形状和结构参数对旋耕机的工作质量、功率消耗影响较大。为适应不同的土壤条件及地面的杂草或残株状况的耕作，研制了不同种类的旋耕刀片。下面介绍几种常见的刀片结构。

（1）凿形刀片。凿形刀片（图 4-13）正面有凿形刃口，对土壤进行凿切作用，入土和松土能力强，功率消耗较少。但由于刃口较窄，工作时刀片易缠草，只适用于杂草、茎秆不多的疏松土壤的工作。凿形刀分刚性和弹性，弹性的适用于土质较硬地上，在潮湿黏重土壤中耕作时漏耕严重。

（2）直角形刀片。直角形刀片（图 4-14）刀刃平直，由侧切刃和正切刃组成，两刃相交约 90°。工作时，先由正切刃垂直于机器前进方向横向切土，然后由侧切刃逐渐切出土垡侧面。工作中易缠草，但因为刀片刀身较宽，刚性较好，且有较好的切土能力，所以多在土质较硬的干旱地区工作。

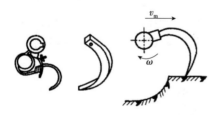

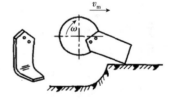

图 4-13　凿形刀　　　　　　图 4-14　直角形刀

（3）弯形刀片。弯形刀片（图 4-15）刃口较长并制成曲线形状，根据刀部的弯转方向不同，分为左弯刀和右弯刀，在刀轴上搭配安装。刃口也由正切刃和侧切刃两部分组成。曲线刃口在切削土壤的过程中，先由离回转轴较近的侧切刃切削，逐渐转到离回转轴较远的侧切刃切削，最后由正切刃切削。

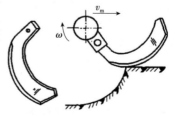

图 4-15　弯形刀片

侧切刃呈弧形，有滑切作用，这种切削方式工作平缓，可把土块和草茎压向未耕地。由较坚硬的未耕地支撑切割，草茎易切断，即使切不断，也可利用刃口曲线使草茎滑向端部离开弯刀，使刀片不易缠草，并有较好的碎土和翻土能力，所以弯刀片适于多草茎的田地工作，属于水旱通用刀型。其消耗功率较大，适应性强，应用较广。

弯刀的侧切刃一般做成向外弯曲的形状，保证滑切作用能由近及远切割，为符合上述切土要求，经研究可用下列曲线作为侧切刃：阿基米德螺线、等角螺线、正弦指数曲线、偏心圆弧。正切刃的作用是从正面切开土块，切出沟底并切断侧切刃没有切断的草茎，或将其向外推移。为保证刀片切深一致，降低沟底不平度，正切刃曲线为一斜置平面与圆柱面相贯线的一部分。

3. 辅助部件　旋耕机辅助部件有挡泥罩、平土拖板和耕深控制装置等组成。挡泥罩一般由薄铁板弯成弧形固定在刀轴上方，用来挡住旋耕刀切削土壤时抛起的土块，将其进一步破碎，既增强了碎土作用，又保护了驾驶员的安全。平土拖板也由薄铁板制成，其前端铰接在挡泥罩上，后端用链条连接到机架上，平土拖板的离地高度可调整，用来增强碎土和平整土地（图4-16）。耕深控制装置有滑橇式和限深轮式两种：滑橇式安装在机架底部，调节滑橇与刀轴的相对距离，可改变耕深，滑橇还起限深作用，一般用于水田作业；限深轮安装在旋耕机后部，由套管、升降丝杠、轮叉等组成，用于旱地作业。目前我国22.1 ～ 44.1 千瓦

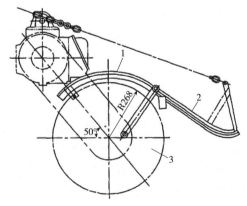

图4-16　挡土罩壳和平土拖板
1.挡泥罩　2.平土拖板　3.刀辊

（30～60 马力）拖拉机的液压悬挂系统都是半分置式，具有调节装置。故一般旋耕机无限深装置。

（四）旋耕机种类与选择

1. 旋耕机种类与特点　按旋耕刀轴的位置不同分为卧式旋耕机和立式旋耕机，北方旱田常用的旋耕机为卧式旋耕机。卧式旋耕机具有较强的碎土能力，一次作业可使土壤细碎，土肥掺混均匀，地表平整，达到旱地播种或水田栽插的要求，利于缩短农时，提高工效。但对作物残茬、杂草的覆盖能力较差，耕深较浅，功率消耗较大。立式旋耕机工作部件为装有 2～3 个螺线形切刀的旋耕刀轴（图 4-17），作业时旋耕刀轴绕立轴旋转，切刀将土切碎。适用于稻田水耕，有较强的碎土、起浆作用，但覆盖性能差。

图 4-17　立式旋耕机

按机架结构型式可分为圆梁型旋耕机和框架型旋耕机。圆梁型旋耕机又分为轻小型、基本型和加强型。轻小型旋耕机结构重量一般较轻，工作幅宽一般在 125 厘米以下；基本型旋耕机齿轮箱体仅由左右主梁同侧板连接，工作幅宽一般在 200 厘米以下；加强型旋耕机齿轮箱体由左右主梁和副梁同侧板连接成一体，工作幅宽范围较大。圆梁型旋耕机生产时间长，技术较成熟，使用操作方便。框架型旋耕机是通过整体焊接框架连接旋耕机齿轮箱体和侧板（图 4-18）。框架型旋耕机按照工作轴多少又分为单轴型和双轴型。单轴型旋耕机仅有一个旋耕刀轴，双轴型旋耕机有两个旋耕刀轴，通常前后配置，前刀轴耕深较浅、转速高，后刀轴耕深较深、转速较低（图 4-19）。框架型旋耕机整机刚性高，结构强度大，适应性好，方便组成复式作业机具，进行深松、起垄、旋播、镇压作业。目前框架型旋耕机逐渐成为农机手首选。

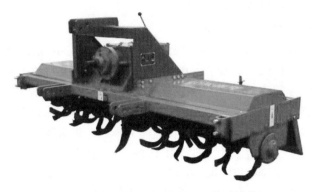

图 4-18　卧式框架变速单轴中间传动旋耕机

图 4-19　双轴变速旋耕机

　　框架型旋耕机按照匹配拖拉机轮胎轮辋直径大小，又分为框架普箱、框架中箱、框架高箱 3 类。大马力高轮拖拉机配低箱旋耕机，万向节倾角过大，对十字轴和传动轴损坏严重，易折断。普箱旋耕机耕幅 1.1～1.6 米，配套动力 12～36.8 千瓦拖拉机；中箱旋耕机变速箱比普箱高 8 厘米，旋耕机耕幅 1.4～3.0 米，配套动力22～89 千瓦拖拉机；高箱旋耕机的变速箱比普箱高 18 厘米，旋耕机耕幅 2.8～3.8 米，配套动力 73.5～147 千瓦拖拉机。

　　按驱动力传输路线可分为中间传动型旋耕机和侧边传动型旋耕机。中间传动型旋耕机主要特点是拖拉机的动力经旋耕机动力传动

系统分为左右两侧，驱动旋耕机左右刀轴旋转作业。结构简单，整
机刚性好，左右对称，受力平衡，工作可靠，操作方便，但中间往
往存在漏耕现象，中间犁体也容易缠草。侧边传动型旋耕机的主要
特点是拖拉机的动力经旋耕机动力传动系统从侧边直接驱动旋耕刀
轴旋转作业。结构较复杂，使用要求较高，但适应土壤、植被能力
强，尤其适应于水田旋耕作业。

旋耕机按照变速箱输出转速是否固定又分为变速旋耕机与非变
速旋耕机。变速旋耕机可在秸秆量大、土壤黏重的地块选择刀轴高
速作业，以提高作业质量；在还田质量高的沙壤土地块，可选择刀
轴低速作业，以节省动力。

按照旋耕刀与刀轴
装配位置不同分为传统
刀轴旋耕机与盘刀式旋
耕机（图4-20）。盘刀式
旋耕机采用高箱框架设
计，刀轴与框架间距增
加，耕作较深，同时避
免刀具因缠绕泥草形成
阻力；旋耕机采用圆盘
刀，整机作业平衡性得
到提升。适用于土壤坚

图4-20　1GKNP-220型盘刀式旋耕机

硬、混有砖石及秸秆的地块作业。

2. 旋耕机的选择　旋耕机要依据土地经营规模、配套动力、
主要用途等条件选择。一般遵循以下原则：小麦玉米两作区，秋季
旋耕种植小麦要选择带有镇压装置的旋耕机，能压实土壤，为小麦
播种创造条件，作业深度要满足农艺要求；在秸秆还田地区，耕深
大的要选择高箱旋耕机或圆盘刀式旋耕机；土壤黏重、耕后坷垃较
多地区，可选择变速旋耕机；土地经营规模大，道路通行条件好，
具有大型拖拉机的农业专业合作社或合作组织，可选择宽幅旋耕机
或折叠式宽幅旋耕机；土地经营规模小，但具有大型动力拖拉机的

用户，可以选择双轴旋耕机。

三、深松作业技术

土壤深松机械化是在不翻土、不打乱原有土层结构的情况下，通过深松机械疏松土壤，打破犁底层，增加土壤耕层深度的耕作技术。深松可熟化深层土壤，改善土壤通透性，增强蓄水保墒能力，促进作物根系生长，提高作物产量。

深松分为全方位深松、间隔深松、振动深松等。全方位深松采用梯形铲式、曲面铲式等全方位深松机，在工作幅宽内对整个耕层进行松土作业，为密植作物播种创造条件；间隔深松根据不同作物、不同土壤条件，采用单柱带翼式、单柱振动式或非振动凿形铲式深松机，进行松土与不松土相间隔的局部松土，形成虚实并存的耕层构造，实现土壤养分、水分贮供的完整统一。振动深松是通过深松铲的振动，增加土壤疏松体量的作业。

（一）深松作业特点

1. 深松作业优点

（1）打破犁底层。土壤多年翻耕或旋耕形成的犁底层，阻碍水分、养分的运移和作物根系发育。深松后，可打破犁底层，增加土壤熟化层厚度。

（2）提高土壤蓄水能力。加深的熟土层和疏松的土壤，有利于水分入渗。另外，深松后土壤表面粗糙，雨雪聚集增多，增加冬春蓄水。据山东省农机技术推广站 2010 年 9 月至 2011 年 6 月在济南市历城区鸭旺口村开展试验表明，深松地块小麦生育期土壤水分较传统地块平均高 22.52%。

（3）改善土壤结构。间隔深松后，土壤深处形成虚实并存的土壤结构，有利于土壤气体交换，促进好气性微生物的活化和矿物质分解，利于培肥地力。同时，改善耕层固态、液态和气态的三相比，利于作物生长。

（4）减少土壤水蚀。深松增加降雨入渗，降低雨雪径流，从而减少土壤水蚀。

（5）消除由于机器进地作业造成的土壤压实。

2. 深松作业缺点　深松不能翻埋肥料、杂草、秸秆，不能碎土，耕后不能进行常规播种。若深松后进行常规播种，需先行旋耕镇压整地，增加作业成本。因此，深松宜与免耕播种相结合，降低作业成本。

（二）深松作业标准和要点

1. 作业标准　2015 年农业部颁布《深松机作业质量》标准（NY/T 2845—2015）规定：在作业地块平坦、地表没有整株秸秆、土壤含水率在适耕范围内，松深范围内没有影响作业的树根、石块等坚硬杂物条件下，深松深度合格率≥85%，邻接行距合格率≥80%，无漏耕。并明确深松深度应打破犁底层，且深度不低于 25 厘米；行距±20%之内为合格邻接行距；除地角外，邻接行距大于 1.2 倍行距为漏耕。

2. 深松技术要点

（1）作业条件。土壤含水率适宜的轻砂土、壤土和轻黏土，一般绝对含水率在 12%～22%；土层深厚，作业层内不存在树根、石块等坚硬杂物的地块；地表作业残茬处理较好，覆盖均匀；作业间隔 1～2 年。

（2）机具要求。深松机械铲间距≤60 厘米，宜装配镇压轮；凿铲式深松机深松铲宽≥6 厘米。

（3）监测终端。深松机械应装配深松作业智能监测终端。智能监测终端应具有深松深度、作业面积、漏松情况等监测功能。

（4）试作业。正式作业前进行试作业，验证作业质量、校准智能监测终端基础数据。

（三）配套措施

（1）深松要与秸秆还田相结合，培肥地力，保护环境。为防止秸秆拥堵、缠绕机具，小麦、花生秸秆还田长度≤10 厘米，玉米、棉花秸秆还田长度≤5 厘米，抛撒均匀。也可选用深松铲前后配置深松机，提高通过性。

（2）深松与免耕播种相结合，减少机械进地次数，降低生产成本。深松是保护性耕作四项关键措施之一，深松与免耕播种相结合，可显著提高保护性耕作技术效能，实现增产增收蓄水保墒、培肥地力的目标。

（3）深松与化肥深施相结合，提高肥料利用率。在深松作业的同时，将化肥深施土壤中，可提高肥料利用率。据监测，化肥深施10厘米，较化肥撒施利用率由35%左右提高到50%左右。

（4）深松与镇压相结合，降低土壤水分蒸发强度。除冬闲地冬前深松不需镇压外，其他时间深松作业，都要及时镇压，裂沟合墒弥平，增加深层土壤紧实度，减少土壤水分蒸发。

（四）深松机种类与选择

1. 深松机种类与特点 深松机按照作业方式不同，可分为全方位深松机、间隔深松机。全方位深松机分为梯形铲全方位深松机（图4-21）、曲面铲全方位深松机（图4-22）。间隔深松机又分为凿铲立柱式深松机（图4-23）、凿铲双翼式深松机（图4-24）、凿铲振动式深松机（图4-25）。

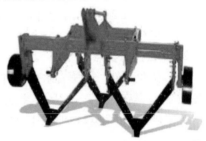

图 4-21　梯形铲全方位深松机

图 4-22　曲面铲全方位深松机

图 4-23　凿铲立柱式深松机

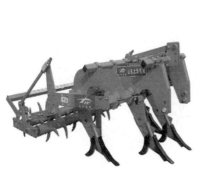 

图 4-24　凿铲双翼式深松机　　　图 4-25　凿铲振动式深松机

深松铲是深松机的主要部件，由铲头和铲柄两部分组成。铲头又是深松铲的关键部件，有凿形铲、鸭掌铲、双翼铲 3 种，凿形铲宽度较窄，和铲柱宽度相近，形状有平面形和圆脊形两种。平面形工作阻力较小，结构简单，强度高，制作方便，磨损后可更换，既适用于行间深松，又适用于全面深松，应用最为广泛。圆脊形碎土性能较好，且有一定的翻土作用。铲头较大的鸭掌铲、双翼铲常用在行间深松或分层深松时松表层土壤。

采用较多的是双翼铲，其形状类似中耕双翼锄铲，作用在刃口上的侧向力能自相平衡。深松铲铲头起土角 α 影响工作阻力，此角过大阻力增加，起土角一般取 20°左右。

可调翼式深松铲由铲柄和两个翼铲组成，翼铲对称安装在铲柄两侧，两个翼铲的铲尖水平距离为 60 厘米。为了便于调节安装翼铲，将铲柄主体设计成垂直而且带有多个等距安装孔的立柱；为了保证深松铲入土后，翼铲仍然具有一定的入土趋势，将翼铲固有入土角设计为 17°（图 4-26）。

带可调翼铲的深松机在土壤表层可以像全方位深松机一样全面疏松土壤，且保持较为平整的地表，在深层，可以像单柱凿铲一样疏松土壤。虽然在旱地深松效果比免耕差，但是相对于传统耕作，深松作业可以增加土壤含水量，增产增收，因此在保护性耕作的推广初期，深松法可以作为一项过渡性少耕技术。

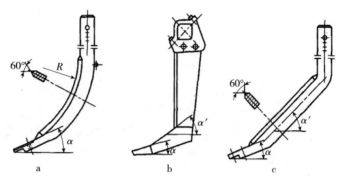

图 4-26　深松铲的铲柱
a. 弯形铲柱　b. 直立式铲柱　c. 倾斜式铲柱

深松铲铲柱最常用的断面是矩形，结构简单，为增加碎土作用和减小阻力，将其前面加工成尖棱形。由于深松铲侧面阻力一般很少，故这种铲柱强度是足够的。铲柱在靠近铲头部分向后倾一 α 角（图 4-27），铲柱的此倾角影响入土能力。此角大于 60°～75°时，深松铲的入土能力降低，甚至达不到所要求的深度，因此起土角和铲柱倾角均不宜过大。但深松机的铲柱如果倾角较小，倾斜向前伸出显得太长而不适用，通常是将铲柱作成弯曲，倾角一般为 35°～45°，便于从下向上掀动土壤，有明显减轻阻力的效果。调整深松铲的松土深度可通过改变铲柄上的孔位来实现，为减少工作阻力，铲柄下部入土部分具有锋刃。有的铲柱采用薄壳结构，钢的用量少，重量较轻，但结构复杂。

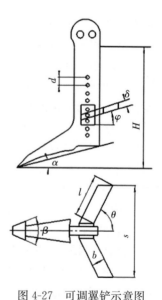

图 4-27　可调翼铲示意图
α. 翼铲固有入土角　β. 铲尖角
θ. 翼板后倾角　φ. 翼板上倾角
δ. 翼板厚度　H. 铲高
b. 翼板宽度　d. 铲柱上的孔距
l. 翼板长度　s. 两翼板外缘距离

梯形铲全方位深松机通过对土壤挖掘、抬升，实现土壤疏松。大土块较多、不易压实，需要较大牵引力，要配备大马力拖拉机。主要适应于旱作农田或山区丘陵农田开荒作业，目前较少应用。

曲面铲全方位深松机通过对土壤切割、推压，实现土壤疏松。与梯形铲深松机相比，具有消耗牵引力小，作业效率高等优点。虽然深松铲作业幅宽内土壤扰动系数较大，但曲面铲柱外面土壤基本没有疏松。因此，采用这类深松机作业时，邻接幅宽不宜太宽。主要应用于旱作区农田土壤深松作业，是目前农机手主选产品。

凿铲立柱式深松机是通过对土壤强力开挖、掘破，实现土壤疏松。单柱土壤扰动系数小，大土块多。是早期玉米行间深松技术的主要机具，目前选用者较少。

凿铲双翼式深松机通过在凿铲立柱上加装双翼，增加对土壤的扰动系数，实现土壤松动体量的增加。双翼安装长度、宽度、高度，以及与垂直、水平方向夹角不同，对土壤扰动系数也不同，长度越长、宽度越宽、高度越低，以及与垂直、水平方向的夹角越大，土壤扰动系数越大。其作业效率、燃油消耗介于曲面铲深松机与凿铲振动式深松机之间，是冬前、春季深松作业的主要机具。

凿铲振动式深松机通过铲柱的振动，加大土壤的疏松体量，需要牵引力小。单柱土壤扰动系数大，大土块少，利于下一环节作业。但作业效率略低、油耗略高。适于大型拖拉机较少区域的深松作业选用。

因深松机架为横置框架结构，利于旋耕、播种部件装配。因此，深松机装配旋耕部件，就可组成深松整地机（图4-28）；深松机装配旋耕部件、播种部件，就可组成深松免耕播种机（图4-29）、深松整地播种机（图4-30），实现耕整或耕整播一体化。

图4-28 深松整地机

图 4-29　深松免耕播种机　　图 4-30　小麦深松分层施肥精播机

2. 深松机选择　目前,深松机生产企业较多,种类型号较杂,农机服务组织和机手在选择深松机时,应注意以下几个方面。

(1)深松机铲柱要长。避免机架壅草的可能,提高机组通过性,同时为以后作业预留深松深度。

(2)深松机横梁排数要多。将深松铲柱分散装配到多排横梁上,避免产生耙子搂草效应,提高机组作业效率。

(3)深松机铲柱间隔要准。为提高深松作业扰动系数,增加土壤松动体量,山东省规定,在深松 25 厘米深度时,深松铲间距不大于 60 厘米。但也不应过小,影响机具通过性。

(4)深松铲与限深轮距离要大。深松机限深轮与深松铲距离要大一些,避免在秸秆还田质量不高区域作业时,造成深松铲与限深轮间堵塞,影响作业质量。

(5)深松机镇压应实。深松作业后,土壤空隙增加,蒸发加快。选择装配高强度镇压轮的深松机,作业后地表镇压平整,保墒效果好。

四、周期组合耕整作业技术

周期组合耕整是通过合理配置土壤耕整技术措施,解决长期少、免耕的负效应,将耕、旋、免、松等土壤耕作措施进行合理的组合与配置,既考虑到节本增效问题,同时又综合考虑到农田土壤质量改善。周期时间一般根据各地实际确定年限,一般为 4～6 年。

以 4 年为例：首年进行深耕，全面松动耕层，将土壤表层有机质含量较高的熟土翻至下层，肥沃底层，同时提高土壤的孔隙度和蓄水保墒能力。第二年采用免耕，因为深耕对土壤的作用有 2～3 年的后效，深耕后的第二年土壤的孔隙度和蓄水保墒能力仍然适合作物生长，仍能保持较高的产量，免耕可减少耕作，降低能耗；第三年（或第四年）采用深松，经过周期内前 2 年（或 3 年）自然沉积和机器压实，土壤孔隙度和蓄水保墒能力有所下降，只需采用深松即可达到疏松土壤的目的，同时深松也打破犁底层，提高蓄水保墒能力。第四年（或第三年）继续免耕。

在山东省，初始采用周期组合耕作方式应以 25 厘米耕层为基础，一个周期或更长时间后，逐步加深耕深或松深，以改善耕层构造，逐步建立起 30～50 厘米的良性耕层，为未来持续免耕创造条件。

近年来，山东理工大学试验探索的"机械化生态沃土种植工程"就是周期组合耕整作业的典型案例。该工程的内涵可概括为"四个建立"。

一是建立多种方式有机配合的土壤耕整制度。土壤结构需要耕层有合理的团粒结构、适当的孔隙度，以利于水土保持、水气循环、生态平衡，从而有利于植物根系生长发育、土壤有益动物和土壤微生物活动。"机械化生态沃土种植工程"的耕整制度就是：适度翻耕，配合适度的深松、浅旋、苗带精细旋耕等耕整措施。可设计 4 年或 5 年一个周期的土壤耕整制度，首年翻耕，其他年份适当采取免耕、深松、旋耕、苗带精细旋耕等组合耕整措施。

首年深翻整地，全面松动耕层，将土壤表层有机质含量高的熟土翻至下层，提高土壤孔隙度和蓄水保墒能力，肥沃底层。耕后第二年土壤孔隙度和蓄水保墒能力非常适合作物生长要求，利于高产，故免耕，同时节约能源和作业成本。经过两年的沉积和机器压实，第三年土壤孔隙度和蓄水保墒能力有所下降，但不严重，故采用较大间隙深松的方法，适当提高一下土壤孔隙度和蓄水保墒能力，同时打破部分犁底层。第四年再在上年深松的间隙间深松。经过第三、四年的深松，第五年土壤孔隙度和蓄水保墒能力适宜作物生长，故免耕。经过五年的积累，土壤表层有机质含量大大提高，接着进行下一轮的翻耕，这时的耕深一般应当与上次相差 5 厘米左右。

二是建立农机农艺相互融合的机械化农艺体系。着眼于生产循环全过程的机械化以及各环节农机农艺融合，优化配置机器系统并使相关机器参数衔接匹配，实行规格化种植，采用精量免耕播种技术，整个生产过程实现机械化，达到作业高效、劳动力节约、能耗节约、效益提高的目的。

三是建立微观和宏观并重的机械化农业生态观。着力于环境、农业生态、耕地和水资源保护，努力控制并逐步减少化学物资（化肥、农药、化控剂等）对农田、农产品和环境的直接污染以及生产农用化学物资对环境的间接污染；努力保持土壤生态平衡，为土壤有益生物群落生长创造适宜条件，真正发展成为"绿色农业"。

四是建立秸秆利用型有机地力培肥模式。科学处理秸秆，覆盖于地表，定期翻耕到深层，逐步增加耕层有机质含量，改善土壤结构、生态和微循环，使土壤逐渐肥沃，逐渐减少化肥用量，实现作物有机稳产高产。基本目标是使山东省平原区耕层有机质含量 10 年间提高 1%，最终达到 3% 以上。科学处理秸秆的方式有多种，如直接还田、过腹还田、集中微生物降解还田等。

五、常用土壤耕整机械

（一）土壤犁耕机械

土壤犁耕机械主要有普通铧式犁、双向翻转犁。近年来随着农业生产规模化、配套动力大型化，翻转犁越来越受到规模生产合作组织的欢迎。

1. 1LFT 系列翻转犁

1LFT 系列翻转犁（图 4-31），采用液压翻转机构实现双

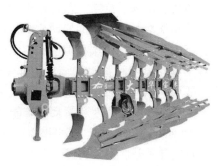

图 4-31　1LFT-550 翻转犁

向翻转功能，部件冲击力度小；采用独特的栅条结构，可降低油耗和功率并提高翻转效果和碎土率；配置小复犁，能切割田间地表植被，以利秸秆杂草深掩变腐肥田，整机牵引稳定、耕深一致翻土效果好，达到农艺及农机作业要求；通过调整犁的牵引线和首铧幅宽调整装置（调整内外丝杠），可实现翻转犁顺畅及耗能低的工作效果；限深轮在工作时可实现限深的作用使其耕深保持一致，在运输的时候又可作为行走轮。

主要技术参数：结构型式为调幅犁，挂接方式为悬挂式，配套动力 154.35～205.8 千瓦拖拉机，犁体类型为栅条式，犁体调幅范围 350、400、450、500 毫米，纵向犁间距 1 000 毫米，作业耕深 25～35 厘米，作业速度 6～10 千米/时。

2. 进口悬挂式翻转犁　进口悬挂式翻转犁（图 4-32），犁铧数量从 2 铧到 6 铧，工作宽度可在 30～50 厘米范围内调整；Optiquick 调节装置可以调节首铧耕宽，优化拖拉机和犁具的牵引线；配套动力 33～184 千瓦（45～250 马力）；犁尖距 90～100 厘米，大梁下距离为 75～80 厘米，配有机械式或者液压式不间断防过载安全保护装置；可选择在垄沟（EurOpal 8）或垄上（EurOpal 9）作业方式；所有犁柱上装配双重剪切螺栓；根据用户需要装配机械式或液压式全自动防过载安全保护装置。

图 4-32　进口翻转犁

3. 1LF-650 型液压翻转犁 1LF-650 型液压翻转犁（图 4-33），主要由犁架、犁体总成、悬挂机构、液压翻转机构、行走轮等部件组成。翻转机构副油缸可保证犁在翻转时犁梁是水平旋转，并能减少液压悬挂的提升高度以及翻转时犁的摆动。主犁臂和副犁臂由高强度合金钢经过特殊热处理制成，具有高的强度和韧性。安全螺栓能有效防止过载，保护犁臂、犁体和拖拉机。犁体栅条由耐磨合金钢经过特殊热处理制成，耐磨性能好、犁地阻力小。栅条后面调节杆，可调节翻土曲面达到最佳作业效果。地轮既是限深轮又是运输轮，一轮两用。

图 4-33　1LF-650 型液压翻转犁

主要技术参数：犁铧数 6×2 个，结构质量 1 200 千克，配套动力 110.33 千瓦以上拖拉机，栅条式犁体，单铧工作幅宽 35～50 厘米，犁体间距 100 厘米。适用于秸秆还田后需要翻埋残渣土壤的翻耕。

4. 无塪沟犁 使用铧式犁和翻转犁对土壤进行耕翻作业时会形成塪沟，为了使田地平整便于播种，需要人工把塪沟填平，费时费力，而且劳动强度较大。无塪沟犁既能满足铧式犁和翻转犁对土壤的耕翻作业要求，又能避免产生塪沟，使土地平整，另外还可以避开对垄台的破坏，便于后期灌溉作业。

无塪沟犁是一种与轮式拖拉机配套的悬挂式耕作机械，主要由犁架、悬挂架、犁体、合塪器、限深轮等部分组成（图 4-34）。犁架呈等腰三角形结构，最前端两个犁体靠在一起，安装在等腰三角形靠近顶点的位置，分别向两侧翻土，两个犁体的犁尖略微前后相错，有利于犁体入土。其他犁体对称安装在等腰三角形的两个斜边上，分别向内侧翻土。两个合墒器安装在犁架的后部，呈"人"字形布置。合墒器由支架和圆盘耙片组成（图 4-35）。耙片平面与机组前进方向成一定夹角，滚动前进过程中可逐渐传递土壤。合墒器的安装高度可以调节，便于调整整地深度。限深轮安装于机架两侧，用于调整机组的入土深度。

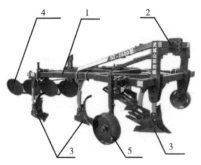

图 4-34　无墒沟犁结构示意图
1. 犁架　2. 悬挂架　3. 犁体
4. 合墒器　5. 限深轮

图 4-35　无墒沟犁合墒器

目前，山东省常用无墒沟犁有 3 种机型，各型号主要参数见表 4-3。

表 4-3　无墒沟犁主要型号参数表

型号	1LWS-635 型	1LWS-635A 型	1L-640 型
结构型式	悬挂式	悬挂式	悬挂式
外形尺寸（毫米）	3 600×2 430×1 520	4 600×2 740×1 520	3 400×2 650×1 410
配套动力（千瓦）	95～140	110～170	132.3～161.7
犁体排列方式	"人"字形	"人"字形	"人"字形
犁体类型	基本型	基本型	基本（通用）型
犁体数量	2+4	2+4	6
犁体幅宽（毫米）	350	350	400
犁铧类型	通用型	通用型	通用型（凿型）
犁壁类型	栅条式+组合式、栅条式	栅条式+组合式、栅条式	栅条式

（续）

型号	1LWS-635 型	1LWS-635A 型	1L-640 型
总工作幅宽（毫米）	2 300	2 600	2 400
犁体纵向距离（毫米）	880	1 050	710、1 090
犁轮类型	限深轮	限深轮	限深轮
犁轮数量	2	2	2
限深轮调节范围(毫米)	0～350	0～350	0～300
合墒器耙片数量	6	8	8
合墒器耙片直径(毫米)	515	515	515
合墒器总幅宽（毫米）	2 200	2 500	2 300

（二）旋耕机械

1. 1GQNG-280 型深耕旋耕机 1GQNG-280 型深耕旋耕机（图 4-36），主要由机架、变速箱、刀轴总成、碎土板或镇压辊等部件组成。深耕旋耕机采用加大变速箱，内装大模数高强度齿轮，承受负荷高；变速箱比大中箱系列机型高出 10 厘米，使大型拖拉机动力轴输出与旋耕机动力输入呈水平状态，极大地延长了万向传动轴的使用寿命；采用机体悬挂架，使整机挂接更牢靠；采用高密性能轴承座，提高密封性能；配套专用深耕刀轴和加长旋耕刀，实现耕深 35～40 厘米。适用于深松 1～2 年后，秸秆还田土地的耕作。

图 4-36 1GQNG-280 型深耕旋耕机

主要技术参数：配套 80.91 千瓦以上拖拉机，作业幅宽 2.8 米，旋耕深度 8～18 厘米，深耕深度 8～40 厘米。

2. 1GKN-310 型旋耕机 1GKN-310 型旋耕机（图 4-37），主要由机架、悬挂架、变速箱、刀轴总成、碎土板或镇压辊等部件组成。变速箱采用球墨高箱体，与大型拖拉机配套，箱体强度高，使用寿命长；采用加大模数齿轮，加粗花键轴，加粗刀轴，负荷强度高，抗冲击能力强；采用防缠草刀座，刀轴缠草少，刀座焊接牢固，提高作业效率。适于配置大型拖拉机，在平整大块土地耕整作业。

图 4-37 1GKN-310 型旋耕机

主要技术参数：配套动力 88.26 千瓦以上拖拉机，中间齿轮传动，结构质量 700 千克，旋刀型号为 IT245，工作幅宽 3.1 米。

3. 1GKNB 型系列多功能变速旋耕机 1GKNB 型系列多功能变速旋耕机（图 4-38），主要由机架、变速箱、旋耕刀轴总成、镇

图 4-38 1GKNB 变速旋耕机

压轮等部件组成。机架采用车辆框架和双提升板设计，坚固安全；该机采用的变速箱可实现单机变两速或单机变三速作业，匹配不同拖拉机前进速度，适合不同土质作业需求，解决了机组快了质量差、慢了效益差的问题。主要用于未耕地或犁耕地的旋耕整地作业，具有旱地土块细碎、水耕泥烂浆足，耕后地表平整，杂草、残茬覆盖率高特点。机手可根据不同功率拖拉机，选配不同幅宽的旋耕机。

主要技术指标：耕幅 1.4~4.2 米，配套动力 8~147 千瓦拖拉机，箱体中心高 41~61 厘米，耕深 8~18 厘米，生产效率 3~36 亩/时。

4. 1GQNS 系列双轴旋耕机　1GQNS 型系列双轴旋耕机(图 4-39)，是为大型拖拉机配套、减少耕作机组进地次数、提高工作效率研发的一款高效耕作机具，一次进地可完成秸秆杂草切碎覆盖、两次旋耕、重辊镇压等多道工序。该机主要由变速箱、机架、旋耕刀轴、镇压轮等部件组成。变速箱采用高强度大中箱箱体，中间传动、叉式前后双旋耕刀轴排列，刀轴转速 230~280 转/分钟，前慢后快分配合理。该机装配重辊镇压轮，保墒效果好，为提高播种质量创造条件；同时，可通过调整镇压辊控制作业深度。整机刀轴与其他系列旋耕机通用，前旋轴可换装"7"形旋耕刀，提高处理秸秆效果；后旋轴可更换深耕刀轴，耕作深度达 30 厘米。适合中小规模农业生产组织选用。

图 4-39　1GQNS 系列双轴旋耕机

主要技术指标：耕作幅宽 2~3.8 米，配套动力 147~279.5 千瓦拖拉机，结构重量 1 190~1 400 千克，旋耕深度 8~18 厘米（换装深耕刀轴可达 30 厘米)。

(三) 深松机械

1. 1S-270 型异形铲式深松机　1S-270 型异形铲式深松机主要由机架、悬挂架、深松铲、仿形轮、表面碎土装置等部件组成 (图4-40)。深松铲采用特种弧面倒梯形设计,原装硼钢材料制造,强度高耐磨性好;作业不打乱土层、不翻土,实现全方位深松,形成贯通作业行的"鼠道",松后地表平整,保持植被的完整性,最大限度地减少土壤失墒,利于免耕播种作业;耕作阻力少、机组打滑率低,具有作业质量高、适应性强、耕作阻力少、作业效率高、使用寿命长等优点。适用于秸秆覆盖量多的土壤进行作业。

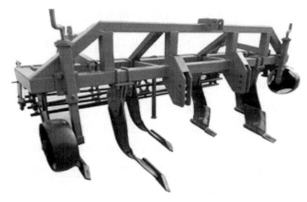

图 4-40　1S-270 型异形铲式深松机

主要技术参数:整机耕幅 2.7 米,整机质量 990 千克,工作铲数 6 个,配套动力≥91.9 千瓦拖拉机,深松铲结构型式为全方位弧面倒梯形,设计耕深大于 30 厘米。

2. 1SQZ-410 型深松机　1SQZ-410 型深松机 (图 4-41),采用液压折叠方式,机具转移时两端各折叠起两个深松铲以减小机具宽度;深松铲分成前后三排排列,通过性好,不拥堵;深松铲采用特殊热处理工艺,耐磨性能好,使用寿命长,深松阻力小;设计有安全螺栓,当遇到硬物、树桩负荷突然增加时,剪断安全螺栓避免损坏深松机或拖拉机;采用可更换深松铲铲头,磨损后只更换铲头,延长了深松铲的使用寿命，降低了费用；全方位深松，不留死角；曲面深松铲，不翻动土壤，地表平整，保墒效果好；镇压轮压碎土块、压平地表，不破坏地表有利于保墒。适合于平原地区大面积作业。

图 4-41 1SQZ-410 型深松机

主要技术参数：配套动力154.5千瓦以上拖拉机，深松铲结构型式为全方位曲面铲，深松铲数8个，工作幅宽4.1米，深松深度30～60厘米。

3. 1SZL-230 型深松整地联合作业机 1SZL-230 型深松整地联合作业机主要由机架、悬挂架、深松铲、动力传动装置、旋耕刀轴、旋耕机护板等部件组成（图 4-42）。工作时，拖拉机牵引机组前行，深松铲将土壤深松 25 厘米以上，同时将动力通过动力传动装置传递到旋耕刀轴，带动旋耕刀切割、粉碎土壤，能一次完成土壤深松、旋耕、镇压等作业。

图 4-42 1SZL-230 型深松整地联合作业机

主要技术参数：整地深度大于 8 厘米，整机质量 920 千克，整机耕幅 2.3 米，配套动力不低于 73.5 千瓦拖拉机，工作铲数 4 个、铲翼宽 22 厘米，设计耕深不低于 25 厘米，深松铲结构型式为平口凿式，刀辊回转半径 24.5 厘米，旋耕刀数量 62 把。

4. 1SZL-250 型深松整地联合作业机　1SZL-250 型深松整地联合作业机主要由机架、悬挂架、深松铲、动力传动装置、旋耕刀轴等部件组成（图 4-43）。适于犁底层硬化板结、熟土层较薄的旱田。

图 4-43　1SZL-250 型深松整地联合作业机

主要技术参数：整地深度大于 8 厘米，整机质量 980 千克，整机耕幅 2.5 米，配套动力 89～120 千瓦拖拉机，工作铲数 5 个、铲翼宽 31 厘米，设计松深不低于 25 厘米，深松铲结构型式为凿式平铲，刀辊回转半径 24.5 厘米，旋耕刀数量 68 把。

（四）动力驱动耙

1BQ 系列动力驱动耙是一款采用立轴转子对土壤进行整理的整地机械。主要由机架、齿轮箱、立式转子、平土板、镇压轮等部件组成（图 4-44）。工作时转子由动力输出轴通过传动系统驱动，一边旋转、一边前进，撞击土块，使耕层土壤松碎。动力驱动耙的转子呈"门"字形，两相邻转子的"门"字形平面相互垂直，故任何转子的作业区都是交错重叠的，没有漏耕区。相邻转子通过齿轮传动，相邻转子的旋转方向相反，可以抵消侧向力，机组工作平稳。机架后面装有平土板，对土壤凸凹地带进行平整；随后装有碎土齿的镇压轮对耕后土壤镇压，使表土细碎平坦，为播种创造条件。

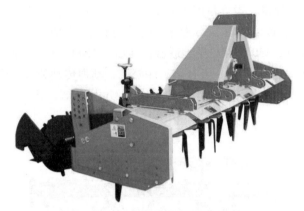

图 4-44　1BQ 系列动力驱动耙

1BQ 动力驱动耙采用加强齿轮箱设计，坚固耐用；主传动箱以及传动齿轮，强度高；选用超大型号轴承，承受力大，故障率低；主传动箱和中间齿轮花键轴加粗，提高抗扭强度；刀盘采用卡库结构，装卸方便快捷。整机具有耕作深度深、碎土均匀、耕层大土块减少；上下耕层不混，利于作物发育生长；与铧式犁耕作配合应用，覆盖的秸秆不易翻出，秸秆覆盖性能提高等特点。

主要技术指标：配套动力 22～154.5 千瓦拖拉机，作业幅宽 1.25～4.7 米，整机重量 420～2 600 千克，转子数量 5～17，左搅刀数量 6～18，右搅刀数量 4～16，作业深度 3～18 厘米。

第四节　土壤耕整机械作业质量与检测方法

一、犁耕作业

（一）作业质量要求

按照《铧式犁作业质量》（NY/T 742—2003）农业行业标准要求，深耕机作业质量应该符合表 4-4 要求：

表 4-4 犁耕作业质量指标

序号	项目		单位	作业质量指标	
				犁体幅宽＞30厘米	犁体幅宽≤30厘米
1	耕深变异系数		—	≤10%	
2	植被覆盖(旱耕)率	地表以下	—	≥85%	≥80%
		8厘米深度以下(旱田犁)	—	≥60%	≥50%
3	碎土率	旱田耕作(碎土率)	—	≥65%	≥70%
		水田耕作(断条率)	次/米	—	≥3.0

(二)作业质量测试方法

在使用说明书规定的作业速度下，按照当地农艺要求的耕深，往返作业各1个行程，配套拖拉机驱动轮（左、右）的滑转率应不大于20％。测试以下项目：

1. 耕深变异系数 用耕深尺或其他测量仪器，测最后犁体耕深。在测区内，沿机组前进方向每隔2米测定1点，每个行程测11点，按以下公式计算平均耕深、标准差和变异系数。

$$\bar{a} = \frac{\sum a_i}{n}$$

$$S = \sqrt{\frac{(a_i - \bar{a})^2}{n-1}}$$

$$V = \frac{S}{\bar{a}} \times 100\%$$

式中，

a_i——各测点耕深值，单位为厘米；

n——测定点数；

$\bar{a}$——平均耕深，单位为厘米；

S——标准差，单位为厘米；

V——耕深变异系数。

2. 植被覆盖率 测区内选 3 个测点，在已耕地上取宽度为 2b（*b* 为犁体幅宽），长度为 30 厘米的面积，分别测定地表以上的植被和残茬质量，地表以下 8 厘米深度内的植被和残茬质量以及 8 厘米以下耕层内的植被和残茬质量。按以下公式计算植被和残茬覆盖率。

$$F = \frac{Z_2 + Z_3}{Z_1 + Z_2 + Z_3} \times 100\%$$

$$F_b = \frac{Z_3}{Z_1 + Z_2 + Z_3} \times 100\%$$

式中，

F ——地表以下植被和残茬覆盖率，单位为%；

F_b ——8 厘米深度以下植被和残茬覆盖率，单位为%；

Z_1 ——露在地表以上植被和残茬覆盖质量，单位为克；

Z_2 ——地表以下 8 厘米深度内植被和残茬覆盖质量，单位为克；

Z_3 ——8 厘米深度以下植被和残茬覆盖质量，单位为克。

植被覆盖率也可以采用数丛法。用数丛法测定覆盖率时，植被或残茬被覆盖的长度未达到其长度的 2/3 者按未覆盖论，按以下公式计算。

$$f = \frac{Z_4 - Z_5}{Z_4} \times 100\%$$

式中，

f ——覆盖率，单位为%；

Z_4 ——耕前平均数丛，单位为丛/米²；

Z_5 ——耕后平均数丛，单位为丛/米²。

3. 碎土率和断条率 翻转犁在旱耕时，测定碎土率。测区内选 3 个测点，在不小于 b（犁体幅宽）×b 面积耕层内，分别测定全耕层最大尺寸大于 5 厘米的土块质量和最大尺寸小于等于 5 厘米的土块质量，按以下公式计算碎土率。

$$C = \frac{G_3}{G_2 + G_3} \times 100\%$$

式中，

C——土垡破碎率，单位为％；

G_2——全耕层最大尺寸大于 5 厘米的土块质量，单位为千克；

G_3——全耕层最大尺寸小于等于 5 厘米的土块质量，单位为千克。

翻转犁在水耕或旱耕其垡片成条时，测定断条率。测定最后犁体的垡片断条数（如该犁体处于拖拉机轮辙处，应拆掉该犁体），垡片断裂面积超过该断面 50％时为一断条。断条率按以下公式计算。

$$P = \frac{f_T}{L}$$

式中，

P——断条率，单位为次/米；

f_T——断条数，单位为次；

L——测定长度，单位为米。

二、旋耕作业

（一）作业质量要求

按照《旋耕机作业质量》（NY/T 499—2013）农业行业标准要求，旋耕机作业质量应该符合表 4-5 要求。

表 4-5　旋耕作业质量指标

序号	项目	单位	作业质量指标
1	耕深	厘米	≥8（刀辊回转半径 R≤195 毫米） ≥12（刀辊回转半径 R＞195 毫米）
2	耕深稳定性系数	—	≥85％
3	碎土率	—	≥60％
4	植被覆盖率	—	≥60％

（二）作业质量测试方法

在产品使用说明书规定的速度下作业一个行程，测试如下项目：

1. 耕深 在测区内，沿机组前进方向每隔 2 米，左、右两侧各测 1 个点，各测 11 次，按以下公式计算耕深平均值。

$$a = \frac{\sum_{i=1}^{n} a_i}{n}$$

式中，

a ——耕深平均值，单位为厘米；

a_i ——第 i 个点的耕深值，单位为厘米；

n ——测定点数。

2. 耕深稳定性 按以下公式计算耕深标准差、耕深变异系数和耕深稳定性系数。

$$s = \sqrt{\frac{\sum_{i=1}^{n} (a_i - a)^2}{n-1}}$$

$$v = \frac{s}{a} \times 100\%$$

$$u = 1 - v$$

式中，

s ——耕深标准差，单位为厘米；

v ——耕深变异系数；

u ——耕深稳定性系数。

3. 碎土率 在测区内选 1 点，测定 0.5 米×0.5 米面积内的全耕层土块，土块大小按其最长边分小于 4 厘米、4～8 厘米、大于 8 厘米三级，并以小于 4 厘米的土块质量占总质量的百分比为碎土率。

4. 植被覆盖率 在测区内选 3 点，取出 1 米×1 米范围内植被，按以下公式计算植被覆盖率。

$$F_b = \frac{W_q - W_h}{W_q} \times 100\%$$

式中，

F_b ——植被覆盖率，单位为%；

W_q ——耕前植被平均值，单位为克；

W_h ——耕后植被平均值，单位为克。

三、深松作业

（一）作业质量要求

根据《深松机作业质量》（NY/T 2845—2015）农业行业标准规定，深松作业质量应满足：深松深度合格率≥85%、邻接行距合格率≥80%，且无漏耕。

（二）作业质量测试方法

深松机作业质量田间测试方法如下：

1. 测区选定 在田间作业范围内，沿地块长宽方向的中点连十字线，将地块分成四块，随机选取对角的两块作为检测样本。同一地块由多台不同型号的深松机作业时，找出每台深松机作业后的分界线，把分界线当作地边线按上述方法取样。

在检测样本内，找到两条对角线（非四方形作业区近似按四方形对待），两条对角线的交点处作为 1 个测区，然后在两条对角线上，距 4 个顶点距离约为对角线长的 1/4 处作为 4 个测区。每个检测样本 5 个测区，两个检测样本确定 10 个测区。测区选定示意图（图 4-45）。

2. 深松深度合格率测定 在每个测区一个作业幅宽内，每个深松铲作业处用耕深尺或其他测量工具测量深松沟底至地表垂直距离，沿作业方

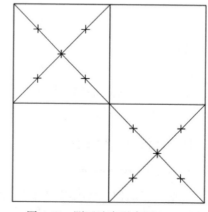

图 4-45 测区选定示意图

向间隔 5 米测 1 点，测 3 次。为简化测试方法，按照《机械深松作业质量评价技术规范》（DB37/T 3563—2019）规定，测值乘以相应深松系数后视为深松深度，不同作业方式深松系数见表 4-6。

表 4-6　不同作业方式深松系数

序号	作业方式	深松系数
1	深松无镇压	0.85
2	深松镇压、深松整地镇压、深松施肥镇压、深松施肥播种	0.90

将各点深松深度与规定深松深度相对比，查出合格点数。按以下公式计算深松深度合格率。

$$V = \frac{S}{N} \times 100\%$$

式中，

V——深松深度合格率，单位为%；

S——10 个测区的深松深度合格点数，单位为个；

N——10 个测区的测点数，单位为个。

3. 邻接行距合格率测定　在每个测区相邻 3 个作业幅内测 2 个邻接行距，沿深松方向每间隔 5 米测 1 点，测 3 次。测值与规定值进行对比判定。按以下公式计算邻接行距合格率。

$$L = \frac{M}{H} \times 100\%$$

式中，

L——邻接行距合格率，单位为%；

M——10 个测区的邻接行距合格点数，单位为个；

H——10 个测区的测点数，单位为个。

四、驱动耙地作业

（一）作业质量要求

根据《驱动耙》（GB/T 25420—2010）国家标准要求，驱动耙作业质量应符合表 4-7 要求：

表 4-7　驱动耙作业质量指标

项　　目	指　　标
耙深稳定性变异系数	≤17.5%
耙后地表平整度	≤3.5厘米
碎土率	≥85%

（二）作业质量测试方法

在使用说明书规定的速度下作业一个行程，在耙深不小于10厘米的条件下测试如下项目：

1. 耙深、耙深稳定性变异系数　作业后沿机组前进方向，在机具作业幅宽的左、右两侧（已耙地和未耙地交界线上）每隔2米测定1点，测量耙层底部与耙前地表的距离，每侧测定11个点，共测定22点，按以下公式计算耙深平均值和耙深稳定性变异系数。

$$a = \frac{\sum_{i=1}^{n} a_i}{n}$$

$$s = \sqrt{\frac{\sum_{i=1}^{n} (a_i - a)^2}{n-1}}$$

$$v = \frac{s}{a} \times 100\%$$

式中，

a_i ——各测定点耙深值，单位为厘米；

n ——测定点数；

a ——耙深平均值，单位为厘米；

s ——耙深标准差，单位为厘米；

v ——耙深变异系数。

2. 碎土率　在测区内，选取0.4米×0.4米的作业面积，取出耙层内的全部土块，将土块按最长边分为大于5厘米和小于等于5厘米的土块，并分别称量其质量，计算小于等于5厘米的土块质量占土块总质量的百分比，即碎土率。

3. 耙后地表平整度 作业后，沿垂直于机组前进方向的任一位置，取一水平基准线（高于地表最高点，宽度与工作幅宽相当），并将其分成 11 等分点，测量各等分点至耙后地表的距离，按以下公式计算其平均值和标准差。共测量 3 次，以 3 次标准差的平均值表示其平整度，计算公式如下。

$$H = \frac{\sum\limits_{i=1}^{n} H_i}{n}$$

$$s = \sqrt{\frac{\sum\limits_{i=1}^{n} (H_i - H)^2}{n-1}}$$

式中，

H_i——各测定点高度，单位为厘米；

n——测定点数；

H——测点平均高度，单位为厘米；

s——耙后地表平整度，单位为厘米。

第五章 小麦机械化播种农机农艺融合生产技术

第一节 小麦机械化播种的农艺要求

小麦要高产，"七分种，三分管"，把好播种环节质量关是关键。

一、小麦播种环节的技术要点

（一）选用良种与种子处理

品种是小麦增产的内因，选好品种非常重要。目前，山东省有统计面积的小麦品种 100 多个，品种数量较多，给农户科学选种带来了极大困难。因此，各级农业农村部门一定要根据当地品种示范比较试验，引导农户科学选择优良品种，搞好品种布局，同时做到良种良法配套。根据 2020 年山东省农业农村厅发布的《2020 年全省小麦秋种技术意见》，山东省小麦的合理布局为：

1. 强筋专用小麦地区 重点选用品种：济麦 44、淄麦 28、泰科麦 33、徐麦 36、科农 2009、济麦 229、红地 95、山农 111、藁优 5766、济南 17、洲元 9369、师栾 02-1、泰山 27、烟农 19 号等。

2. 水浇条件较好地区 重点种植以下两种类型品种：一是多年推广，有较大影响的品种：济麦 22、鲁原 502、山农 28 号、烟农 999、山农 20、青农 2 号、良星 77、青丰 1 号、良星 99、良星 66、山农 24、泰农 18、鑫麦 296 等；二是近几年新审定，经种植展示表现较好的品种：烟农 1212、山农 29、太麦 198、山农 32、山农 31、烟农 173、山农 30、菏麦 21、登海 202、济麦 23、鑫瑞麦 38、淄麦 29、鑫星 169、泰农 33、泰科麦 31 等。

3. 水浇条件较差的旱地 主要种植品种：青麦 6 号、烟农 21、山农 16、山农 25、山农 27、烟农 0428、青麦 7 号、阳光 10 号、菏麦 17、济麦 262、红地 166、齐民 7 号、山农 34、济麦 60 等。

4. 中度盐碱地（土壤含盐量 2‰～3‰） 主要种植品种：济南 18、德抗 961、山融 3 号、青麦 6 号、山农 25 等。

5. 特色小麦地区 主要种植品种：山农紫麦 1 号、山农糯麦 1 号、济糯麦 1 号、济糯 116、山农紫糯 2 号等。

播种之前应通过机械筛选粒大饱满、整齐一致、无杂质的种子，以保证种子营养充足，出苗整齐、分蘖粗壮、根系发达、苗全苗壮。要针对当地苗期常发病虫害进行药剂拌种，或用含有药剂营养元素的种衣剂包衣。同时，进行发芽试验，为确定播种量提供依据。

提倡用种衣剂进行种子包衣，预防苗期病虫害。没有用种衣剂包衣的种子要用药剂拌种。根病发生较重的地块，选用 2% 戊唑醇按种子量的 0.1%～0.15% 拌种，或选用 20% 三唑酮按种子量的 0.15% 拌种；地下害虫发生较重的地块，选用 40% 甲基异柳磷乳油，按种子量的 0.2% 拌种；病、虫混发地块用以上杀菌剂＋杀虫剂混合拌种。

（二）适期播种

适期播种使小麦苗期处于最佳的温光水条件下，充分利用光热和水土资源，冬小麦还要达到冬前培育壮苗的目的。冬小麦确定适宜播种期的依据为：

一是冬前积温。小麦冬前积温包括播种到出苗的积温及出苗到冬前停止生长之日的积温。一般播种至出苗的积温为 120℃ 左右，播种深度为 3～5 厘米，出苗后冬前主茎每长一片叶平均需 75℃ 左右积温。根据主茎叶片和分蘖产生的同伸关系，即可求出冬前不同苗龄与蘖数的总积温。如冬前要求主茎叶数为 6 片，则冬前总积温为：75×6＋120＝570℃，根据当地气象资料即可确定适宜播种期。

二是品种发育特性。不同感温感光类型品种，完成发育要求的温光条件不同，一般强冬性品种可适当早播，弱冬性品种宜适当晚播。生产实践表明山东省小麦的适宜播期为：冬性品种一般在日平均气温 16～18℃，弱冬性品种一般在 14～16℃，从播种至越冬开始，有 0℃以上积温 600～650℃为宜。一般情况下，鲁东、鲁中、鲁北的小麦适宜播期为 10 月 1—10 日，其中最佳播期为 10 月 3—8 日；鲁西的适宜播期为 10 月 3—12 日，其中最佳播期为 10 月 5—10 日；鲁南、鲁西南为 10 月 5—15 日，其中最佳播期为 10 月 7—12 日。

（三）精量播种

精量播种包括合理的播种方式、基本苗数、群体结构和最佳的产量结构等。基本苗数是实现精量播种的基础，生产上通常采取"以地定产，以产定穗，以穗定苗，以苗定籽"的方法确定实际播种量，即以土壤肥力高低确定产量水平，根据计划产量和品种的穗粒重确定合理穗数，根据穗数和单株成穗数确定基本苗数，再根据基本苗数和品种千粒重、发芽率及田间出苗率等确定播种量。

$$每公顷播种量（千克）=\frac{每公顷计划基本苗数×种子千粒重（克）}{1\,000×1\,000×种子发芽率（\%）×田间出苗率（\%）}$$

播种量还与实际生产条件、品种特性、播期早晚、栽培体系类型等有密切关系。一般调整播种量的原则是土壤肥力很低时，播量应低；随着肥力的提高，适当增加播量；当肥力较高时，则应相对减少播量。冬性强、营养生长期长、分蘖力强的品种，适当减少播量；春性强、营养生长期短、分蘖力弱的品种，适当增加播量；播期推迟应适当增加播种量。

实践证明，在适宜播种期内，分蘖成穗率低的大穗型品种，每亩基本苗 15 万～20 万；分蘖成穗率高的中穗型品种，每亩基本苗 12 万～18 万。在适宜播种期内的前几天，地力水平高的取下限基本苗；在适宜播期的后几天，地力水平一般的取上限基本苗。

（四）播前土壤耙耢、镇压与造墒

耙耢、镇压与造墒是小麦播种前的重要环节。耙耢可使土壤细碎，消灭坷垃，上松下实，底墒充足。不同茬口、不同土质都要在耕地后根据土壤墒情及时耙地。机械作业要机耕机耙，最好组成机组进行复式作业。耙地次数以耙碎、耙实、无明暗坷垃为原则，耙地次数过多反而容易跑墒。播种前遇雨，要适时浅耙轻耙，以利保墒和播种。

耕作较晚，墒情较差，土壤过于疏松的情况下，播种前后镇压，有利沉实土壤、保墒出苗。试验表明，一般小麦播种前适宜的土壤紧实度为土壤容重 1.20～1.30 克/厘米^3，播种前镇压可使土壤容重为 0.86～0.99 克/厘米^3 的过松土壤压至适宜的紧实度，干土层下降 1～2 厘米，耕层大孔隙减少 80%，气态水蒸发减少，表墒提高1%～3%，小麦出苗率提高并提早出苗，增产 5.6%～13.5%。镇压强度以 450～500 克/厘米^2 为宜。土壤过湿、涝洼、盐碱地不宜镇压。

耙压之后，耢地是进一步提高耕作质量的措施。耢地可使地面更加平整，土壤更加细碎、沉实，形成一层疏松表层，减少水分蒸发。据山东省农业科学院测定，耙后耢地，干土层为 3.6 厘米，5～10 厘米土壤含水量为 11.7%，不耢的干土层为 5 厘米，含水量为 9.8%。

不同耕作措施都必须保证底墒充足，并使表墒适宜。这便是"麦怕胎里旱"及"麦收隔年墒"的群众经验。一般要保持土壤水分占田间持水量的 70%左右。除通过耕作措施蓄墒保墒外，在干旱年份播种前土壤底墒不足，可能影响播种出苗及麦苗生长的情况下，要灌水造墒。整地播种时间充裕的地区，可在耕地前灌水造墒，或先整地做畦，再灌水造墒，待墒情适宜时耘锄耙地，然后播种。一年二作麦田，前茬作物收获晚，应尽可能在前茬作物收获前适时浇水造墒，或在前茬作物收获后灌地造墒，也可整地后串沟或作畦后造墒，但要防止大水漫灌贻误农时。

（五）整地做畦

水浇麦田，要求地面平整，以充分发挥浇水效益，并保证播种深浅一致，出苗整齐。为此，要坚持整平土地，尽量做到"地平如镜""寸水棵棵到"的要求，以保证灌水均匀，不冲、不淤、不积水、不漏浇的标准。

目前，水浇麦田多实行畦灌，畦灌麦田必须结合耕作整地做好畦子。畦子规格各地差异很大，因地面比降、水源条件、种植方式、土质等不同，长度从几十米到几百米，宽度 1~8 米。地面纵向比降大，水源充足、土壤不易漏水，畦宜长，反之宜短。另外，还要考虑到种植方式和与播种机配套的便利性。目前各地注重节水灌溉，通常情况下每次灌水亩定额不宜超过 50 米^3，畦长 50~100 米，畦宽 2~3 米为宜。

近年来，山东省不少地区在小麦上应用了微喷灌溉、滴灌等水肥一体化技术，具有明显的节水、节肥、增产、增效作用，具备较好的推广前景。采用水肥一体化技术时，可以不用作畦，去掉了畦垄，能够加播 2 行小麦，提高了土地利用率，增产显著。

（六）规范播种

用小麦精播机或宽幅精播机播种，行距 21~25 厘米，播种深度 3~5 厘米。播种机不能行走太快，速度为 5 千米/时，保证下种均匀、深浅一致、行距一致，不漏播、不重播，地头地边播种整齐。

近年来，山东省在播种环节重点推广了小麦宽幅精量播种，该技术将传统小行距（15~20 厘米）密集条播改为等行距（22~25 厘米）宽幅播种，将传统密集条播籽粒拥挤一条线改为宽幅（8~10 厘米）种子分散式粒播，有利于种子分布均匀，减少缺苗断垄、疙瘩苗现象，克服了传统播种机密集条播，籽粒拥挤、争肥、争水、争营养、根少、苗弱的生长状况，一般增产 8% 左右。

目前，常用的宽幅播种机械按照开沟器的不同主要分为两种类型：一种是耧腿式开沟器宽幅播种机，另一种是圆盘式开沟器宽幅播种机。

耧腿式播种机是山东省主推机型，它具有苗带宽度较宽（可达 8 厘米），播量控制较好，可以做到精量播种（3.5~10.5 千克播量），增产幅度较高等优点，因而它最符合宽幅精播的技术要求。因此，精耕细作地区、高产创建项目区、对产量目标要求比较高的地块，尤其是高产攻关地块，最好采用这一机型。但耧腿式宽幅播种机也有其局限性：一是当玉米秸秆还田质量不好，秸秆长度大，杂草多，黑黏土整地质量差时，小麦播种往往壅土，播种不匀，或堵塞下种管，造成缺苗断垄。二是稻茬麦，由于土壤较黏，容易堵塞。在这种情况下，就要考虑采用圆盘式宽幅播种机。但圆盘式宽幅播种机主要有以下缺陷：一是苗带宽度不够，一般为5～6厘米；二是播量控制不够好，容易造成大播量，做不到精量播种。目前，圆盘式播种机主要应用范围：一是农民有用常规圆盘式播种机播种习惯的区域；二是整地粗放、秸秆、坷垃较多地块；三是产量目标要求中等或偏上的地块。

(七) 播后镇压

播种以后，一定要注意播种后镇压这个环节。播种后镇压是保证小麦正常出苗及根系正常生长，提高抗旱能力的有效措施。一般用带镇压装置的小麦播种机械，在播种时随种随压。未带镇压装置的要在小麦播种后用镇压器专门镇压1～2次。

二、小麦机播存在的主要问题

(一) 以旋代耕面积大

土壤耕层深厚、结构良好是小麦高产稳产的基础，由于生产上仍以旋耕为主，深度只有10～13厘米，造成土壤耕层变浅，导致表层土壤的蓄水能力降低，遇干旱，土壤透气跑墒严重。以旋代耕，这种耕作方式虽然操作方便，省工省时，但长期运用，会造成犁底层上升，紧实的土壤不利小麦根系下扎，使深层土壤的水分养分难以被吸收利用，影响小麦健壮生长和降低抗逆性，尤其在秸秆还田质量不好或没有深耕的情况下，小麦易旱易冻，造成缺苗断垄和早衰，对小麦高产构成威胁。

(二) 肥料施用不合理

当前不少地区农户存在盲目施肥现象，很多农户施肥都是采取"一炮轰"的方式，即一次性施入，有的每亩施三元素复合肥50～80千克，折合尿素量为30～50千克/亩，过量施用化肥，破坏土壤团粒结构，造成土壤板结和营养比例失调，供肥能力转弱，增加了小麦生长后期发生倒伏的概率。有关研究表明，一次性使用尿素的量超过25千克/亩的黏壤土，小麦易发生倒伏。还有的地区部分农户只施氮肥，不施磷钾肥；有的将肥料撒在地表，肥料利用率较低。长期不合理施用化肥，造成土壤中氮磷钾和微量元素失衡，小麦茎秆细弱，易引起后期倒伏，不仅不能提高产量，相反还会造成产量水平下降。

（三）种植规格不统一

目前山东省不同地区畦的大小、畦内小麦种植行距千差万别，严重影响了下茬玉米机械种植。由于小麦畦宽和种植行数不同，下季玉米种植时玉米行距大小不一，有的行距偏大或偏小，有的大小行种植，玉米行距 30～80 厘米不等，而玉米联合收获机的适宜玉米行距为 60 厘米，玉米行距大小不一致严重影响了玉米收获的效率和质量。

（四）播种时间不适宜

播种时间的不同对小麦的出苗、分蘖、各器官的形成以及产量都有重要影响。受气候变化影响，近年山东省小麦适播期整体后移，继续沿袭过去的 9 月底至 10 月初播种小麦已明显偏早，由于此时气温仍然较高，造成小麦冬前个体发育进程快，冬前群体在 100 万以上，形成旺长群体。小麦群体过大，植株养分易过度消耗，来年容易转化为弱苗，也为后期小麦早衰、倒伏埋下隐患。

（五）种子播量偏大

部分农户和机手存在"有钱买种、没钱买苗"的思想，小麦播种量偏大现象比较普遍。在小麦生产过程中，部分农民总是存有"播量少，麦苗稀、穗子少、产量低"的错误观念，因而造成盲目加大播种量的现象。在适期播种的范围内，每亩播种量就达到15～20千克，有的甚至更多。小麦分蘖后冬前麦苗拥挤，田间通风透光不良，个体生长细弱，特别是冬前气温高的年份，麦苗徒长，甚至拔节，造成小麦越冬死苗。即使有的麦田没有造成越冬死苗，但群体过大易造成郁闭的生长环境，田间通风透光不良，根系发育差，易倒伏，年后麦苗也不壮，容易发生纹枯病等病害，不利于小麦高产。

（六）播种深度不合理

部分地区有的农民认为小麦播的浅了容易冻死，播种深抗冻；

还有部分地块因为旋耕后土壤太暄，导致播种过深，有的播深5厘米以上，深的达8厘米。根据多年田间调查，冬季小麦死苗与播种深度没有相关性，一般是由麦苗不壮、土壤干旱或品种抗冻能力弱造成。播种过深出苗时间延长，消耗养分（胚乳）过多，形成深播弱苗，影响冬前分蘖，不利于形成壮苗，还会造成冬季黄苗、死苗，后期易感染茎基腐病、腥黑穗病等。生产实践表明，播深造成的危害，即使采取追肥浇水等措施也往往收不到好的补救效果，对产量影响较大。

（七）播后镇压面积少

播后镇压不但可以起到节水保墒的作用，还有促进小麦出苗、苗齐苗壮，提高抗旱和抗寒能力的作用。但目前山东省部分地区，不少农户小麦播种后不进行镇压，导致出苗不齐，抗旱、抗寒能力下降，从而影响了小麦产量的提高。

三、提高小麦播种质量的技术建议措施

（一）在秸秆精细还田基础上，科学施用化肥

研究表明，决定小麦产量高低根本在土壤肥力。施肥对增产的贡献仅小于土壤基础肥力对产量的贡献，小麦吸收总氮中，土壤氮占 2/3，肥料氮占 1/3，说明培肥地力是增产的根本。在目前生产条件下，秸秆还田是秸秆资源化利用的现实主要途径，要注意提高技术到位率，提高还田效果，秸秆切碎长度尽量不超过 5 厘米。要科学施用化肥，根据土壤肥力水平和产量目标确定化肥施用量，依据测土配方数据，确定氮、磷、钾、微肥的合理配比，做到减量精准配方施肥。一般麦田全生育期每亩施纯氮 14～16 千克，其中底施纯氮 6～8 千克、五氧化二磷 7～8 千克，缺钾地块每亩补施氧化钾 6～7 千克。积极推广深层施肥技术，采用施肥播种复式作业机械，肥料施于种子侧下方 3～5 厘米，这样可以大幅提高肥料利用率。

（二）深耕、旋耕、镇压相结合，提高播种质量

深耕或深松，能疏松耕层，降低土壤容重，改善通透性，提高土壤蓄水保肥能力，促进小麦根系下扎。对秸秆还田地块，要深耕

25 厘米左右，为降低生产成本，可 3 年轮回进行 1 次深耕。深耕、旋耕和镇压相结合，可以解决土壤暄松，播种过深的问题。一般地块最好旋耕 2 次以上，注意第一遍旋耕深度必须达 15 厘米左右，第二次旋耕深度达 10~12 厘米。旋耕机作业中，应尽量低速慢行，这样可以保证作业质量使土壤细碎平整、减少机件磨损，防止因部分根茬的存在影响播种质量，出现下籽深浅不一和缺苗断垄的情况。旋耕后最好镇压 1~2 次，播前还要注意整平，否则，坷垃多，土壤暄松，容易造成小麦播种过深，形成深播弱苗，还易跑墒。合理的播种深度在 3~5 厘米，不宜过浅或过深。据调查，小麦播后镇压麦苗年后返青快，比不镇压多 1~2 个蘖，麦苗素质优势明显。

（三）适期适量播种，控制群体结构和质量

确定小麦适宜播种期是以小麦从播种到越冬时形成冬前壮苗为标准的。适期播种，冬前个体发育健壮，3 叶以上大蘖能达到 3~5 个，群体成穗数量有保证。基本苗是小麦群体结构形成的起点，对小麦群体的发展具有关键作用，基本苗合理，以后的管理就会主动，反之亦然。近年来，随着小麦宽幅精播机械的普及应用，小麦播量已明显下降，但仍有部分农户认识不足，固守"大播量，容易拿全苗"的陈旧观念，播量仍然偏大。小麦是分蘖成穗的作物，在单位面积穗数相当的情况下，基本苗越少，越有利于培育壮苗，群体质量越高，小麦的抗病、抗倒伏能力越强，单位面积产量越高，反之亦然。

（四）秋种想夏，搞好小麦-玉米种植规格衔接

秋季种植小麦之前，各地应充分考虑农机农艺结合的要求，按照夏季玉米机械种植规格的要求，确定好适宜的畦宽和小麦播种行数和行距。建议全省重点推荐以下三种种植规格：

第一种：畦宽 3.0 米，其中，畦面宽 2.6 米，畦埂 0.3~0.4 米，畦内播种 10 行小麦，采用宽幅播种，苗带宽 8~10 厘米，畦内小麦行距 0.28 米。下茬在畦内种 5 行玉米，玉米行距 0.6 米左右。

第二种：畦宽 2.4 米，其中，畦面宽 2 米，畦埂 0.3~0.4 米，畦内播种 8 行小麦，采用宽幅播种，苗带宽 8~10 厘米，畦内小麦

行距 0.28 米。下茬在畦内种 4 行玉米，玉米行距 0.6 米左右。

第三种：畦宽 1.8 米，其中，畦面宽 1.4 米，畦埂 0.3～0.4 米，畦内播种 6 行小麦，采用宽幅播种，苗带宽 8～10 厘米，畦内小麦行距 0.28 米。下茬在畦内种 3 行玉米，玉米行距 0.6 米左右。

具体选用哪种种植规格应充分考虑水浇条件等因素，一般水浇条件好的地块尽量要采用大畦，水浇条件差的采用小畦。

（五）切实做到播后镇压

连续多年的实践证明，小麦播种后适时搞好镇压是一项抗旱、保苗的有效措施，玉米秸秆还田加之深松或旋耕造成土壤暄松，通过播后镇压可以有效地碾碎坷垃、踏实土壤、增强种子与土壤的紧密接触，即可提高出苗率，又可减少冬前土壤水分蒸发，抗旱、保苗效果明显。建议在小麦播种后土壤表层墒情适宜时，利用专用镇压器进行镇压作业，镇压器重量应在 100～130 千克/米。应根据小麦播种面积、农机作业时间和作业量，配备足够数量的镇压机械，力争做到播后镇压技术的全覆盖。

镇压原则：湿地压干，干地压湿，即造墒，等墒情充足。播种的地块镇压应在小麦播后地表见干时进行，做到暄土镇压。过早因土壤湿度大，易使土壤表层被轧僵；过晚土壤表层失水过多，镇压作用降低，而且影响小麦出苗；借墒等墒情较差地块，播种后立即进行镇压保墒，减少水分蒸发。

（六）搞好机具检修和机手培训，规范播种作业

小麦高产是"种"出来的，"七分种，三分管"是小麦高产的关键。"七分种"中机手和机械又占到整个播种过程的七分，农户占三分。各种机具在上季使用和长时间放置后，由于受外界及自身因素影响，各零部件会松动、功率会下降，各配合间隙会产生变化，造成机械性能变差。使用前几天一定要按照要求，进行保养和检修，使之以良好的状态进入田间作业，避免在使用过程中出现故障，影响作业质量。播种前对机手进行培训，使他们掌握播种技巧，熟悉农机农艺结合的重要性，提高播种技术，促进农机农艺新技术的有机融合。

小麦机械化播种过程中，应该确保播种机具行进匀速。一般放在二档的速度前进。对于田间状态较好，在不影响播种质量的前提下，可以适当增加播种速度，但最大不能超过三档。播种过程中应该密切观察播种箱内种子的使用量，及时添加种子，确保种箱内的种子始终维持在种箱容积的 1/3 以上。播种过程中应该密切观察播种机各个部件连接是否正常，特别是要重点检查排种器是否排种，是否发生了堵塞。机械化播种过程中，禁止机械倒退，如果需要转弯时，应将播种设备提起，并将其中的杂物杂草及时清除。必须倒退时，应将播种机的开沟器和划印器同时提起。在更换播种地、小麦品种、操作人员之前，均应该对机械设备的完好情况、播种量进行检查。播种当中如果遇到机械故障时，应立即停止机器运转，将故障排除之后，才能够继续进行播种。

第二节　小麦宽幅精量播种技术与装备

21 世纪初，山东农业大学余松烈院士和董庆裕老师联合提出了小麦宽幅精播高产栽培技术。该技术将传统小行距密集条播改为等行距宽幅播种，将传统密集条播籽粒拥挤一条线改为宽播幅种子分散式粒播，有利于种子分布均匀，无缺苗断垄、无疙瘩苗，克服了传统播种机密集条播，籽粒拥挤，争肥、争水、争营养，根少苗弱的缺点，充分利用个体的生长空间，协调了地下与地上、个体与群体发育生长的关系，一般亩增产 8% 以上，节本增产效果显著。

小麦宽幅精播高产栽培技术的提出，是小麦生产中一次重大的革新。原山东省农业厅自该技术提出之初，就组织推广、机械、科研、教学等部门的有关专家，进行了试验示范和技术的组装配套，并将该技术作为主推技术在全省重点推广。该技术于 2010 年开始被列为山东省农业主推技术，于 2011 年开始被列为全国主推技术。目前，该技术已在全国小麦主产省得到了较广泛的示范推广应用。

一、播种机具的研制

20 世纪 80 年代初，山东农业大学余松烈院士提出了小麦精播高产栽培技术。该技术有效解决了大播量、群体差、穗小粒少、产量不高等问题，具有显著的节本增产效果，在全国得到了大面积推广应用。但近年来，主要是农村实行生产责任制以来，农民种地分散经营，规模小、种植模式多、种植密度大、播种机械种类多且机械老化等现象普遍存在，造成小麦精播高产栽培技术应用面积下降，小麦播量快速增加，部分地区平均每亩播种量达 15 千克以上，少数农户每亩播量达 20 千克左右，甚至 25～30 千克。大播量、大群体粗放管理十分突出，造成群体差、个体弱，产量徘徊的局面。

针对上述小麦生产播种机械老化、种类杂乱、行距小、播种差、播量大、个体弱、缺苗断垄、疙瘩苗严重、产量徘徊的生产状况，2006 年在山东农业大学余松烈院士的指导下，山东农业大学农学院董庆裕老师与郓城县工力有限公司联合研制了新型小麦宽幅精量播种机（图 5-1）。该机械主要有两大创新设计：一是将传统的精播机圆盘式外槽轮式排种器改为圆轴式单粒窝眼排种器；二是将单行管小脚开沟器改为双管宽脚开沟器（图 5-2）。众所周知，小麦生产上无论是外槽轮排种器，还是小麦精播机圆盘式排种器，其共同点都是小麦籽粒入土后都拥挤在一条线上，造成植株发育争肥、争水、争营养，形成根少苗弱的生长状况。原因就是开沟器小、耧脚铧窄。设计之初，董庆裕老师设想把小麦播种变成籽粒分离式或籽粒三角分散式，把排种器变成两排下种，前后各 6 个排种器，形成 12 个排种管，前后各 6 个耧脚，形成双行错位播种，然而在秸秆还田地块壅土严重难以运行。后来把 12 个排种管合并为 6 个，变成一腿双管播种，也就是把宽幅精播机两个排种管合并为一个管，加宽耧脚铧宽度，把传统单行播种一条线改变为一腿双行，把传统外槽轮式加圆盘式排种器改变为圆轴单粒窝眼式排种器，让籽粒分散均匀，苗带宽度变为 7～10 厘米，这样扩大了个体生长空间，有利于根多苗壮，提高了植株的抗逆性、抗倒性。小麦宽幅精播机经过产品设计、研发生产、试验示范、改进完善等环节最终研制成功，由一腿双行改为宽幅播种，解决了籽粒入土拥挤、缺苗断垄、疙瘩苗等问题，充分利用了个体的生长空间，协调了地下与地上、个体与群体发育生长的关系。

　　　　图 5-1　小麦宽幅播种机

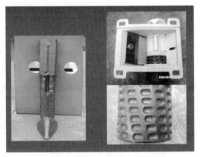
　图 5-2　小麦宽幅播种机的主要创新点

二、技术的确立与推广

　　小麦宽幅播种机具研制成功后，最初生产样机 10 台，2007 年秋种安排在河南、安徽、江苏、河北、山东五省小麦高产试验点进行试验验证。2008 年秋种生产样机 20 台，又安排在山东省 7 个县市 11 个小麦高产试验点进行试验示范。从试验示范情况看，小麦宽幅精播机主要有以下优点："扩大行距、扩大播幅、健壮个体、提高产量"。一是扩大行距。将传统小行距（15～20 厘米）密集条播改为等行距（22～26 厘米）宽幅播种。由于宽幅播种籽粒分散均匀，扩大了小麦单株营养面积，有利于植株根系发达，苗蘖健壮，个体素质高，群体质量好，提高了植株的抗寒性、抗逆性。二是扩大播幅。将传统密集条播籽粒拥挤一条线改为宽播幅（8 厘米左右）种子分散式粒播，有利于种子分布均匀，无缺苗断垄、无疙瘩苗，克服了传统播种机密集条播，籽粒拥挤，争肥、争水、争营养，根少苗弱的缺点。三是当前小麦生产多数以旋耕地为主，造成土壤耕层浅、表层暄，容易造成小麦深播苗弱、失墒缺苗等现象。小麦宽幅精量播种机后带镇压轮，能较好地压实土壤，防止透风失墒，确保出苗均匀，生长整齐。四是目前小麦生产使用的传统小麦播种机播种后需要耙平，人工压实保墒，费工费时；另外，随着有机土杂肥的减少，秸秆还田量增多，传统小麦播种机行窄拥土，造成播种不匀，缺苗断垄。使用小麦宽幅精量播种机播种能一次性完成，质量好，省工省时；同时宽幅播种机行距宽，并采取前二后四形耧脚安装，解决了因秸秆还田造成的播种不匀等现象。小麦播种后形成波浪形沟垄，使小雨变中雨，中雨变大雨，有利于集雨蓄水，墒足根多苗壮，小麦安全越冬。五是降低了播量，有利于个体发育健壮，群体生长合理，无效分蘖少，两极分化快，植株生长干净利索；也有利于个体与群体、地下与地上发育协调、同步生长，增强根系生长活力，充实茎秆坚韧度，改善群体冠层小气候条件，田间荫蔽时间短，通风透光，降低了田间温度，提高了营养物质向籽粒运输能力；更有利单株成穗多，分蘖成穗率高，绿叶面积大，功能时间长，延缓了小麦后期整株衰老时间，不早衰，落黄好。由于小麦宽幅精播健壮个体，有利于大穗型品种多成穗，多穗型品种成大穗，增加亩穗数（图 5-3）。

图 5-3　小麦宽幅播种出苗情况

小麦宽幅精量播种机的研制成功，是小麦生产中一次重大的革新，对小麦生产前期促根苗，中期壮秆促成穗，后期抗倒伏籽粒具有至关重要的作用和效果。经过前期的试验示范和探索，2008 年初形成了小麦宽幅精播高产栽培技术。2009 年小麦宽幅精量播种机获国家专利。

2008 年 5 月，借助于山东省现代农业项目，山东省农业技术推广总站根据省农业厅的统一部署，于秋种前通过政府招标的形式采购了 66 台小麦宽幅播种机，向 33 个现代农业项目县每县免费发送 2 台播种机械进行试验示范，得到了农户的普遍好评。通过财政申请，2009 年 9 月开始，山东省财政将小麦宽幅精播高产栽培技术列入省财政支持农业技术推广项目。从 2009 年至 2016 年，该技术连续七个年度获得山东省财政农技推广专项资金支持，共有 96 个县（市、区）承担了小麦宽幅精播高产栽培技术示范与推广项目。项目的实施，带动了该技术在全省的推广普及。该技术于 2010 年开始被列为山东省农业主推技术，于 2011 年开始，被列为全国主推技术。至 2020 年，小麦宽幅精播面积已占山东省小麦种植面积的 50% 左右。

三、常用机械

目前，山东省小麦宽幅播种机主要有两大类型：一种是楼腿式宽幅播种机，另一种是圆盘式宽幅播种机。两种宽幅播种机各有其适用范围。

按实现小麦苗带宽幅播种的原理不同，山东省常见小麦宽幅精量播种机的种类又可以分为双管并排箭铲式、宽种带双护翼圆盘式、双线排种圆盘式三种机型，现将三种小麦宽幅精量播种机结构特点、使用调整、维护保养等事项进行介绍。

（一）2BJK 系列小麦宽幅精量播种机

2BJK 系列小麦宽幅精量播种机是山东农业大学在研究小麦高产栽培理论基础上，与郓城县工力机械有限公司联合研制生产的小麦高产栽培播种机。

1. 主要结构与特点

（1）主要构造。2BJK 系列小麦宽幅精量播种机由机架、悬挂架、"人"字形筑畦器、排种（肥）总成、开沟器、覆土器、镇压驱轮、链条传动部件等部分组成（图 5-4）。排种总成由种子箱、排种器、排种量调节手柄、输种管等部件组成；排肥总成由肥料箱、外槽轮式排肥器、输肥管等部件组成；链条传动部件有镇压轴驱动链轮、排种器轴链轮、排种器驱动链条，排种器轴驱动链轮、排肥器轴链轮、施肥链条等部件组成。人字形刮板式筑畦器通过支撑架与机架链接。排种（肥）器可将种肥箱内的种子（肥料）精确、可控、定量地分离出来，形成连续不断均匀的种子（肥料）流，实现种子的等粒距播撒、肥料均匀施用。单行单体式镇压轮将苗带镇压，使种土相接，驱动排种器、排肥器，实现播种、施肥功能；且仿形地面，保持播深一致；破碎地表坷垃，种子覆土压实。

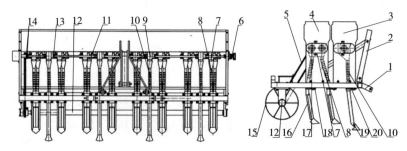

图 5-4　2BJK 型小麦宽幅精量播种机示意图

1. 机架　2. 悬挂架　3. 肥料箱　4. 种子箱　5. 链条　6. 播种、施肥量调节手柄
7. 排种器　8. 排种管　9. 排肥器　10. 输肥管　11. 排肥器轴　12. 镇压轮轴
13. 螺旋排种窝眼轮　14. 施肥链条　15. 镇压轮　16. 播种开沟器
17. 排种器轴　18. 播种开沟器固定螺栓　19. 施肥开沟器　20. 固定螺栓

（2）结构特点。与传统型小麦精量播种机相比，2BJK 系列小麦宽幅精量播种机采用螺旋窝眼外侧囊种排种器和双管并排箭铲式开沟器，决定了这种机型的精量排种、宽幅播种特性。

选用螺旋窝眼外侧囊种轮式排种器，实现精准排种。螺旋窝眼外侧囊种轮式排种器主要由排种盒、螺旋窝眼外侧囊种排种轮、阻塞轮、毛刷等部件组成（图 5-5）。工作时，窝眼排种轮在排种器轴带动下转动，靠近窝眼的种子单粒进入窝眼，窝眼中的种子随排种轮转动，通过排种毛刷，将种子逐粒单个排到输种管中，实现均匀精量排种，排种盒内、窝眼以外的种子，在毛刷阻挡下，留在排种盒内。小麦播种量通过播量调整手轮，调整排种轮工作长度，实现不同播种量的调整。

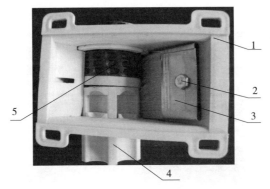

图 5-5　小麦螺旋窝眼精量排种器

1. 排种盒　2. 毛刷固定螺钉　3. 毛刷　4. 阻塞轮　5. 螺旋窝眼外侧囊种排种轮

　　发明双管并排箭铲式开沟器，实现宽苗带播种。双管并排箭铲式开沟器采用双下种管、双耧腿并排与箭铲开沟组合，开沟器底部装置凸起式分种板将种子均匀撒开，增加箭铲翼宽，达到宽幅开沟，实现宽幅播种（图 5-6）。为减少秸秆拥堵，开沟器在播种机架上采用前后两排安装。

图 5-6　双管并排箭铲式开沟器

1. 开沟铲体　2. 分种板　3. 下种管

　　采用"人"字形刮板式筑畦器，平整地表，构筑灌溉畦垄。刮板式筑畦器（图 5-7）具有掩埋拖拉机轮辙、平整畦面的作用，为播深一致创造条件。播种作业同时，筑扶灌溉垄，利于灌溉，刮去表层干土和盐碱土，将种子播在湿土中，实现提高出苗率等作用。

图5-7 "人"字形刮板式筑畦器

2BJK系列小麦宽幅精量播种机设计新颖，结构简单，调整方便，易于维修，适用于玉米秸秆粉碎质量高，耕整地精细，土壤压实的壤土、沙壤土地区小麦播种作业。

2. 工作原理 小麦宽幅精量播种机作业时，播种机通过悬挂架与拖拉机相连接，播种机在拖拉机牵引下前进，刮板筑畦器将地表干土刮开，填平拖拉机轮辙，在播种机两侧形成一个畦垄；开沟器开出一条8～10厘米宽的种沟；播种机镇压轮在地表滚动，带动传动链轮，通过链条驱动精量排种器轴转动，实现均匀精量排种；同时排种器轴链轮带动另一个链条，驱动排肥器轴转动，实现肥料外排；肥料颗粒经输肥管、肥料开沟器施到土壤中；均匀排出的种子通过输种管、开沟器下种管，经分种板均匀落到种沟内，覆土器随即将种子覆土掩埋，镇压轮对种沟镇压，完成播种作业过程。

3. 主要结构与性能参数

（1）型号与参数。根据《农机具产品型号编制规则》（JB/T 8574—2013），各类农业机械主要技术参数可从型号中进行基本识别。2BJK系列小麦宽幅精量播种机一般由型号代表其主要技术参数，其型号字母参数意义如下：

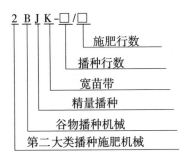

（2）主要型号参数。2BJK系列小麦宽幅精量播种机主要有6行、8行、9行、12行4种机型，各型号主要参数见表5-1。

表5-1　2BJK系列小麦宽幅精量播种机主要型号参数

型号	2BJK-6/3型	2BJK-8/4型	2BJK-9型	2BJK-12/6型
工作幅宽（厘米）	165	215	240	282
播种行数	6	8	9	12
排种器形式	螺旋外囊孔	螺旋外囊孔	螺旋外囊孔	螺旋外囊孔
排种器数量	6×2	8×2	9×2	12×2
播种行距（厘米）	25	25	25	25
播种量（千克/亩）	4.6～30	4.6～30	4.6～30	4.6～30
排肥器形式	外槽轮式	外槽轮式	—	外槽轮式
施肥深度（厘米）	5～7	5～7	—	5～7
施肥量（千克/亩）	10～80	10～80	—	10～80
施肥开沟器形式	锄铲式	锄铲式	—	锄铲式
施肥行数	3	4	—	6
施肥开沟器数量	3	4	—	6
小麦苗带宽度（厘米）	6～8	6～8	6～8	6～8
播种深度（厘米）	3～5	3～5	3～5	3～5

（续）

型号	2BJK-6/3 型	2BJK-8/4 型	2BJK-9 型	2BJK-12/6 型
播种开沟器形式	双管箭铲式	双管箭铲式	双管箭铲式	双管箭铲式
播种开沟器数量	6	8	9	12
传动方式	链条	链条	链条	链条
镇压轮形式	橡胶圆轮	橡胶圆轮	橡胶圆轮	橡胶圆轮
配套拖拉机动力（千瓦）	14～20	37～44	37～44	44～59
作业效率（亩/时）	6～10	8～15	10～18	18～25

4. 安装与调整

（1）安装与挂接。由于播种机结构比较简单，部件企业一般送货。因此，机手需要将部件组装成整机。组装时，将机架放在平坦的场地，首先安装播种开沟器，在机架上均布各开沟器，在两开沟器中间位置装配施肥开沟器；其次安装镇压轮总成；再次安装种、肥箱总成；然后调整镇压轮位置，使之与播种开沟器在一条直线上；最后装配传动链条。播种机与拖拉机挂接时，播种机下悬挂支架与拖拉机下悬挂拉杆连接，再把上悬挂支架与拖拉机上悬挂拉杆连接，然后穿上销轴及锁定销。调节拖拉机悬挂架中间调节杆，使播种机前后处于水平；调紧悬挂拉杆的两个限摆链，确保播种机工作时，链条传动平衡可靠。

（2）调整。播量调整：小麦播种量调节机构如图 5-8 所示。调整时，首先将种箱外端排种器轴上的锁紧螺母松动，向外端拨动锁紧卡圈，然后转动调整手轮，调整排种轮工作长度，每个排种轮每个窝眼播量为 4.6 千克/亩（种子饱满、干燥的情况下），表 5-2 是播种量调整参考表。在实际播种过程中，种子品种不一、干湿度不一、包衣原料不一，播种量也不一样，需要小面积试播，以确定播种量。

调整符合要求后，将锁紧卡圈推向种子箱，卡子进入卡槽，然后拧紧锁紧螺母，否则将影响播量或损坏排种器。

图 5-8　播种量调整机构示意图

1. 种子箱　2. 锁紧卡圈　3. 锁紧螺母　4. 播量调节手柄

表 5-2　播种量调整参考

前排排种轮工作窝眼个数	1	1	2	2	3	3	4	4	5	5
后排排种轮工作窝眼个数	0	1	1	2	2	3	3	4	4	5
每亩播种量（千克）	4.6	9.2	13.8	18.4	23	27.6	32.2	36.8	41.4	46

施肥量调整：首先将肥料箱外端排肥器轴上的锁紧螺母松动，然后转动调节手柄，调整外槽轮式排肥轮工作长度，排肥轮工作长度每增加 1 毫米，亩施肥量增加 3 千克，调整到符合农艺要求后，拧紧锁紧螺母。否则，可能造成施肥量不准或损坏排肥器。

播种行距调整：将播种开沟器 U 形螺栓上的螺母松动，左右调整开沟器位置，满足农艺要求时，拧紧固定螺母。

播种深度调整：调整拖拉机的两悬挂支臂和竖直拉杆，进行播种深度调节。两悬挂支臂伸长，则播种深度变浅；两悬挂支臂缩短，则播种深度增加。

机具作业前，先试播 10～20 米，检查开沟器播种深度是否一致。如不一致，要单行调整开沟器上下位置。

（二）2BFJP 型系列小麦宽苗带施肥精量播种机

2BFJP 型系列小麦宽苗带施肥精量播种机是兖州大华机械有限公司，针对黄淮两作区农业生产特点，组织农机农艺技术人员研发的，装配螺旋平地起垄器、宽苗带双圆盘开沟器的小麦精量播种机。

1. 主要结构与特点

（1）主要构造。2BFJP 型系列小麦宽苗带施肥精量播种机主要由机架、平地机构、种肥箱总成、传动机构、开沟器、镇压机构等部分组成（图 5-9）。机架由钢管焊接而成，主要用于安装种肥箱、开沟施肥装置、平地机构等部件；平地机构由传动箱体、传动立轴、分土器、搅龙轴、螺旋叶片、搅龙罩、支架等部件组成，通过支架固定在机架上；种肥箱总成由连体种肥箱、排种（肥）器、排种（肥）器轴、排种（肥）量调节手柄、传动链条等部件组成；播种施肥传动机构由地轮、链条、中间轮、排种（肥）轴等部件组成；播种开沟器有圆盘轴、双工作圆盘、下种管、梯形分种板、两侧护翼、连接板等部件组成，播种开沟器通过连接板与机架固定；施肥开沟器采用尖铲式开沟器，由下肥管与机架直接连接；镇压轮有泥土清理机构、镇压强度调整机构、挂架支架、镇压轮轴等部件组成，通过挂架支架机架链接。

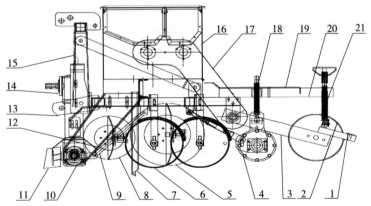

图 5-9　2BFJP 型小麦宽苗带施肥精量播种机示意图

1. 刮泥清理机构　2. 镇压轮总成　3. 传动机构　4. 碎土轮　5. 筑垄侧边圆盘
6. 播种圆盘开沟　7. 施肥开沟器　8. 筑垄中间圆盘　9. 连接杆　10. 平地搅龙
11. 中间箱体分土器　12. 搅龙罩　13. 下悬挂座　14. 变速箱　15. 搅龙调节手柄
16. 种肥箱　17. 链条传动护板　18. 埋墒轮调节器　19. 脚踏板
20. 机架　21. 镇压强度调节器

（2）结构特点。与传统其他型号宽幅播种机相比，2BFJP 型系列小麦宽苗带施肥精量播种机采用螺旋机构平整地表，双护翼分种圆盘开沟器宽苗带播种，碎土轮覆土碎土，通体镇压轮镇压，具有小麦播种宽苗带、种土紧密结合、保墒提墒的效果。

改用螺旋搅龙式平地机构，减少壅土，提高平地质量。螺旋搅龙式平地机构通过中间传动箱体、两侧支架与机架连接（图 5-10）。拖拉机动力输出轴，通过中间变速箱、立轴、涡轮、搅龙轴变速传动后，驱动搅龙平地机构旋转。旋转的搅龙将高出搅龙轴的地表土壤，沿轴向播种机两侧推移，掩埋拖拉机轮辙、平整畦面。多出的土壤，在起垄圆盘的作用下，堆积筑垄，为灌溉创造条件。

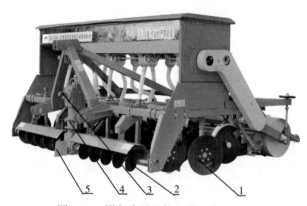

图 5-10　搅龙式平地筑垄器工作原理图
1. 筑垄圆盘　2. 搅龙　3. 动力传动轴　4. 变速箱　5. 分土器

发明宽苗带双护翼分种圆盘开沟器，实现宽苗带均匀播种。企业技术人员与农机推广人员针对双管耧腿式宽幅开沟器在秸秆还田地块作业易拥堵、通过性差的问题，创新发明了宽苗带双护翼分种圆盘开沟器，其结构如图 5-11 所示。在通过性较好的圆盘开沟器下种管下方，创新设计了梯形分种板、沿梯形两腰增设双护翼、顶部增设盖板，梯形分种板表面设有 2～5 条射线状导种槽、前部宽 2～3 厘米后部宽 8～12 厘米，以实现种子宽苗带播种。宽苗带双护翼分种圆盘开沟器解决了耧腿式播种机在秸秆还田地块作业中土壤拥堵、籽粒覆盖不严的问题，有效提高播种质量。

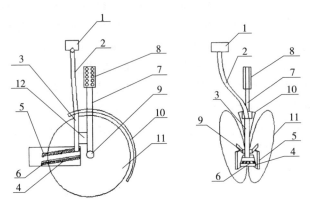

图 5-11 宽苗带圆盘开沟器结构示意图
1. 排种盒 2. 输种管 3. 下种管 4. 分种板 5. 护翼
6. 导种槽 7. 连接板 8. 机架 9. 圆盘轴 10. 防护板 11. 工作圆盘

增设碎土轮，提高碎土掩埋能力。埋墒轮以花轮圆盘做骨架，圆周间隔焊接空心细圆钢。工作时，在机架带动下滚动，细小圆钢作用面积小、压力大，将地表坷垃压碎，粉碎的土壤将播下的种子严密覆盖，提高了播种机覆土碎土能力。

选用圆柱体镇压轮，提高镇压强度和提墒保墒能力。2BFJP型系列小麦宽苗带施肥精量播种机选用的大直径圆柱体镇压轮，重量大、压力强。当镇压强度不符合要求时，可通过增设的镇压强度调整手柄，增加镇压强度。作业时，机组牵引镇压轮在播种后地表滚动，将播幅内土壤全部镇压，压实压透，地表平整，土壤毛管恢复，提墒保墒，利于种子发育出苗。

2BFJP型系列小麦宽苗带施肥精量播种机设计新颖，制作质量高，宽苗带播种可靠性高，一次进地完成平地、筑畦、开沟、施肥、播种、覆土、镇压等多道工序，适于平原与丘陵灌区精量条播小麦种植。

2. 工作原理 播种机组作业时，播种机通过悬挂架与拖拉机相连接，播种机在拖拉机牵引下前进，拖拉机动力输出驱动螺旋平地机构旋转，旋转的搅龙将地表土壤推动到播种机两侧，填沟壑、埋轮辙，平整畦面；两侧前后筑垄圆盘将搅龙推出的土壤、以及圆盘自身挖出的土壤，在播种机两侧扶筑起灌溉畦垄；施肥开沟器的箭铲在土壤中开出 8～12 厘米深的肥沟；宽苗带播种开沟器圆盘在地表开出 2～5 厘米深、6～12 厘米宽的种沟；镇压轮通过链轮、链条等传动机构，驱动排肥器轴、排种器轴转动，肥、种轴带动外槽轮式排种（肥）轮转动，将种子、肥料从种（肥）排到输种（肥）管，肥料直接进入肥沟，种子在梯形分种板和导种槽的作用下，均匀撒到宽 6～12 厘米的种沟内；箭铲开沟器推出的土壤直接回流到肥沟内，回覆的土壤将肥料直接掩埋；播种开沟器圆盘开沟推出的土壤，随着圆盘的转动，深层含水较高的湿土首先流到沟中覆盖种子，其次是含水量低的表层土壤回覆在地表；碎土轮在覆盖后的地表滚动，压实土壤，破碎坷垃，进一步覆盖肥料、种子。镇压轮对地表进行深度镇压，紧密结合土壤种子，完成宽苗带播种作业。

3. 主要结构与性能参数

（1）型号与参数。按照农机具产品型号编制规则，2BFJP 系列小麦宽苗带精量播种机主要技术参数可通过型号表述。其型号字母参数意义如下：

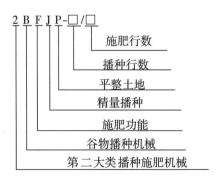

（2）主要型号参数。2BFJP 系列小麦宽苗带施肥量播种机主要有小麦 8 行、9 行、10 行 3 种机型，各型号主要参数见表 5-3。

表 5-3　2BJK 系列小麦宽幅精量播种机主要型号参数表

型号	2BFJP-8/4 型	2BFJP-9 型	2BFJP-10/5 型
工作幅宽（厘米）	200	230	270
播种行数	8	9	10
平地方式	螺旋搅龙式	螺旋搅龙式	螺旋搅龙式
平底机构传动方式	齿轮、齿杆	齿轮、齿杆	齿轮、齿杆
筑垄器形式	前、后圆盘式	前、后圆盘式	前、后圆盘式
排种器形式	直外槽轮式	直外槽轮式	直外槽轮式
排种器数量	8	9	10
播种行距（厘米）	26	26	26
播种量（千克/亩）	5～15	5～15	5～15
排肥器形式	外槽轮式	—	外槽轮式
施肥深度（厘米）	8～12	—	8～12
施肥量（千克/亩）	80～120	—	80～120
施肥开沟器形式	箭铲式	—	箭铲式
施肥行数	4	—	5
施肥开沟器数量	4	—	5
小麦苗带宽度（厘米）	10	10	10
播种深度（厘米）	2～5	2～5	2～5
播种开沟器形式	双护翼分种圆盘式	双护翼分种圆盘式	双护翼分种圆盘式
播种开沟器数量	8	9	10
排种（肥）传动方式	链条	链条	链条
碎土轮形式	圆柱笼式	圆柱笼式	圆柱笼式
镇压轮形式	圆柱通体式	圆柱通体式	圆柱通体式
配套拖拉机动力（千瓦）	≥36.8	≥36.8	≥36.8
作业效率（亩/时）	15～30	15～30	15～30

4. 安装与调整

（1）安装与挂接。与 2BJK 系列小麦宽幅精量播种机相比，2BFJP 系列小麦宽苗带精量播种机结构复杂，一般整机发送，用户和机手不需要再自行组装。参考 2BJK 系列小麦宽幅精量播种机与拖拉机挂接方式，进行挂接。挂接完成后，调整上悬挂拉杆，使播种机前后处于水平状态；调节液压悬挂左右调节杆，使机架左右处于水平状态；调紧悬挂拉杆的两个限摆链，减少播种机在工作或运输时左右摇摆幅度。

（2）调整。平地机构调整：平地机构安装在播种机前部，与拖拉机后动力输出轴通过万向联轴器连接，传动立轴带动搅龙旋转。要取得较好的平地效果，机械试播时，首先要通过搅龙调节手柄，调节搅龙上下位置，使搅龙叶片 1/2 的高度部分进入到土壤中。其次要调节搅龙罩上下位置，使搅龙叶片与搅龙罩间距离靠近，两者相互配合，带动土壤流动，确保地表平整。搅龙罩位置调节如图 5-12 所示。

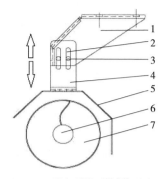

图 5-12　搅龙罩位置调节示意图
1. 平地器上连接板　2. 调节孔
3. 紧固螺母　4. 搅龙罩下连接板
5. 搅龙罩　6. 搅龙轴　7. 搅龙叶片

圆盘筑垄器调整：正反转动起垄器升降摇柄，可使起垄圆盘支杆上下移动，以调整筑垄圆盘入土深浅。入土深，畦垄筑的宽大，适于大水量漫灌区域；入土浅，畦垄筑得窄小，适于小水量灌溉或小白龙灌溉区域。松开下支杆上圆盘方向紧固螺母，可以调整圆盘平面与前进方向的夹角，夹角越大，畦垄底部距小麦播种苗带越远；反之，夹角越小距离越小。调整时，要根据土壤情况、试播情况进行调整，每次调整后，都要将螺母紧固。筑垄器调节如图 5-13 所示。

播种（肥）量调节：2BFJP 系列小麦宽苗带精量播种机采用传统直外槽轮式排种（肥）器，通过排种（肥）轮两端的卡子固定在排种（肥）轴上。排种（肥）轮在排种（肥）盒内的长度为工

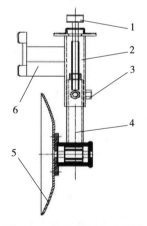

图 5-13　筑垄器调节示意图
1. 上下调节手柄　2. 上支杆
3. 角度调节螺母　4. 下支杆
5. 筑垄圆盘　6. 机架连接板

作长度，各排种器工作长度应一致。否则，应松开卡子，调整工作长度。播种（肥）量调整参考 2BJK 型宽幅精量播种机办法，松开调整手柄卡子，转动调节手柄，调整排种（肥）轮工作长度。参考值如下：排种轮工作长度每增加 0.5 厘米，每亩播种量增加 5.5 千克；排肥轮工作长度每增加 0.5 厘米，每亩施肥（复合肥）量增加 10.5 千克。调整后拧紧卡子。排种（肥）轮工作长度与播种量（施肥量）关系（图 5-14）。在播种时，由于种子品种与肥料颗粒度，以及各自的含水量不同，参考上述办法调整后，应进行小面积试播，核实播种、施肥量，再进行微调，达到农艺要求。

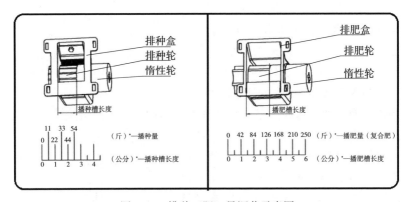

图 5-14　排种（肥）量调节示意图

播种深度调节：播种机安装带有弹性伸缩装置的圆盘开沟器，自动仿形，保持各行播深一致，因此，这款机型较适用于整地质量粗放地块。当开沟器自我调节功能失效时，可通过调整镇压轮调节器手柄，提升或降低镇压轮位置，调节播种深度。镇压轮上升，播种深度增加；反之，镇压轮下降，播种深度变浅。

（三）2BMF 型系列小麦宽幅施肥播种机

2BMF 型系列小麦宽幅施肥播种机是保定市鑫飞达农机装备有

＊　斤为非法定计量单位，1 斤＝500 克；公分为非法定计量单位，1 公分＝1 厘米。——编者注

限公司，根据黄淮地区农业生产特点，结合农艺要求研究设计的新型双线宽幅小麦播种机，有效克服了传统小麦播种机苗带窄、不易通风等缺点。

1. 主要结构与特点

（1）主要构造。2BMF 型系列小麦宽幅施肥播种机主要由机架焊合、平地筑垄总成、种肥箱总成、传动机构、双线圆盘开沟器、镇压机构等部分组成（图 5-15）。机架采用管材焊接而成，结构合理，强度大，适应性好，主要用于拖拉机挂接牵引，装配种肥箱、开沟器、筑垄器等部件。平地筑垄总成由多个叠加圆盘组成，工作阻力小；种肥箱总成由连体种肥箱、排种（肥）器、排种（肥）器轴、排种（肥）量调节手柄、传动链条等部件组成；播种开沟器由工作圆盘、圆盘轴、下种管、分种板等部件组成，播种开沟器通过连接杆与机架固定；施肥开沟器采用双圆盘开沟器，由下肥管与机架直接连接；播种施肥传动机构由地轮、链条、中间轮、排种（肥）轴等部件组成；镇压轮有泥土清理机构、镇压强度调整机构、挂架支架、镇压轮轴等部件组成，通过挂接支架与机架链接。

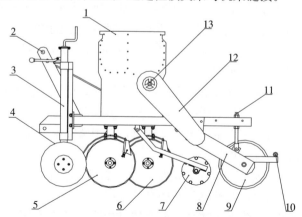

图 5-15 2BMF 型小麦宽幅施肥精量播种机结构示意图
1. 种肥箱 2. 机架焊合 3. 起垄器装配 4. 平沟器装配
5. 施肥开沟器 6. 播种开沟器 7. 小花滚 8. 主传动链盒组合
9. 镇压滚组合 10. 刮土板 11. 镇压滚调节 12. 链盒 13. 手轮调节装置

（2）结构特点。采用双线圆盘开沟器，苗带宽、通过性好。双线排种盘内侧采用了双下种管和"∧"形分种板（图5-16）。使用双管下种管，能使播在种沟内的种子分成两个苗带；使用"∧"形分种板，使种子能够均匀地散开在播种沟内；上护板保护下落的种子不受坷垃等杂物影响；侧护板具有保护种子顺利下滑到种床内、清理开沟圆盘内侧杂草、拓宽种床宽度的功能。双线排种盘宽度从普通的4～6厘米，加宽到6～8厘米，从而使苗带加宽。

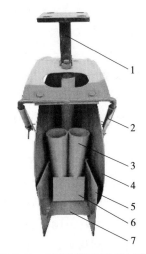

图5-16 双线圆盘开沟器示意图
1. 连接杆 2. 刮土板 3. 下种管
4. 开沟圆盘 5. 侧护板
6. 上护种板 7. 分种板

播种开沟盘增设内外刮土装置，播种质量提高。双线圆盘开沟器在两圆盘外侧增设了刮土板，内侧增设侧护板，起到清理圆盘内侧土壤作用。圆盘内外刮土装置的设计，避免产生土种混合、深浅不一、无双线的弊病，保证了双线种子不断行、深浅均匀、粒粒入土，有效提高播种质量。

选用双排螺旋排种盒，提高排种均匀性。排种器选用双排排种盒，通过双下种管与双线排种器连接，形成双线排种，解决了单排种盒排种不均、易产生缺苗断垄现象；采用螺旋排种轮，降低排种脉冲性，提高排种均匀性。

采用圆盘施肥、播种开沟器，提高机组通过性。播种机的施肥、播种开沟器，全部选用双圆盘开沟器。目的一是滚动的圆盘将土壤秸秆下压，降低了堵塞、缠绕的可能性；二是开沟圆盘推开的土壤分层流回，底层含水高的土壤最先流回与种子紧密接触，利于发芽出苗；三是圆盘开沟器采用双列轴承，运转阻力小，拖拉机负荷轻，节油环保，生产效率高；四是开沟器体采用优质钢材焊接，耐磨性能强，使用寿命长。

选用圆盘平地筑垄器，牵引阻力小，筑垄调整方便。播种机装配两组 6 个平地圆盘，叠加形成"人"字形，如图 5-17 所示。工作时，平地圆盘将播幅内的高处土壤推向播种机两侧，掩埋拖拉机轮辙，平整畦面；筑垄圆盘将推出的多余土壤及自己挖取的土壤筑扶成畦垄，畦垄大小可通过调节手柄和圆盘工作角度调节。

图 5-17　圆盘筑垄平地机构工作示意图
1. 调节手柄　2. 筑垄圆盘　3. 平地圆盘

采用 U 形螺栓连接，组装快捷、调整方便。工作部件与机架均采用 U 形螺栓连接，组装快捷、紧固可靠；传动链条采用 08B 型双排链条，拉力强、通用性好，配件容易购买。

2. 工作原理　播种机组作业时，拖拉机牵引播种机前行，平地圆盘转动，将高处的土壤推到低凹处，掩埋轮辙，平整畦面；两侧的垄圆盘将平地圆盘推出的土壤及圆盘自身挖出的土壤，在播种机两侧扶筑起灌溉畦垄；施肥开沟器的圆盘在土壤中开出一条肥沟；播种开沟器圆盘在地表开出宽 6～8 厘米的种沟。镇压轮通过链轮、链条等传动机构，驱动排肥器轴、排种器轴转动，肥、种轴带动外槽轮式排种（肥）轮转动，将种子、肥料从种（肥）箱排到输种（肥）管；肥料进入肥沟，种子在"∧"形分种板的作用下，均匀撒到宽 6～8 厘米的种沟内，形成两条种线；圆盘开沟器推出的土壤，随着圆盘的转动，深层含水较高的湿土首先流到沟中覆盖种子（肥料），其次是含水量低的表层土壤流回种肥沟；碎土小花轮在机组牵引下，在覆盖后的地表滚动，破碎坷垃，压实土壤，进一步覆盖肥料、种子。镇压轮对地表进行深度镇压，紧密结合土壤种子，恢复土壤毛管，提墒保墒，完成宽苗带播种作业。

3. 主要结构与性能参数

（1）型号与参数。按照《农机具产品型号编制规则》（JB/T 8574—2013），2BMF系列小麦宽幅施肥播种机型号字母代表的主要技术参数意义如下。

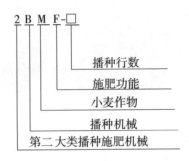

（2）主要型号参数。2BMF系列小麦宽幅施肥精量播种机主要有6行、8行、9行3种机型，各型号主要技术参数见表5-4。

表5-4　2BMF系列小麦宽幅施肥播种机主要型号参数表

型号	2BMF-6型	2BMF-8型	2BMF-9型
工作幅宽（厘米）	168	1 800	2 100
播种行数	6	8	9
平地方式	圆盘式	圆盘式	圆盘式
筑垄器形式	圆盘式	圆盘式	圆盘式
排种器形式	螺旋外槽轮式	螺旋外槽轮式	螺旋外槽轮式
排种器数量	12	16	18
播种行距（厘米）	21～28	24～26	24～26
播种量（千克/亩）	0～35	0～35	0～35

（续）

型号	2BMF-6 型	2BMF-8 型	2BMF-9 型
排肥器形式	外槽轮式	外槽轮式	—
施肥深度（厘米）	5～6	5～6	—
施肥量（千克/亩）	0～30	0～30	—
施肥开沟器形式	圆盘式	圆盘式	—
播种深度（厘米）	3～5	3～5	3～5
播种开沟器形式	双圆盘式	双圆盘式	双圆盘式
播种开沟器数量（个）	6	8	9
排种（肥）传动方式	链条	链条	链条
工作速度（千米/时）	5～8	5～8	5～8
作业效率（亩/时）	3～5	4～6	5～7
配套拖拉机动力（千瓦）	13.2～14.7	29.4～44.1	29.4～44.1

4. 安装与调整

（1）安装与挂接。用户首先要对照发货清单逐一清点机件的数量及完好程度，选择在平整清洁的场地上进行安装。机架与开沟器用两个 M12 U 形卡子，固定在机架后方两根方管下面，前后开沟器错开；镇压滚与机架用连接板与两条 M12×80 螺栓固定在机架两边的侧梁上；圆盘平地筑垄机构用 U 形卡子固定在机架上；然后种肥箱用螺栓固定在机架上，安装转动链条；最后装配安全护板。总装完毕后，检查下列各项：一是所有紧固件是否牢固，行距是否符合农艺要求；二是各转动处是否加足了黄油或机油；三是检查各转动件如地轮、排种、肥器等部件的转动是否灵活、无卡滞现象；四是检查转动链条张紧适度，各排种、肥槽工作长度一致。整机组装完毕后，按照前述播种机与拖拉机挂接方法，组合成播种机组。

（2）调整。水平调整。播种机与拖拉机挂结后，按照前述机具调整方法，将播种机前后、左右都调整到与地面呈平行状态，然后作业。

播种（施肥）量调整。播种（施肥）量调整目的是使用户获得符合农艺要求的播种（施肥）量，调整播种（施肥）量有调整转速比和调整种轮工作长度两种方式。为简便起见，一般选用调整排种轮工作长度的办法进行。首先，检查各排种轮工作长度是否一致。若工作长度不一致，松开排种（肥）器轮卡子，调整单个排种（肥）轮长度，工作程度一致后，拧紧卡子。其次，将机架支起使地轮架空，将播量调节手轮固定在某一个位置，把种子（肥料）倒入种（肥）箱内，转动地轮使排种（肥）器内充满种子（肥料），然后在输种（肥）管下接种子（肥料）。用手均匀转动地轮 15～20 圈，将排出的种子逐个称重。如个别排量差异较大，可单独调整其排种轮长度；若各排种量差异不大，则累加各排种口排出的种子量，计算总排量。按照公式计算排种（肥）量，通过公式计算的排种（肥）量是理论排量，由于地轮在地表滚动中可能产生打滑现象，理论值缩值 10% 左右，即可视为实际播量。当实际播量与农艺播量要求一致时，就是我们要调整的排量长度。

$$Q = W \times 666.67 \div F \div S \div n$$

式中，

Q——理论播量，单位为千克/亩；

W——试验总排量，单位为千克；

F——小麦播种机幅宽，单位为米；

S——地轮周长，单位为米；

n——试验转动地轮圈数，单位为圈。

当排种轮、排肥轮工作长度调整到排量符合要求后，旋紧紧固螺母即可。如实际长度仍有误差，应以实测长度为准。

行距调整。行距要根据农艺要求进行调整。以机架中心为基准，移动各播种单体总成和升降臂的位置。调整时注意开沟器在机架上要左右对称分布，前后交错排列行距。

播深的调整。播深要根据农艺要求调整，土壤墒情好，应浅播；土壤墒情差，适当深播。实际生产中，主要是通过调整开沟器高低位置来实现的,通过调整开沟器位置不能实现时,要通过调整拖拉机液压升降机构实现播深调整。调整到合适的播深时,播种作业时播种机机架应处在水平位置。

四、小麦宽幅播种机作业质量要求

小麦宽幅播精播机具有播种均匀、深浅一致、行距稳定、覆土良好、节省种子、工作效率高等特点。正确使用播种机要点如下:

(一)作业前检查与准备

作业前要清理播种箱内的杂物和开沟器上的缠草、泥土,确保状态良好;对拖拉机及播种机的各传动、转动部位,按说明书的要求加注润滑油;检查传动链条润滑和张紧度,紧固播种机上链接螺栓。

(二)进行调整与规划

作业前要按使用说明书的规定和农艺要求,对播种量、开沟器的行距、开沟深度、覆土厚度、镇压强度适当调整;调整播种机前后、左右水平。

查看耕整地情况,小麦宽幅精播要求地表平整,土壤细碎、上松下实,墒情适宜。地表平整度差异大的,要重新平整土地,墒情差,要适当增加播量。查看地块形状和大小,对大地块要划分作业区域,规划机组行走路线,减少无效作业时间,提高播种机组作业效率。

(三)适量加种肥

加入种子箱的种子要清洁无杂,包衣干燥,提高种子发芽率;种肥以颗粒状复合肥或复混肥为好,不要将结块肥料添加到种子箱。种子(肥料)箱的种子(肥料)数量应加到覆盖住排种(肥)盒入口,以保证排种(肥)流畅。作业时,种子箱内的种子不得少于种子箱容积的1/5;运输或转移地块里时,种子箱内不得装有种子,更不能装其他重物。

(四)作业前试播

为保证播种质量,在进行大面积播种作业前,要试播 20 米,观察播种机作业情况。请农技人员和有经验的机手进行检查会诊,确认符合当地农艺要求后，再进行大面积播种作业。

(五) 正确操作

播种机起步时，要缓慢提速，轻轻下落播种机，避免开沟器损坏；为防止开沟器堵塞，造成缺苗断垄，升降播种机要在行进中操作。

(六) 匀速直线行驶

机手选择作业行走路线时，应保证加种和机械进出方便；播种时要注意匀速直线行进，控制作业速度在2～5千米/时，不可忽快忽慢。前进速度太快，一是造成播量变化，不符合农艺要求；二是苗带宽度不能保证，可能苗带变得过窄，造成小麦生长发育不良，影响技术效能。

(七) 避免重播漏播

当最后一圈土地宽度不等于两个播幅时，重叠部分要先插上排种器封闭板，关闭排种器，最后剩余一个播种幅宽；返回时，打开关闭的封闭板，使机组满幅作业，避免重播漏播。避免中途停车，以免机组行进路线上重播、漏播。必须中途停车时，再次前进时，要略向后倒车，找到原断垄位置，再前行下落播种机作业。否则，可能产生漏播或疙瘩苗。

(八) 注意观察

播种时经常观察排种器、开沟器、输种管、传动机构、镇压轮的工作情况，如发生堵塞、粘土、缠草、种子覆盖不严的情况，及时予以排除。

(九) 安全作业

机组辅助人员，要扶牢站稳；播种机工作时，严禁倒退或急转弯；倒退或转弯时应将播种机提起，播种机的提升或降落应缓慢进行，以免损坏机件；调整、修理、润滑或清理缠草等工作，须停车熄火后进行。

五、播种机常见问题及解决办法

(一) 苗带宽度不足

小麦宽幅播种要求行距22～30厘米，苗带宽8～12厘米。若苗带宽度低于 8 厘米，就会造成行距过大，封垄困难，影响小麦产量。分析其原因，主要是播种速度过快，排种器充种不良，造成播量降低，苗带宽度不足。解决办法就是控制作业速度，一般在 2～5 千米/时（0.5～1.38 米/秒）。

（二）苗带左右密度不一

小麦苗带左右密度不均，就会造成小麦苗期长势不齐，密度大的一侧产生弱苗，影响分蘖和越冬。产生的主要原因是：畦面不平整，向一侧倾斜；机组左右水平调整不当，造成麦种向一侧倾排；轮胎行走处，土壤硬度不一，造成机组左右倾斜；前后排种器工作长度不一致。措施：畦面整理要平整，调节播种机左右水平，不漏耕土地，保持播种机左右水平作业，调节前后排种器工作长度一致，保证苗幅左右两侧密度均匀一致。

（三）缺苗断垄

小麦缺苗断垄，将造成群体结构不合理，影响小麦产量。主要原因可能包括以下几方面：种箱内排种器缺少种子；排种器毛刷调整不当，与排种轮间隙不合理；排种管弯曲积种，下种不畅；开沟器下种口堵塞，造成缺苗断垄。排除措施：作业时，要派人跟踪检查种箱内种子数量，及时补充；调整毛刷间隙，确保种子畅顺排出；排除输种管和开沟器弯塞现象，避免种子积累、堵塞，造成缺苗断垄。

（四）播后晾籽

播后晾籽，影响小麦出苗和生长发育。造成晾籽的原因可能是机组前进速度过快，开沟器将土壤撞开，覆盖土壤不能回流；开沟器部位被秸秆等杂物缠绕，增加了开口宽度，土壤覆盖不严。播种作业时，要选择正确的前进速度，及时清除开沟器缠绕物，使种沟土壤快速回流覆盖严实。另外，还可在开沟器后面，镇压轮前面增加一条铁链，提高覆盖性能。在坷垃多的黏土地，也可能出现晾籽现象，播种后要喷一遍"蒙头水"，将坷垃融化盖严种子。

（五）播深不一致

播种深度不一致，小麦出苗不整齐，个体发育差别增大，易出现小苗弱苗。造成播深不一致的原因：一是播种机左右或前后水平未调整；二是各行开沟器安装高度不一致。工作前要调整机组左右或前后水平，调整开沟器安装高度一致，使播种深度一致。

（六）镇压不实

镇压不实，土壤疏松，影响小麦出苗，同时可能造成地轮打滑，排种不均匀。

（七）株距不匀

对于精量播种机，为保证种子间距，提高播种精度，建议将塑料褶皱管改成塑料光管，输种管长度要合适，避免弯曲，减少种子在管中的碰撞。

六、小麦宽幅播种机维护与保养

小麦宽幅播种机是作业季节较强的农业机械。作业完成后，对播种机的保养与维护是保持机具工作性能、减少作业故障、提高工作效率、延长使用寿命的有效措施。小麦宽幅播种机维护与保养主要有以下几个方面。

（一）班内及时润滑

作业时，每工作4～6小时检查播种机各转动部件情况，用手轻轻触摸转动部件，感知部件温度。部件温度过高，转动不灵活，说明转动部件可能损坏，要进行拆卸检查，更换零件，重新安装；若部件温度在许可范围内，则在润滑点注入润滑油即可。

（二）班后清理紧固

每班作业结束后，应清理播种机各部位泥土，尤其注意清理镇压轮、开沟器等工作部件上的泥土、杂草；检查各紧固部件连接是否紧固，对松动的部位，进行调整、紧固；检查各运转部件是否灵活，如不正常，及时调整。

（三）季后维修保养

作业季节结束后，清除机具上的泥土、油污，以及种子箱和肥料箱内的种子、肥料，并将排种、排肥器清洗干净；拆下开沟器等易磨损零件，清除杂草尘土，对损坏零件进行修理或更换；清洗轴承和转动部件，在各润滑部位加注足够的润滑油；对易锈部位涂上防锈油，然后装复或分类存放；对脱漆部位要重新涂上防锈漆；放松链条、胶带和弹簧等，使之保持自然状态，以免变形。

（四）农闲通风存放

播种季节过后，农闲季节要将播种机放在通风处存放。整机下面用木板垫起，避免钢质部件接触地面，将机具停放在干燥通风的库内，避免机架锈蚀。塑料和橡胶零件要避免阳光照射和油污侵袭，以免加速老化。

第三节　小麦旋耕条播技术与装备

近年来，随着大马力拖拉机的普遍推广，复合农机具配套动力不足的问题得到解决，小麦旋耕条播技术得以实践应用。使用小麦旋耕条播机，在经过耕翻或深松的土地上作业，一次下地可完成旋耕整地、施肥、小麦播种、覆土、镇压等工序。这种复式作业模式省去了播种前的整地工序，既提高了工作效率，降低了燃油消耗量，又减少了拖拉机对土地的碾压，从而一定程度上可以缓解土壤板结问题。另外，在播种过程中，旋耕机可以将拖拉机的车辙整平，使作业幅宽内地表平整，从而保证了播深的一致性，达到了出苗整齐、增加产量的效果。按照旋耕方式的不同，山东省小麦旋耕条播机主要分为小麦卧式旋耕条播机和小麦立式旋耕条播机两种机型，现将两种型式小麦旋耕条播机的结构特点及使用调整等事项进行介绍。

一、常见小麦旋耕条播机结构特点与工作原理

（一）小麦卧式旋耕施肥播种机

小麦卧式旋耕施肥播种机是在小麦条播机前部加装卧式旋耕部件而成的小麦旋耕施肥播种机械（图 5-18）。目前是山东省实施小麦旋耕播种作业的主要机型。

1. 主要结构与特点

（1）主要构造。山东省的小麦旋耕施肥播种机主要以悬挂式机

图 5-18　小麦卧式旋耕施肥播种机

型为主，由机架总成、动力传动机构、卧式旋耕装置、施肥装置、播种装置、镇压装置等部分组成。作业时，拖拉机动力输出轴为旋耕作业提供动力，播种机镇压装置为施肥及播种作业提供动力。小麦旋耕施肥播种机结构示意如图 5-19 所示。机架上的悬挂装置是播种机与拖拉机的连接部件，由一个上悬挂点和两个下悬挂点组

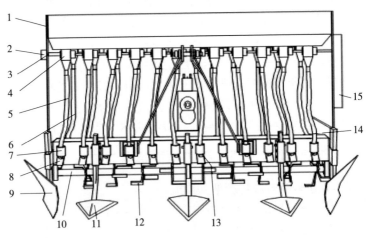

图 5-19　小麦旋耕条播机结构示意图

1. 种（肥）箱　2. 排种（肥）量调节手柄　3. 排肥传动轴　4. 排肥器　5. 输肥管
6. 输种管　7. 输肥管定位器　8. 施肥开沟器　9. 筑埂器　10. 旋耕刀轴　11. 秸子
12. 旋耕刀　13. 播种开沟器　14. 输种管定位器　15. 链条防护罩

成。卧式旋耕装置主要由传动箱、旋耕刀轴和旋耕刀等部件组成；播种装置由种箱、外槽轮式排种器、排种量调节手柄、输种管、播种开沟器等部件组成；施肥装置由肥箱、外槽轮式排肥器、排肥量调节手柄、输肥管、施肥开沟器等部件组成。

（2）结构特点。小麦卧式旋耕施肥播种机的旋耕装置配置在播种机的前部，其旋耕刀片以ⅠT245型刀座式旋耕刀为主，旋耕深度可达8～12厘米。旋耕装置对土壤进行破碎并翻动土壤，同时整平土地，从而保证开沟器入土深度的一致性，即保证播种深度的一致性；播种机种（肥）箱采用一体式结构，中间通过隔板将种子和肥料分隔，一般前部为肥箱，后部为种箱。种（肥）箱底部装有外槽轮式排种（肥）器（图5-20），每个排种（肥）器对应一个播种（施肥）开沟器，排种（肥）器通过一根轴连接在一起实现同步作业。外槽轮的工作部分，种（肥）箱外部的两个手轮是调整排种（肥）量的装置，旋转手轮可调节外槽轮工作部分的长度，长度越大排量越大，长度越小，排量越小。在种（肥）箱一侧的底部，分别设有种子输出口和肥料输出口，方便机手在播种作业结束后，抽出种（肥）输出口的挡板，将种（肥）箱剩余的种子和化肥排出，以防止种（肥）箱的腐蚀（图5-21）。施肥开沟器和播种开沟器是

小麦旋耕施肥播种机进行开沟、施肥、播种作业的重要部件。前部为施肥开沟器，后部为播种开沟器。开沟器主要有凿铲式开沟器和双圆盘式开沟器两种结构（图5-22）。双圆盘式开沟器结构复杂，价格较高，但可以有效切断土壤中的残余秸秆，避免堵塞。双圆盘式开沟器

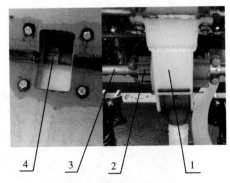

图 5-20　排种（肥）器
1. 排种（肥）杯　2. 外槽轮非工作部分
3. 连接轴　4. 外槽轮工作部分

适合秸秆较多的地块使用。凿铲式开沟器结构简单，价格较低，但是如果土壤中残留的秸秆较多，则容易发生堵塞现象，影响作业质量。凿铲式开沟器适合秸秆较少的地块使用。

图 5-21 种（肥）输出口器

1. 排出口 2. 挡板

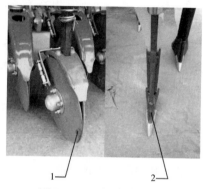

图 5-22 开沟器主要型式

1. 双圆盘开沟器 2. 凿铲式开沟器

另外，部分小麦旋耕施肥播种机没有配置施肥开沟器（图 5-23），肥料经外槽轮式排肥器排出以后，直接经过导肥槽播撒在旋耕部件前部的地面上，旋耕作业的同时将肥料与土壤充分混合，完成施肥作业。此种结构的播种机对肥料的种类要求较高，选择不当容易发生烧种现象。

图 5-23 导肥槽式小麦旋耕施肥播种机

安装在机器后部的镇压装置，完成施肥播种作业后的镇压作业，其结构主要分轮式镇压装置和辊式镇压装置两种（图5-24）。

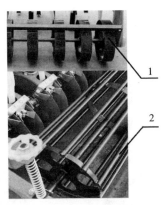

2. 工作原理 小麦卧式旋耕施肥播种机通过三点悬挂装置挂接在拖拉机上，拖拉机的动力输出轴通过万向节与播种机的传动箱相连。作业时，拖拉机的动力带动万向节传动轴旋转，将动力传送到传动箱，带动旋耕装置作业，对土壤进行翻动、破碎，同时完成土地的整平。

图 5-24 镇压装置主要型式
1. 镇压轮 2. 栅格式镇压辊

播种机后部的镇压装置在地表滚动，通过链条驱动外槽轮式排种器和排肥器工作，将种箱内的种子和肥箱内的肥料均匀排出，经过输种管和输肥管（导肥槽式小麦旋耕施肥播种机将肥料播撒在机具正前方），进入播种开沟器和施肥开沟器，将种子和肥料均匀播施在土壤中，镇压装置随即将地面压实并将种子和肥料覆盖，完成小麦旋耕施肥播种作业的全过程。

3. 主要结构与规格参数 目前，小麦卧式旋耕施肥播种机主要机型参数见表5-5至表5-7。

表 5-5 小麦卧式旋耕施肥播种机主要型号参数表（一）

型号	2BFG-10(10) 230	2BFG-12(12) 250	2BFG-12(12) 260
结构型式	悬挂式	悬挂式	悬挂式
配套动力范围（千瓦）	66.2～73.5	73.5～147	73.5～147
作业速度范围（米/秒）	0.3～0.55	0.4～0.76	0.3～0.55
工作幅宽（厘米）	230	250	260
耕深（厘米）	12	12	12
行距（厘米）	20	15	20
工作行数	10	12	12

（续）

型号	2BFG-10(10) 230	2BFG-12(12) 250	2BFG-12(12) 260
旋耕部分传动方式	中央齿轮传动	中央齿轮传动	中央齿轮传动
刀辊设计转速（转/分）	280/309	280/309	280/309
刀辊最大回转半径（毫米）	245	245	245
旋耕刀型号	ⅠT245	ⅠT245	ⅠT245
总安装刀数	64	68	68
排种器型式	外槽轮式	外槽轮式	外槽轮式
排种器数量	10	12	12
排肥器型式	外槽轮式	外槽轮式	外槽轮式
排肥器数量	10	12	12
排种开沟器型式	凿铲式	凿铲式	凿铲式
排种开沟器数量	10	12	12
排种开沟器深度调节范围（毫米）	0～80	0～80	0～80
排肥开沟器型式	凿铲式	凿铲式	凿铲式
排肥开沟器数量	10	12	12
排肥开沟器深度调节范围（毫米）	0～80	0～80	0～80
种/肥箱容积（升）	155/300	155/300	170/340
种/肥排量调节方式	手动螺杆调节	手动螺杆调节	手动螺杆调节
播种部分传动方式	链传动	链传动	链传动
镇压器型式	辊式	辊式	辊式

表 5-6　小麦卧式旋耕施肥播种机主要型号参数表（二）

型号	2BFG-13(200)	2BFG-15(230)	2BFG-20(280)
结构型式	悬挂式	悬挂式	悬挂式
配套动力范围（千瓦）	80.9～110	88.2～132.3	117.6～165.4
作业速度范围（米/秒）	0.8～1.3	0.8～1.3	0.8～1.3
工作幅宽（厘米）	200	230	280

第五章　小麦机械化播种农机农艺融合技术

（续）

型号	2BFG-13(200)	2BFG-15(230)	2BFG-20(280)
耕深（厘米）	12	12	12
行距（厘米）	15～16	15～16	13～15
工作行数	13	15	20
旋耕部分传动方式	侧边齿轮传动	侧边齿轮传动	侧边齿轮传动
刀辊设计转速（转/分）	310	310	310
刀辊最大回转半径(毫米)	245	245	245
旋耕刀型号	ⅠT245	ⅠT245	ⅠT245
总安装刀数	120	136	168
排种器型式	外槽轮式	外槽轮式	外槽轮式
排种器数量	13	15	20
排肥器型式	外槽轮式	外槽轮式	外槽轮式
排肥器数量	16	16	20
排种开沟器型式	凿铲式	凿铲式	凿铲式
排种开沟器数量	13	15	20
排种开沟器深度调节范围（毫米）	0～100	0～100	0～100
排肥开沟器型式	—	—	—
排肥开沟器数量	—	—	—
排肥开沟器深度调节范围（毫米）	—	—	—
种/肥箱容积（升）	218/326	250/373	305/455
种/肥排量调节方式	手动螺杆调节	手动螺杆调节	手动螺杆调节
播种部分传动方式	链传动	链传动	链传动
镇压器型式	辊式	辊式	辊式

表 5-7　小麦卧式旋耕施肥播种机主要型号参数表（三）

型号	2BFG-20(7)（280)	2BXFS-230	2BFX-13/8(220)
结构型式	悬挂式	悬挂式	悬挂式

（续）

型号	2BFG-20(7)（280）	2BXFS-230	2BFX-13/8(220)
配套动力范围（千瓦）	≥73.5	≥73.5	62.5～73.5
作业速度范围（米/秒）	0.55～0.75	0.33～0.80	0.56～1.39
工作幅宽（厘米）	280	230	220
耕深（厘米）	12	12	8～12
行距（厘米）	12/16	18	17
工作行数	20	13	13
旋耕部分传动方式	中央齿轮传动	中央齿轮传动	中央齿轮传动
刀辊设计转速(转/分)	340	278	313
刀辊最大回转半径（毫米）	245	245	245
旋耕刀型号	ⅠT245	ⅠT245	ⅠT245
总安装刀数	80	62	64
排种器型式	外槽轮式	外槽轮式	外槽轮式
排种器数量	10	13	13
排肥器型式	外槽轮式	外槽轮式	外槽轮式
排肥器数量	7	6	8
排种开沟器型式	凿铲式/双圆盘式	双圆盘式	双圆盘式
排种开沟器数量	13	13	13
排种开沟器深度调节范围（毫米）	0～100	40～80	0～40
排肥开沟器型式	—	—	—
排肥开沟器数量	—	—	—
排肥开沟器深度调节范围（毫米）	—	—	—
种/肥箱容积（升）	218/326	120/220	124/124
种/肥排量调节方式	手动螺杆调节	手动螺杆调节	手动螺杆调节
播种部分传动方式	链传动	链传动	链传动
镇压器型式	辊式	辊式	轮式

（二）小麦立式旋耕施肥播种机

小麦立式旋耕施肥播种机是在小麦条播机前部加装立式旋耕部件而成的小麦旋耕施肥播种机械（图 5-25）。

1. 主要结构与特点 小麦立式旋耕播种机是近几年研发生产的小麦播种机械，该机主要由机架总成、传动机构、立式旋耕装置、播种装

图 5-25 小麦立式旋耕施肥播种机

置、施肥装置、覆土镇压装置等部分组成。与小麦卧式旋耕施肥播种机相比，小麦立式旋耕施肥播种机结构复杂，播种行数多，作业效率较高，制造成本较高。其旋耕装置安装在机具前部，采用立式旋耕结构（图 5-26）。排种器和排肥器采用成熟的外槽轮式结构，由于播种施肥行数较多，该机具配备钉齿防滑地轮（图 5-27），可有效降低地轮的打滑率，为排种和排肥提供稳定动力。该机具配置的双圆盘式开沟器，既可以降低机具前进的阻力，又可以有效切断

图 5-26 立式旋耕装置

图 5-27 钉齿防滑地轮

土壤表层的残茬，提高种子的发芽率。该机具采用立式旋耕技术，在碎土整地的同时，不破坏土壤的耕层结构。前期耕翻作业过程中埋藏在土壤中的秸秆和杂草不易上翻，弥补了卧式旋耕作业的缺陷，保证了秸秆还田的效果。该机具的独立轮式苗带镇压装置，增强了播种后土壤的保墒效果，有利于小麦根系发育，起到蓄水保墒、抗旱防涝作用。

2. 工作原理 小麦立式旋耕施肥播种机的工作原理与小麦卧式旋耕施肥播种机的工作原理基本相同，播种机通过三点悬挂装置挂接在拖拉机上，旋耕作业由拖拉机动力输出轴提供动力，对土壤进行破碎，同时完成土地整平。在拖拉机的牵引下，播种机后部的地轮在地表滚动，通过伞齿轮和万向节传动轴与排种器轴相连，然后通过链条与排肥器轴相连，驱动外槽轮式排种器和排肥器工作，将种箱内的种子和肥箱内的肥料均匀排出输送至开沟器，然后再均匀播施在土壤中，最后进行覆土镇压，从而完成小麦旋耕施肥播种作业。

3. 主要结构与规格参数 小麦立式旋耕施肥播种机主要参数见表5-8。

表5-8 小麦立式旋耕施肥播种机主要型号参数

型号	2BF-20（300）
结构型式	悬挂式
配套动力范围（千瓦）	80~118
工作幅宽（厘米）	300
耕深（厘米）	≥12
行距（厘米）	15
工作行数	20
旋耕部分传动方式	中央齿轮传动
旋耕刀型式	刀形立式旋刀
总安装刀数	24
排种器型式	外槽轮式

（续）

型号	2BF-20（300）
排种器数量	20
排肥器型式	外槽轮式
排肥器数量	20
排种开沟器型式	双圆盘式
排种开沟器数量	20
排肥开沟器型式	双圆盘式
排肥开沟器数量	20
种/肥排量调节方式	手动螺杆调节
播种部分传动方式	万向节＋链传动
地轮型式	钉齿防滑铁轮
地轮直径（毫米）	480
镇压器型式	铁轮

二、小麦旋耕播种机安装与调整

（一）安装与挂接

1. 小麦卧式旋耕施肥播种机　购买小麦卧式旋耕施肥播种机时，一般种肥箱、旋耕刀轴、传动箱、链条等部件均已安装完毕，旋耕刀、开沟器和输种（肥）管需用户和机手自行安装。

旋耕刀的安装：旋耕刀有左弯和右弯两种，左弯刀具有把破碎后的土块向左抛的趋势，右弯刀则具有把碎土向右抛的趋势，为保证耕后地表的平整度，左右弯刀在刀轴上需交错对称安装，刀轴最外端的两把刀需向里弯，保证土块不被抛向两侧。

开沟器的安装：用 U 形螺栓将播种开沟器和施肥开沟器安装在机架上。一般情况下，施肥开沟器的安装要低于播种开沟器，使肥料的掩埋深度大于种子的深度，既可以防止肥料烧种现象，又可以促进小麦根系深扎，避免倒伏。

输种（肥）管的安装：将输种（肥）管较粗的一头与排种（肥）器底部相连，输种（肥）管较细的一端插入播种或施肥开沟器，注意输种（肥）管与播种或施肥开沟器的对应，避免装错。

注意各部件安装完毕后需调整传动链条至适宜的松紧度。

2. 小麦立式旋耕施肥播种机　小麦立式旋耕施肥播种机结构较为复杂，企业一般整机发货，不需用户或机手安装。

播种机与拖拉机挂接时，先将播种机下悬挂支架与拖拉机下拉杆连接，再把上悬挂支架与拖拉机上拉杆连接，然后穿上销轴及锁定销。调节拖拉机上拉杆，使播种机前后处于水平；调紧悬挂拉杆的两个限摆链，确保播种机工作时不会左右摆动。最后用万向节将拖拉机的动力输出轴和播种机的传动箱相连接。安装万向节时注意，方轴节叉与方管节叉的开口必须在同一平面内，否则易损坏机件。

（二）调整

播种量调整：更换转速调节手柄（图 5-28）的挡位可以改变镇压辊至排种器的传动比，从而改变排种器的转速，实现排种量的粗调。改变外槽轮式排种器在排种杯内部的槽轮长度可以实现排种量的精调。施肥量调整方法与播种量调整方法相同。

播种（施肥）深度的调整：调整播种（施肥）开沟器的安装高度可以实现播种（施肥）深度的调整。

镇压辊的调整：调节镇压辊两端的调节手柄，可以实现镇压力度的调

图 5-28　转速调节手柄

节，调节螺杆的工作长度越大，镇压力度越大。另外，若镇压辊左右不平，可导致播种机左右两侧的开沟器入土深度不一致，最终导致播种或施肥的深度不一致。因此作业时需调整左右两侧的调整螺杆的工作长度相同，使镇压辊保持水平状态（图 5-29）。

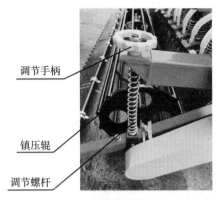

图 5-29　钉齿防滑地轮

三、小麦旋耕播种机作业质量及检测方法

（一）小麦旋耕播种机作业质量

山东省小麦旋耕播种机作业质量主要指标见表 5-9。

表 5-9　小麦旋耕播种机作业质量指标

序号	项目	质量指标
1	晾籽率	≤2.0%
2	播种深度合格率	≥70%
3	种肥间距合格率	≥90%
4	断条率	≤2.0%
5	旋耕深度	≥8厘米
6	作业后地表状况	地表平整、镇压连续，无拖堆
7	作业后地头状况	地头无堆种、堆肥，单幅重（漏）播宽度≤0.5米

（二）小麦旋耕播种机作业质量的检测方法

播种机作业后，在播种作业区内任取对角线中的一条，将对角线等分为 6 段，分别以两个端点外的其他 5 个等分点为中心点，将垂直于播种行方向的两个作业幅宽区域划定为检测区域。地块过大时，可选择长宽各为 100 米的区域作为测量地块；地块过小时，选点应避开地边和地头。地边按一个作业幅宽计算；地头按两个机组长度计算。

1. 晾籽率 在确定的每个检测区域内，截取包含等分点、长度为 10 米的区域测量晾籽长度，按下式计算晾籽率。5 个测区的平均值为最终晾籽率。

$$J_t = \frac{\sum X}{10N} \times 100\%$$

式中，

J_t——晾籽率，单位为％；

X——晾籽带长度，单位为米；

N——播种行数，单位为行。

2. 播种深度合格率 在确定的每个检测区内截取包含基点的长度为 1 米的区域测量播种深度，测种子上部覆盖土层的厚度，每行测定 3 点。当测区内播种行数多于 6 行时，选择左中右各两行进行检测。计算覆土厚度为（$h \pm 1$）厘米［当播深小于 3 厘米时，覆土厚度为（$h \pm 0.5$）厘米］范围内的点数占测定总点数的百分比。h 为按当地农艺要求调整的播深。5 个测区的平均值为最终播种深度合格率。

3. 种肥间距合格率 种肥间距合格率与播种深度合格率同时检测。当测区内施肥行数多于 6 行时，选择左中右各两行进行检测。检测时，沿机具行进方向的垂直方向，将土层横断面切开，测定断面上肥料两侧种子与肥料的最小距离。每个施肥行随机选 3 点进行测量，计算种子与肥料的最小距离大于 3 厘米的点数占测定总点数的百分比。5 个测区的平均值为最终种肥间距合格率。

4. 断条率 出苗后进行测定。取播种作业区另一条对角线，将对角线等分为 6 段，分别以两个端点及中点外的其他 4 个等分点为中心点，划定垂直于播种行方向的两个作业幅宽、长度为 20 米的区域测定断条长度。按下式计算断条率。4 个测区的平均值为最终断条率。

$$d_t = \frac{\sum D}{20N} \times 100\%$$

式中，

d_t——断条率，单位为%；

D——断条长度，单位为米；

N——播种行数，单位为行。

5. 旋耕深度　在确定的每个检测区域内，沿机具行进方向每隔 1 米，测定机具左右两侧的旋耕深度，左右各测 11 点，按下式计算区域内的旋耕深度。5 个测区的平均值为最终旋耕深度。

$$a = \frac{\sum a_j}{22}$$

式中，

a——域内的旋耕深度，单位为米；

a_j——第 j 个点的耕深值，单位为米。

6. 作业后地表状况　作业后地表状况用目测的方法进行。观测地表是否平整，有无拖堆。如播种同时镇压，观测其镇压是否连续。

7. 作业后地头状况　作业后地头状况用目测和尺量的方法进行。观测是否有漏播、漏肥和堆种、堆肥现象，测量地头内重（漏）播情况。地头重（漏）播情况的检查也可在出苗后进行。

第四节　小麦免（少）耕播种技术与装备

小麦免耕播种技术是保护性耕作的一个重要环节，是指在小麦播种前期不对农田进行耕作，直接利用小麦免耕播种机械完成播种作业的技术。小麦免耕播种技术可以减少对农田的耕作次数，小麦免耕播种前期，一般通过秸秆还田技术将前茬作物玉米秸秆覆盖于地表，可以防止土壤的风蚀和水蚀，能在一定程度上起到保护耕地的作用。另外，小麦免耕播种技术可以有效增强土壤的保墒保肥能力，从而提高小麦产量，对推动小麦的增产增收有重要作用。

　　小麦免耕播种机是实现小麦免耕播种作业的重要机具，可以一次性完成破茬清垄、开沟、施肥、播种、覆土、镇压等多道工序，其核心技术在于破茬清垄技术。按照破茬清垄装置的不同，山东省常见的小麦免耕播种机主要分为弯刀式小麦免耕施肥播种机、直刀式小麦免耕施肥播种机和三角刀式小麦免耕施肥播种机三种机型，现将三种型式小麦免耕播种机的结构特点、使用调整等事项进行介绍。

一、常见小麦免耕播种机结构特点与工作原理

（一）弯刀式小麦免耕施肥播种机

　　弯刀式小麦免耕施肥播种机是以弯刀（图 5-30）为破茬清垄工作部件的小麦免耕施肥播种机，是山东省实施小麦免耕播种作业的主要机型。

1. 主要结构与特点

　　（1）主要构造。弯刀式小麦免耕施肥播种机主要由机架总成、传动机构、破茬清垄装置、施肥装置、播种装置、覆土镇压装置等部分组成。弯刀式小麦免耕施肥播种机结构示意如图 5-31 所示。由于山东省人均耕地占有面积较小，小麦播种过程中需要频繁掉头，所以山东省的小麦播种机

图 5-30　弯刀

均采用悬挂式结构。弯刀式小麦免耕施肥播种机的破茬清垄装置由传动箱、刀轴和弯刀等部件组成；播种装置由种箱、排种器、排种量调节手柄、输种管、播种开沟铲等部件组成；施肥装置由肥料箱、排肥器、排肥料量调节手柄、输肥管、施肥开沟铲等部件组成；覆土镇压装置由覆土板、镇压轮等部件组成。破茬清垄作业由拖拉机动力输出轴通过传动箱提供动力，排肥及排种作业由播种机镇压轮通过链条传动提供动力。

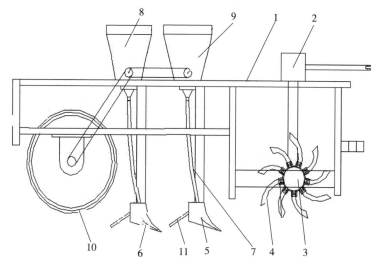

图 5-31　弯刀式小麦免耕施肥播种机示意图

1. 机架　2. 传动箱　3. 刀轴　4. 弯刀　5. 施肥开沟铲　6. 播种开沟铲
7. 输肥管　8. 种箱　9. 肥箱　10. 镇压轮　11. 覆土板

（2）结构特点。弯刀式小麦免耕施肥播种机的破茬清垄装置类似卧式旋耕机，弯刀安装在卧式刀轴上，并且仅在播种和施肥开沟器正前方安装。弯刀对土壤中的根茬进行清理，确保开沟器能够顺利入土，弯刀同时将玉米秸秆抛至垄间，小麦沟内基本无长秸秆，使小麦种子能够与土壤充分接触，为小麦发芽创造良好条件。按照《免（少）耕施肥播种机》（GB/T 20865—2017）的规定，免耕播种机须保证作业幅宽内动土率不大于 40%。由于小麦播种本身行距较小，加之部分行间还要进行施肥作业，采用弯刀结构的小麦免耕播种机动土率容易超过 40% 的上限，从而失去了保护性耕作的作业效果。所以，弯刀安装时，需确保同一种（肥）沟内刀的弯向一致。

由于小麦种植的行距较小，将所有开沟器并排布置容易发生秸秆堵塞现象，所以开沟器在播种机机架上采用前后两排至三排的布置方式。开沟器多采用性价比相对较高的凿铲式开沟器（图 5-

32)。排种器和排肥器均采用外槽轮式，可实现小麦种子和肥料的均匀条状播施。外槽轮式排种器主要由排种杯、阻塞套、排种舌、花形挡圈、排种器轴、外槽轮等部分组成（图5-33）。工作时，链条驱动排种器轴均匀旋转，带动外槽轮转动，排种杯内轮槽中的种子被均匀排出，进入输种管中，实现均匀播种。调节播种机播量调节手轮，改变排种器外槽轮在排种杯内的长度，可实现播量的调整。排肥器工作方式与排种器相同。

图 5-32　凿铲式开沟器

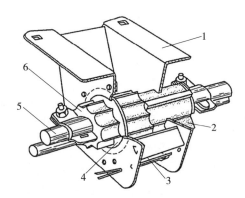

图 5-33　外槽轮式排种器
1. 排种杯　2. 阻塞套　3. 排种舌
4. 花形挡圈　5. 排种器轴　6. 外槽轮

　　弯刀式小麦免耕施肥播种机作业过程中容易发生秸秆或杂草缠绕现象，且由于弯刀自身结构原因，缠绕不易清理。因此，弯刀式小麦免耕施肥播种机适用于秸秆及杂草量相对较少的地块，对秸秆及杂草相对较多的地块，可在播种前使用打捆机进行预先清理。

　　2. 工作原理　弯刀式小麦免耕施肥播种机作业时，播种机通过悬挂架挂接在轮式拖拉机上，拖拉机的动力输出轴通过万向节与播种机的传动箱相连。播种机在拖拉机牵引下前进，拖拉机动力输出轴驱动弯刀刀轴旋转，利用弯刀对土壤中的残茬和秸秆进行破碎和清理。开沟器在弯刀清理过的地面上开出一条约 6 厘米宽的种沟。播种机后部的镇压轮在地表滚动，镇压轮上的驱动链轮通过链条传动驱动外槽轮式排种器和排肥器工作，将种箱内的种子和肥箱内的肥料均匀排出进入输种管和输肥管，然后通过播种开沟器和施肥开沟器将种子和肥料均匀播施在土壤中，覆土器随即将种子和肥料覆土掩埋，镇压轮完成镇压，从而完成小麦免耕施肥播种作业的全过程。

3. 主要结构与规格参数 目前，弯刀式小麦免耕施肥播种机主要有 6 行、8 行、12 行 3 种机型，各型号主要参数见表 5-10。

表 5-10 弯刀式小麦免耕施肥播种机主要型号参数

型 号	2BMF-6/3 型	2BMF-8/4 型	2BMF-12/6 型
结构型式	三点悬挂	三点悬挂	三点悬挂
配套动力（千瓦）	≥40	≥50	≥70
播种行距（厘米）	25	25	25
播种行数	6	8	12
工作幅宽（厘米）	150	200	300
排种器型式	外槽轮式	外槽轮式	外槽轮式
排种器数量	6	8	12
排种器驱动方式	镇压轮	镇压轮	镇压轮
排肥器形式	外槽轮式	外槽轮式	外槽轮式
排肥器数量	3	4	6
排肥器驱动方式	镇压轮	镇压轮	镇压轮
排量调节方式	螺杆手柄	螺杆手柄	螺杆手柄
传动机构型式	齿轮传动＋链传动	齿轮传动＋链传动	齿轮传动＋链传动
开沟器型式	凿铲式	凿铲式	凿铲式
开沟器数量	6 种＋3 肥	8 种＋4 肥	12 种＋6 肥
破茬清垄工作部件型式	弯刀式	弯刀式	弯刀式
覆土器型式	刮板式	刮板式	刮板式
镇压器型式	橡胶轮	橡胶轮	橡胶轮

（二）直刀式小麦免耕施肥播种机

直刀式小麦免耕施肥播种机是
以直刀（图5-34）为破茬清垄工作
部件的小麦免耕施肥播种机。

1. 主要结构与特点 直刀式
小麦免耕施肥播种机与弯刀式小麦
免耕施肥播种机结构相同，也是由
机架总成、传动机构、破茬清垄装
置、施肥装置、播种装置、覆土镇
压装置等部分组成。其不同之处在
于将破茬清垄工作部件中的弯刀换
成了直刀。与弯刀式小麦免耕施肥
播种机相比，直刀式小麦免耕施肥
播种机刀轴转速更高，更加有利于

图5-34　直刀

切断土壤中的根茬，缺点在于对玉米根茬的破碎程度较轻，不能彻
底清除小麦种沟内的根茬和长秸秆，使开沟器入土困难。但是由于
直刀的自身特点，可以降低作业过程中的动土率，从而保证了免耕
播种的作业效果。

直刀式小麦免耕施肥播种机作业过程中不容易发生秸秆或杂草
缠绕现象，因此，适用于秸秆及杂草量相对较多的地块作业。

2. 工作原理 直刀式小麦免耕施肥播种机的工作原理与弯刀
式小麦免耕施肥播种机的工作原理相同，播种机通过悬挂架挂接在
轮式拖拉机上，拖拉机的动力输出轴提供动力，驱动直刀对土壤中
的残茬和秸秆进行破碎和清理。开沟器在直刀清理过的地面上开出
种沟。播种机镇压轮通过链条传动驱动外槽轮式排种器和排肥器工
作，将种箱内的种子和肥箱内的肥料均匀排出输送至开沟器，然后
均匀播施在土壤中，最后进行覆土和镇压，从而完成小麦免耕施肥
播种作业。

3. 主要结构与规格参数 目前，直刀式小麦免耕施肥播种机
主要有9行、10行、12行3种机型，各型号主要参数见表5-11。

表5-11　直刀式小麦免耕施肥播种机主要型号参数表

型号	2BMF-9/4型	2BMF-10/5型	2BMF-12/6型
结构型式	三点悬挂	三点悬挂	三点悬挂
配套动力（千瓦）	≥50	≥60	≥70
播种行距（厘米）	25	25	25
播种行数	9	10	12
工作幅宽（厘米）	225	250	300
排种器型式	外槽轮式	外槽轮式	外槽轮式
排种器数量	9	10	12
排种器驱动方式	镇压轮	镇压轮	镇压轮
排肥器形式	外槽轮式	外槽轮式	外槽轮式
排肥器数量	4	5	6
排肥器驱动方式	镇压轮	镇压轮	镇压轮
排量调节方式	螺杆手柄	螺杆手柄	螺杆手柄
传动机构型式	齿轮传动＋链传动	齿轮传动＋链传动	齿轮传动＋链传动
开沟器型式	凿铲式	凿铲式	凿铲式
开沟器数量	9种＋4肥	10种＋5肥	12种＋6肥
破茬清垄工作部件型式	直刀式	直刀式	直刀式
覆土器型式	刮板式	刮板式	刮板式
镇压器型式	橡胶轮	橡胶轮	橡胶轮

（三）三角刀式小麦免耕施肥播种机

三角刀式小麦免耕施肥播种机是以三角刀（图5-35）为破茬清垄工作部件的小麦免耕播种机。

1. 主要结构与特点　三角刀式小麦免耕施肥播种机结构示意，图5-36所示，主要由机架总成、变速箱总成、小麦播种种肥箱总成、排肥器总成、小麦排种器总成、小麦播种开沟器、肥料开沟器、镇压轮、三角刀轴总成、限深装置等部分组成。该播种机可选装玉米精量排种器和玉米种箱总成，

图5-35　三角刀

在更换上玉米播种开沟器后，可完成玉米免耕施肥播种作业。

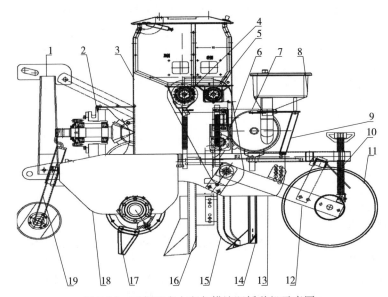

图 5-36　三角刀式小麦免耕施肥播种机示意图
1. 悬挂装置总成　2. 变速箱总成　3. 小麦播种种肥箱总成
4. 排肥器总成　5. 小麦排种器总成　6. 链轮链条护罩总成
7. 玉米精量排种器　8. 玉米种箱总成　9. 支架
10. 镇压调节螺杆　11. 镇压轮　12. 传动装置
13. 机架总成　14. 玉米播种开沟器　15. 小麦播种开沟器
16. 肥料开沟器　17. 三角刀轴总成　18. 侧板　19. 限深装置

　　三角刀式小麦免耕施肥播种机是在直刀式小麦免耕施肥播种机基础上，将破茬清垄工作部件中的直刀换成三角刀，保留了直刀式小麦免耕施肥播种机在动土率方面的优势。由于三角刀的特殊结构，作业过程中刀轴高速旋转，杂草或秸秆很难缠绕在刀片上，可有效避免缠绕堵塞的发生。

　　2. 工作原理　三角刀式小麦免耕施肥播种机的工作原理与直刀式小麦免耕施肥播种机的工作原理相同，播种机通过悬挂架挂接在轮式拖拉机上，拖拉机的动力输出轴驱动三角刀对土壤中的残茬和秸秆进行破碎和清理。开沟器在三角刀清理过的地面上开出种沟。播种机镇压轮通过链条传动驱动外槽轮式排种器和排肥器工作，将种箱内的种子和肥箱内的肥料均匀排出输送至开沟器，然后均匀播施在土壤中，最后进行覆土和镇压，从而完成小麦免耕施肥播种作业。

3. 主要结构与规格参数　目前，三角刀式小麦免耕施肥播种机主要有12行、14行、16行3种机型，各型号主要参数见表5-12。

表5-12　三角刀式小麦免耕施肥播种机主要型号参数表

型号	2BMF-12/6 型	2BMF-14/7 型	2BMF-16/8 型
结构型式	悬挂式	悬挂式	悬挂式
配套动力（千瓦）	66.2～88.2	73.5～95.6	80.8～102.9
播种行距（厘米）	22	22	22
播种行数	12	14	16
工作幅宽（厘米）	264	308	352
排种器型式	外槽轮式	外槽轮式	外槽轮式
排种器数量	12	14	16
排种器驱动方式	镇压轮	镇压轮	镇压轮
排肥器形式	外槽轮式	外槽轮式	外槽轮式
排肥器数量	6	7	8
排肥器驱动方式	镇压轮	镇压轮	镇压轮
排量调节方式	螺杆手柄	螺杆手柄	螺杆手柄
传动机构型式	齿轮传动＋链传动	齿轮传动＋链传动	齿轮传动＋链传动
开沟器型式	凿铲式	凿铲式	凿铲式
开沟器数量	12 种＋6 肥	14 种＋7 肥	16 种＋8 肥
破茬清垄工作部件型式	三角刀式	三角刀式	三角刀式
覆土器型式	刮板式	刮板式	刮板式
镇压器型式	铁轮	铁轮	铁轮

（四）波纹圆盘式小麦免耕施肥播种机

波纹圆盘式小麦免耕施肥播种机是以波纹圆盘为破茬清垄工作部件的小麦免耕施肥播种机（图5-37）。该机型由现代农装科技股份有限公司生产，机具没有动力破土部件，主要依靠自身重力由波纹圆盘和圆盘式开沟器进行破土，机具自重较大，由拖拉机牵引作业，山东省主要在少数农业合作社使用。

图 5-37 波纹圆盘式小麦免耕施肥播种机

1. 主要结构 波纹圆盘式小麦免耕施肥播种机主要由机架、牵引架、传动机构、种肥箱、波纹圆盘破茬清垄装置、双圆盘开沟器、地轮等部分组成（图 5-38）。另外，播种机的地轮支架与机架之间装有液压油缸，通过液压油缸的伸缩，可以调整播种机的离地间隙，实现运输状态与播种状态的转换。

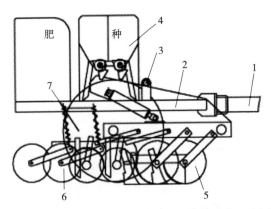

图 5-38 波纹圆盘式小麦免耕施肥播种机结构示意图
1. 牵引架 2. 机架 3. 传动机构 4. 种肥箱
5. 波纹圆盘破茬清垄装置 6. 双圆盘开沟器 7. 地轮

2. 结构特点与工作原理　波纹圆盘式小麦免耕施肥播种机作业时，播种机通过牵引架与轮式拖拉机相连，液压管路连接在拖拉机的液压输出装置上，通过液压驱动，可以调节播种机的离地间隙和开沟器的入土深度。播种机在拖拉机牵引下前进，利用波纹圆盘进行破茬，锋利的波纹圆盘能够切断作物残茬，避免秸秆缠绕，并且对土壤的扰动较小，可以在地面上开出深度为8～10厘米、宽度3～4厘米的沟槽，施肥铲紧贴波纹圆盘刃口，完成肥料深施。波纹圆盘支架固定在机架的前横梁上，改变安装孔的上下位置，可以调整入土深度。每个波纹圆盘在安装过程中都装有压缩弹簧，从而实现了单体仿形，同时在开沟过程中，如果碰到坚硬的石块，波纹圆盘可以弹起，避免对刃口的损坏（图5-39）。该播种机采用种肥上下分施的方式，播种开沟器安装在波纹圆盘的正后方，入土深度较小，由于是在波纹圆盘开沟基础上的二次开沟，解决了免耕播种入土难的问题。双圆盘开沟器也采用单体仿形的方式，可以有效控制播种深度的一致性。播种机的地轮通过链条驱动排种器和排肥器工作，将种箱内的种子

图5-39　波纹圆盘

和肥箱内的肥料均匀排出进入输种管和输肥管。排肥器为简单可靠的外槽轮式结构。排种器为控制式密齿型排种器，该排种器在外槽轮式排种器的基础上进行改进，通过减小齿槽深度，缩小凹槽半径，使单个齿槽的容积减小，降低每个齿槽的排种量，同时增加齿槽数量，提高排种的均匀性，降低种子破碎率。种子播入土壤后，由金属圆环式覆土器将种子覆土掩埋，镇压轮完成镇压。镇压轮采用带铁芯辐板的空心零压橡胶轮，同时具有限深功能。镇压结束后，完成小麦免耕施肥播种作业的全过程。

3. 主要结构与规格参数　目前，波纹圆盘式小麦免耕施肥播

种机主要有 14 行、20 行、24 行 3 种机型，各型号主要参数见表 5-13。

表 5-13　波纹圆盘式小麦免耕施肥播种机主要型号参数表

型号	2BMG-24 型	2BMG-20 型	2BMG-14 型
结构型式	牵引式	牵引式	牵引式
配套动力（千瓦）	≥88.2	≥73.5	＞44
外形尺寸（毫米）	4 370×5 230×2 175	4 212×4 572×1 925	4 035×3 585×1 870
播种行距（厘米）	16	16	19
播种行数	24	20	14
工作幅宽（厘米）	384	320	266
排种器型式	控制式密齿型	控制式密齿型	控制式密齿型
排种器数量	24	20	14
排种器驱动方式	地轮驱动	地轮驱动	地轮驱动
排肥器形式	外槽轮式	外槽轮式	外槽轮式
排肥器数量	24	20	14
排肥器驱动方式	地轮驱动	地轮驱动	地轮驱动
排量调节方式	螺杆手柄	螺杆手柄	螺杆手柄
传动机构型式	链传动	链传动	链传动
开沟器型式	直面双圆盘式	直面双圆盘式	直面双圆盘式
开沟器数量	24	20	14
破茬清垄工作部件型式	波纹圆盘	波纹圆盘	波纹圆盘
覆土器型式	金属圆环	金属圆环	金属圆环
镇压器型式	橡胶轮	橡胶轮	橡胶轮

二、小麦免耕播种机安装与调整

（一）安装与挂接

小麦免耕施肥播种机结构较为复杂，企业一般整机发货，或者剩余弯刀（直刀/三角刀）、开沟铲和输种（肥）管需用户和机手自行安装。安装时，将播种机放置在平坦的场地上，先将弯刀同向插入刀轴上的刀座内（直刀或三角刀插入刀轴上的刀座内），用高强度螺栓拧紧固定。然后用 U 形螺栓将播种开沟器和施肥开沟器交错安装在机架上，并保证开沟铲与弯刀（直刀/三角刀）纵向对应。最后调整链条至适宜的松紧度。

播种机与拖拉机挂接时，先将播种机下悬挂支架与拖拉机下拉杆连接，再把上悬挂支架与拖拉机上拉杆连接，然后穿上销轴及锁定销。调节拖拉机悬挂架中间调节杆，使播种机前后处于水平状态；调紧悬挂拉杆的两个限摆链，确保播种机工作时，链条传动平衡可靠。最后用万向节将拖拉机的动力输出轴和播种机的传动箱相连接。安装万向节时注意，方轴节叉与方管节叉的开口必须在同一平面内，否则易损坏机件。万向节的安装如图 5-40 所示。

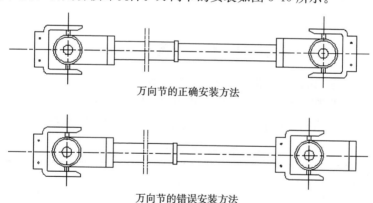

万向节的正确安装方法

万向节的错误安装方法

图 5-40 万向节的安装方法示意图

（二）调整

播种量调整：播种量调节机构如图 5-41 所示。调整时，先将旋柄内侧的锁紧螺母松开，向外端拨动锁紧卡圈，然后转动调整手轮，调整槽轮工作长度。由于在实际播种过程中，种子千粒重不一、干湿程度不一、包衣原料不一，播种量也不一样，需要小面积试播，以确定播种量。当排种量调整到要求后，将锁紧卡圈推向种子箱，卡子进入卡槽，然后锁紧螺母，否则将影响播量或损坏排种器。

施肥量调整：施肥量调整方法与播种量调整方法相同。

播种深度及破茬深度的调整：调整拖拉机的两悬挂支臂和竖直拉杆，进行深度调节。两悬挂支臂伸长，则深度变浅；两悬挂支臂缩短，则深度增加。

机具作业前，先试播 10～20 米，检查开沟器播种深度是否一致。如不一致，要单行调整开沟器上下位置。

图 5-41　播种量调整机构示意图
1. 种箱　2. 锁紧卡圈
3. 锁紧螺母　4. 播量调节手柄

三、小麦免耕播种机作业质量及检测方法

（一）小麦免耕播种机作业质量指标

参照农业行业标准《小麦免耕播种机作业质量》（NY/T 1411—2007），规定山东省小麦免耕播种机作业质量主要指标见表5-14。

表 5-14　小麦免耕播种机作业质量指标

序号	项目	质量指标
1	晾籽率	≤2.0%
2	播种深度合格率	≥70%
3	动土率	≤40%
4	断条率	≤2.0%
5	机具通过性	不堵塞或有轻度堵塞
6	作业后地表状况	地表平整、镇压连续，无拖堆
7	作业后地头状况	地头无堆种、堆肥，单幅重（漏）播宽度≤0.5 米

（二）小麦免耕播种机作业质量的检测方法

播种机作业后，在播种作业区内任取对角线中的一条，将对角线等分为 6 段，分别以两个端点外的其他 5 个等分点为中心点，将垂直于播种行方向的两个作业幅宽区域划定为检测区域。地块过大时，可选择长宽各为 100 米的区域作为测量地块；地块过小时，选点应避开地边和地头。地边按一个作业幅宽计算；地头按两个机组长度计算。

1. 晾籽率 在确定的每个检测区域内，截取包含等分点、长度为 10 米的区域测量晾籽长度，按下式计算晾籽率。5 个测区的平均值为最终晾籽率。

$$J_t = \frac{\sum X}{10N} \times 100\%$$

式中，

J_t——晾籽率，单位为％；

X——晾籽带长度，单位为米；

N——播种行数，单位为行。

2. 播种深度合格率 在确定的每个检测区内截取包含基点的长度为 1 米的区域测量播种深度，测种子上部覆盖土层的厚度，每行测定 3 点。当测区内播行多于 6 行时，选择左中右各两行进行检测。计算覆土厚度为 $(h\pm1)$ 厘米［当播深小于 3 厘米时，覆土厚度为 $(h\pm0.5)$ 厘米］范围内的点数占测定总点数的百分比。h 为按当地农艺要求调整的播深。5 个测区的平均值为最终播种深度合格率。

3. 动土率 在测量播种深度的同时，测量检测区域内两个作业幅宽上的动土宽度，每个检测区域测定 3 处。按下式计算动土率。5 个测区的平均值为最终动土率。

$$t = \frac{\sum K_i}{6M} \times 100\%$$

式中，

t——动土率，单位为％；

K_i——每个动土点的动土宽度，单位为米；

M——幅宽，单位为米。

4. 断条率　出苗后进行测定。取播种作业区另一条对角线，将对角线等分为 6 段，分别以两个端点及中点外的其他 4 个等分点为中心点，划定垂直于播种行方向的两个作业幅宽、长度为 20 米的区域测定断条长度。按下式计算断条率。4 个测区的平均值为最终断条率。

$$d_t = \frac{\sum D}{20N} \times 100\%$$

式中，

d_t——断条率，单位为%；

D——断条长度，单位为米；

N——播种行数，单位为行。

5. 机具通过性　机具在播种作业区内作业往返 1 个行程，观察作业过程中机具是否能连续正常作业，以及残茬对机具的堵塞程度。通过性评定按轻度堵塞和重度堵塞进行描述，不堵塞或有轻度堵塞则通过性判定为合格。

6. 作业后地表状况　作业后地表状况用目测的方法进行。观测地表是否平整，有无拖堆。如播种同时镇压，观测其镇压是否连续。

7. 作业后地头状况　作业后地头状况用目测和尺量的方法进行。观测是否有漏播、漏肥和堆种、堆肥现象，测量地头内重（漏）播情况。地头重（漏）播情况的检查也可在出苗后进行。

第五节　麦田机械镇压技术与装备

麦田镇压作为一种传统的田间管理措施，相对于喷施化控剂、水肥管理等控制措施有投入少、无化学残留等优点，具有保墒壮苗控旺等作用。研究表明，麦田镇压可以提高耕层含水量，增加土壤紧实度，具有提高地温，保墒提墒的作用；还能促进种子萌发和根系发育；另外，机械镇压能有效缩短茎基部1～3节间长度，提高抗倒伏能力。

近年来，随着玉米秸秆还田技术在山东省的广泛应用，大部分秸秆还田地块容易造成小麦耕层土壤不实，导致播下去的小麦种子及其根系因不能充分与土壤接触而正常生长，还使土壤形成许多孔隙而"跑风漏气"，进而造成土壤大量水分流失而缺墒，影响麦苗健康生长，不能形成冬前壮苗，或者在小麦越冬期因土壤太墒导致小麦受到冻害。因此，小麦播后镇压以及其他关键时期的镇压，已成为小麦生产的重要增产技术。

一、镇压的优点

1. 压实土壤，改善墒情　由于秸秆还田以及旋地的原因，土壤会出现松散、跑墒的情况，通过镇压以后，土壤被压实，增强了土壤毛管作用，使土壤下层的水分上升，土壤墒情得到改善，对保墒、增墒、夺全苗、出壮苗，以及幼苗的发育和根部生长非常有利，又极为重要。尤其对于浇水不及时的旱地麦田，镇压的保墒、提墒、抗旱的作用更为明显。

2. 促进根系生长　大量研究表明，播后镇压能增强根系与土壤的紧密结合，促进根系伸长，下扎到深层土壤中吸收水分和养分，有利于麦苗整齐健壮。小麦出苗后，土壤含水量随之减少，一些麦田可能会出现土块龟裂的情况。这样的龟裂地块不仅会在冬季让土壤中的水分继续大量的流逝，还会随着龟裂的加剧而拉断小麦根系，出现"吊死苗"现象。镇压能够踏实土壤，调节耕层孔隙，防止冷空气入侵土壤，增大土壤热容量和导热率，平抑地温。镇压后的麦田，小麦的根系与土壤得以更好地接触，一方面能够促进根系对于水肥的吸收能力，另一方面根系扎的更深更牢，抗寒抗冻能力提升，利于小麦安全越冬。

3. 控制旺长　受播种期过早、播种量过大及秋冬气候变暖等因素影响，麦田容易出现旺长现象。小麦苗期旺长不仅会使基部节间拉长、茎秆变细，抗倒伏能力下降；还会造成群体过大，田间郁闭，通风透光性差，影响群体光合作用；当遇到寒冬或倒春寒等不利的气象条件时，也会造成小麦大面积受冻。另一方面，苗期养分过度消耗会导致小麦生长后期养分供应不足，造成小麦减产。因此，对旺长麦田及时采取镇压，具有控上促下、抑制旺长作用。另外，镇压能巩固已有分蘖，抑制主茎和大蘖徒长，控制无效分蘖，促进小麦多成穗，进而增加亩穗数和穗粒数，提高产量。

4. 抗倒伏能力增强　镇压对促进次生根发生，增加单株次生根数量有明显效果。镇压后株高降低，使小麦茎基部，特别是基部1～3节间总长度缩短，起到促根壮秆、防止倒伏的作用。

5. 防止肥料过多流失，减少雾霾天气　土壤中肥料流失有两种途径，一是顺着较大的龟裂向深层土壤中流失，有污染深层地下水的嫌疑；二是以气体的形式挥发到空气中，形成雾霾的重要成分——氮氧化物。因此，镇压不仅有保水提墒的效果，还减少了肥料流失，作用相当于施肥。

二、需要镇压的麦田

1. 播种偏早、长势偏旺的麦田　对于播种过早的麦田，由于冬前小麦生育期相对较长，很容易出现旺长的情况。小麦旺长时，需要消耗更多的养分，而土壤中的养分相对减少，容易发生冻害，通过镇压能有效控旺，保障小麦安全越冬。此外，镇压可使麦苗主茎和大蘖受到暂时抑制，长得敦实粗壮；同时促进中蘖赶主茎，加快小蘖死亡（主茎和大蘖受伤，养分流向主茎和大蘖，输送到小蘖的更少），有利田间通风透光，争取壮秆大穗，提高粒重。

2. 秸秆还田的麦田　秸秆还田的地块，不少地块由于前茬秸秆数量多、粉碎细度不够、深耕面积少、旋耕深度浅，致使很多麦田土壤垣松、透风，土壤水分蒸发快，墒情散失多，造成小麦出苗不整齐。此外，由于土壤表层松软，造成播种过深，使得麦苗在出土过程中消耗养分多，出苗时间长，造成麦苗黄弱，难以形成冬前壮苗。播后镇压可粉碎坷垃，沉实土壤，增加土壤紧实度，连接土壤毛细管，使土壤下层水上升，利于保墒、提墒。还可以使种子和土壤进一步紧密结合，促进麦苗扎根，利于出苗进一步形成冬前壮苗。

3. 冬前积温较高导致旺长的麦田 不同区域、不同年份，每年的降温时间是不同的，有时比较早，有时比较晚。对于降温晚的年份，由于积温偏多，小麦容易出现旺长现象，需要进行镇压。镇压不仅可以保湿提墒，利于小麦安全越冬和冬后正常生长，甚至还可以推迟浇春水的时间。

三、镇压时间与方法

（一）播前镇压

播前可结合旋耕进行镇压。连年旋耕易造成麦田土壤疏松、透风跑墒。不仅会导致播种过深影响出苗，抑制分蘖和次生根生长；而且也造成耕层土壤水分散失，不利于节水，冬季寒、旱交加容易造成死苗。小麦旋耕后、播种前进行镇压，可以破碎土块，紧实土壤，平整地面，使得耕地上松下实，减少蒸发，抗旱保墒，确保种子与土壤紧密接触，促进根系生长下扎，提高小麦抗逆性。

（二）播种后镇压

播后镇压的主要作用是进一步压碎土块，沉实土壤，连接土壤毛细管，促使土壤下层水分上升（俗称提墒）；同时还可以使种子和土壤进一步密接，有利于早出苗、早扎根、育壮苗，是提高麦播质量、夺取小麦高产的重要一环。

播后镇压的时间视土壤水分而定，一般应随播随压。但土壤过湿的麦田，应适当推迟镇压时间，以防板结，影响出苗。一般应在小麦播后 1～2 天（若小麦播后是阴天可适当延长），0～3 厘米表层土发干变黄，0～20 厘米表层土相对含水量轻壤土≤85%，中壤土、重壤土≤80%时，采用专门的镇压器镇压 1～2 次，保证小麦出苗后根系正常生长，提高抗旱能力。

播后镇压除了可以保墒、促苗生长外，还能有效防止冻害。这是由于未进行镇压的地块土壤疏松跑墒快，小麦幼苗发育不良，且疏松干燥的土壤在遇到寒潮时，降温更为剧烈，导致小麦冻害加剧，往往比镇压的麦田冻害严重。

据报道，小麦播后镇压能提早出苗 1～2 天，单株分蘖增加 0.4～0.6 个，单株次生根增加 1.2～2.1 条，冻害干叶率降低 10%～15%，群体增加 5 万～25 万，增产率 8%～12%。

（三）冬前镇压

在三叶期或分蘖期，对于整地质量差、地表坷垃多、表层土壤松塇的麦田，可在冬前结合浇水或降雨后进行 1～2 次镇压，以压碎坷垃，弥实裂缝，踏实土壤，使根系和土壤紧实结合，提墒保墒，促进发育。

分蘖期的麦田，当每亩分蘖总群体达到 80 万头时，要及时采取重镇压。这样做既控制了过量的分蘖造成群体过大的狂长，又降低了土壤水分流失，还压实了地表，降低了地温，控制和缓解了麦苗的过量生长，是十分简单、行之有效、立竿见影的人为麦田保墒、控量、促根、壮苗措施。

（四）越冬期镇压

冬季气温低，土壤结冻，地表经常出现冻裂现象。冬季镇压能够踏实土壤，弥实土壤裂缝，减少水分蒸发失墒，并能增加地温，增强土壤毛管作用；还能提升下层水分，调节耕层孔隙，防止冷空气入侵土壤，增大土壤热容量和导热率，平抑地温，增强麦田耐寒、抗冻和抗旱能力，减少越冬死苗。镇压时期可以分冬初镇压和冬末镇压两个时期。

冬初镇压应在小麦浇完冻水后，在 12 月上旬至中旬，当地表经过冻融变得干酥时进行镇压。坷垃多、裂缝多、表面秸秆多、土壤过塇和播种偏浅的麦田务必进行冬初压麦，以压碎坷垃，弥补裂缝，减少土壤水分蒸发，保苗安全越冬。

冬末（2 月中下旬至 3 月初）压麦，同样可以起到破碎坷垃、弥合裂缝、压实表层干土、减少土壤水分蒸发、提墒保墒、抑制干土层加厚、防止麦苗出现萎蔫、保苗安全越冬的效果。除麦苗偏小且播种沟较深压麦后会壅土埋苗的地块外，其余麦田有条件的都应进行镇压。

冬季镇压要注意：镇压最好在最高气温超过 3℃、中午前后、麦苗解冻变软、地表坷垃解冻变酥后进行，以免造成麦苗折断损伤。

（五）返青期镇压

小麦返青期镇压，一是可以压碎土块，使经过冬季冻融疏松了的土壤表土层沉实，弥封裂缝，使土壤与根系紧密起来；二是可以减少水分蒸发，利于根系的吸收。特别是在土壤松暄、干燥的条件下，春季镇压还能使土壤下层水分上升，改善土壤上层墒情。试验证明，早春镇压比不镇压的麦田 0～10 厘米土层含水率高 3.4%，10～20 厘米土层含水率高 6.1%；三是能增加分蘖数和次生根数，镇压的比不镇压的麦苗次生根增加 1.9～2.6 条，单株分蘖增加 1.8 个。

返青期镇压的有利时机为顶凌期。在冬季土壤冻结期间，下层土壤水分上升并积累于冻土层，春季土壤化冻时，表层有较多的水分，称为土壤返浆，在表皮土化冻 2 厘米时称为顶凌期。顶凌期镇压，此时保墒效果最好，既压实了表层土壤，破除了板结，弥补了裂缝，又提高了土壤耕作层的底部墒情，促进和保证了麦苗尽快回到正常生长、发育阶段，有利于小麦早返青、早发根、促壮苗。但应注意土壤太湿的时候不宜镇压，应在地表稍干时镇压，防止造成地表板结。

（六）起身期镇压

长势过旺的麦田，起身前后镇压可抑制地上部分生长过快，避免过早拔节，促进分蘖成穗，加速小分蘖死亡，提高成穗率和整齐度，促秸秆粗壮，增强抗倒伏能力。

四、麦田镇压应注意的问题

麦田镇压的时间应结合土质、墒情、苗情与天气灵活掌握。按照农艺要求，选择合适的机具对麦田进行镇压。镇压时间以在晴天的中午和下午最为适宜。

1. 地湿不压地干压　当田间土地比较湿，比如刚下过雨不久，或者刚浇过地不久，不要去镇压，等到地干以后再去。对于土壤含水量大、土壤黏重的地块不要镇压，以免发生土壤板结，影响麦苗生长。

2. 阴天不压晴天压　机械镇压，多多少少会对小麦造成一些伤口，如果在阴天进行镇压，那么这些伤口就会感染一些虫害或者病害，反而起了反效果。所以镇压一定要选在晴天，这样的话即使有伤口小麦愈合的也很快。

3. 早晨不压中午压　早上和晚上一般不建议去镇压，可以选择中午前后的时间段，因为早上和晚上的温度相对较低，当镇压过后，小麦会因温度过低，导致苗弱现象，选择中午的时间段，温度相比较高，基本影响不大。

4. 有霜不压无霜压　有露水、霜冻的麦田或冬春土壤和麦叶未解冻时不能压。此时田间气温低、水气重，麦苗含水分较多，叶片较脆、茎叶易折断，应避免镇压减少麦苗损伤。

5. 不同地块灵活压　盐碱地不能镇压，以免因为镇压后返盐碱，影响麦苗生长。漏风淤地透风跑墒，可重压；两合土、沙壤土耕性好，应轻压；风沙土跑墒、吊根，应适当重压。整地质量差，土壤翘空，旋耕地，要重压；整地质量好的可轻压。土壤墒情差的应重压，墒情好的可轻压。

6. 严守机械镇压操作规范　一是拖拉机行走速度以1档中油门每小时6～8千米为宜，行走过快无法保证镇压质量；二是要防止漏压；三是根据土壤情况，调整镇压器重量，如果麦田坷垃多，可通过添加配重块的方法增加镇压器重量，确保压麦质量；四是需要重复镇压的麦田，两次压麦行走方向要一致，否则会加重伤苗。

五、镇压成本及应用效果

根据山东省内多地田间镇压试验示范，每亩镇压一遍，成本5～10元，起到提墒保墒防旱抗寒护根健苗之多重作用，稳产增产效果显著。

播后镇压与不镇压相比，播后3天3～7厘米土壤相对含水量增加 5%～7%，出苗率提高 8%～12%；冬前单株分蘖增加 0.5～0.7 个，单株次生根增加 1.5～2.0 条，冬前亩苗量增加 5 万～10 万，分蘖成穗率增加 7%～10%，亩穗数增加 2 万～5 万；一般年份冬季麦苗受冻枯叶率减少 10%～20%。在秋种墒情不足年份减少"浅播压水"、因耕层松墒而超量用水，大幅度减少播后第一次浇水的用水量，用水减少 10～20 米^3。对旺长的麦苗，镇压控旺是常规技术。在冬春干旱年份和干旱麦田，镇压的保墒提墒抗旱节水作用明显。

六、主要镇压机械

（一）自走式多功能麦田镇压机及其应用

农田镇压是小麦生产中抗旱保墒防寒、提高播种质量和苗群质量的重要措施，但由于缺乏简便快速、均匀高效的作业机具，镇压技术的实施受到限制。近年中国农业大学王志敏教授研制了一种麦田新型镇压机（自走式多功能镇压机），自走式可调幅、镇压均匀、作业高效，适合麦田播后和苗期镇压，已在北方小麦主产区推广应用。山东省生产自走式麦田镇压机的企业主要有山东源泰机械有限公司、宁津县泽丰农业机械有限公司、宁津汇鼎机械制造有限公司等。常用的自走式麦田镇压机机型主要有 1YZ-2.2A 型自走式多功能镇压机（图 5-42）和 1YZ-2.2 型自走式多功能镇压机（图 5-43）等。

图 5-42　1YZ-2.2A 型自走式多功能镇压机

图 5-43　1YZ-2.2 型自走式多功能镇压机

1. 主要结构与工作原理 麦田自走式多功能镇压机主要由机架总成、发动机、变速箱、操纵机构、镇压装置等部分组成,图5-44所示。该机具镇压装置由多个呈"品"字形分布的镇压单元组成,每个镇压单元由多个并排橡胶轮胎组成。1YZ-2.2型自走式多功能镇压机采用"前二后一"的布置方式,前部两个镇压单元处于同一轴上,同时兼有驱动和转向功能。发动机与驾驶座椅横向并排布置,作业时,发动机驱动机具前进,利用机具自身重量对麦田进行镇压。在作业幅宽内,前部两个镇压单元完成两侧镇压,后部镇压单元完成中间镇压。1YZ-2.2A型自走式多功能镇压机采用"前三后二"的布置方式,前部三个镇压单元处于同一轴上,中间镇压单元兼有转向功能,两侧的镇压单元可以实现液压折叠功能,以便于田间运输。后部两个镇压单元处于另一轴上,并兼有驱动功能。发动机与驾驶座椅采用纵向前后布置,发动机、变速箱、后桥、操纵机构等均采用拖拉机的配置方式,配件通用性较强。作业时,发动机驱动机具前进,利用机具自身重量对麦田进行镇压,在作业幅宽内,前部三个镇压单元完成两侧和中间镇压,后部镇压单元对留下的空隙进行镇压。

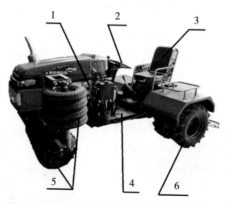

图 5-44 麦田自走式多功能镇压机结构图
1. 发动机 2. 方向盘 3. 座椅 4. 机架总成
5. 镇压轮 6. 驱动镇压两用轮

麦田自走式多功能镇压机采用盘式油刹，刹车轻便可靠；液压助力转向，掉头操作方便。适用于小麦播种后镇压、分蘖期镇压、越冬期镇压、返青期镇压、起身期镇压等多种作业环境。

2. 主要机型规格参数 麦田自走式多功能镇压机主要机型参数见表5-15。

表5-15 自走式多功能镇压机主要机型参数表

型号	1YZ-2.2A型	1YZ-2.2型
结构型式	自走式	自走式
外形尺寸（毫米）	2 016×1 800×1 700	2 700×2 200×1 680
结构质量（千克）	580	850
工作幅宽（米）	1.8～2.2（可调）	2.2
镇压器型式	组合橡胶轮式	组合橡胶轮式
折叠机构型式	液压式	—
镇压辊材质	橡胶	橡胶
镇压辊直径（毫米）	600/450/370	585
镇压辊数量	22	11
纯工作小时生产率（公顷/时）	1.0～1.4	1.2～1.5
配套动力（千瓦）	14.7	16.2
轴距（毫米）	1 350	1 900
导向轮轮距（毫米）	740	740
导向轮规格	450～10	175/65 R14
驱动轮轮距（毫米）	1 285	740
驱动轮规格	6.00～12	175/65 R14

（二）非自走式麦田镇压机及其应用

与自走式麦田镇压机相比，非自走式麦田镇压机具有结构简单、工作可靠等优点，主要分为悬挂式麦田镇压机和牵引式麦田镇压机两种，其中以悬挂式镇压机居多。生产企业主要有禹城市一洋机械设备有限公司、德州浩民机械设备有限公司、禹城市博丰机械设备有限公司等。常用产品主要有1YX-1.8型悬挂式麦田镇压机、1YX-2.5型悬挂式麦田镇压机、1YQ-4.0型牵引式麦田镇压机等。

1. 悬挂式麦田镇压机主要结构与工作原理 悬挂式麦田镇压机主要由机架总成、镇压辊、支撑杆等部分组成，图5-45所示。该机具镇压装置由一个镇压单元或多个呈"品"字分布的镇压单元组成，镇压单元由多个并排空心凸缘铁轮组成。作业时，镇压机通过悬挂架与轮式拖拉机相连，在拖拉机牵引下前进，利用机具自身重量和拖拉机悬挂装置的支撑作用完成对麦田的镇压作业。

图5-45　悬挂式麦田镇压机

2. 牵引式麦田镇压机主要结构与工作原理 牵引式麦田镇压机主要由机架总成、镇压辊、地轮、液压系统等部分组成，图5-46所示。该机具镇压装置由多个呈"品"字分布的镇压单元组成，镇压单元由多个并排空心凸缘铁轮组成。作业时，镇压机通过牵引架与轮式拖拉机相连，液压系统连接在拖拉机的液压输出装置上，机具在拖拉机牵引下前进，利用自身重量完成对麦田的镇压作业。田间道路运

图5-46　牵引式麦田镇压机

输时，液压油缸驱动镇压机折叠，使地轮着地，便于行走。

3. 主要机型规格参数　非自走式麦田镇压机主要机型参数见表5-16。

表5-16　非自走式麦田镇压机主要机型参数表

型号	1YX-1.8 型	1YX-2.5 型	1YQ-4.0 型
结构型式	悬挂式	悬挂式	牵引式
外形尺寸（毫米）	580×2 000×760	1 080×2 750×780	2 250×4 200×830
结构质量（千克）	200	370	800
工作幅宽（米）	1.8	2.5	4.0
镇压器型式	组合凸缘铁轮式	组合凸缘铁轮式	组合凸缘铁轮式
折叠机构型式	—	—	液压式
镇压辊材质	铁质	铁质	铁质
镇压辊直径（毫米）	490	380	490
镇压辊数量	18	25	40
生产率（公顷/时）	0.8～1.0	1.2～1.5	1.8～2.0
配套动力（千瓦）	18.4～29.4	29.4～40.4	33.1～47.8

（三）麦田镇压机的维护保养

1. 非自走式麦田镇压机的维护保养注意事项　非自走式麦田镇压机使用结束后应清除机具上的泥土，检查各螺栓、螺母是否松动，向各润滑油点加注润滑油，以防锈蚀磨损。存放时应避免露天存放，可放于室内或进行遮盖，存放于室外时应避免落地，防止锈蚀。

2. 自走式麦田镇压机的维护保养注意事项

（1）新买的自走式麦田镇压机作业前要进行磨合，不经磨合的自走式麦田镇压机不能使用，否则将影响其使用寿命。

（2）定期更换机油和润滑油，更换柴油滤清器滤芯、空气滤清器滤芯、机油滤清器滤网。注意要按照季节选用润滑油。夏季要用夏季润滑油，冬季要用冬季润滑油。

（3）要定期检查并拧紧所有外部螺栓、螺母和螺钉；定期检查是否有漏气、漏油、漏水现象，发现问题要及时处理。

（4）定期检查各需要加注润滑脂的部位，并加注润滑脂。

（5）冷却系统最好加注防冻液，加注防冻液后停机时就不用放水了。

（四）麦田镇压机作业质量

1. 麦田镇压机作业质量指标　山东省麦田镇压机作业质量主要指标见表5-17。

表5-17　麦田镇压机作业质量指标

序号	项目	质量指标
1	镇压后地表平整度	≤2.5
2	压实率	10%～20%
3	作业速度	不小于使用说明书明示值上限的80%
4	纯工作小时生产率	不小于使用说明书明示值上限的80%

2. 麦田镇压机作业质量的检测方法　试验前按产品使用说明书的规定对样机进行调整，试验时样机技术状态应良好，选择常用的工作档位，测定两个作业行程，测试区长不少于30米，其前后各留有10米的稳定区。

（1）镇压后地表平整度。在往返行程上各选一个测区，在镇压后地表线上过最高点作一水平直线为基准线，在其适当位置上取一定宽度（与样机作业幅宽相当），以5厘米间隔等份，并在等分点上分别测定镇压后地表至基准线的垂直距离，按下式计算平均值和标准差，以标准差的值表示镇压后地表平整度（在两个测区上取其最大值）。

$$\bar{X} = \frac{\sum X}{n}$$

$$S = \sqrt{\frac{\sum (X - \bar{X})^2}{n-1}}$$

式中，

S ——镇压后地表平整度，单位为厘米；

X ——各点测定值，单位为厘米；

$\overline{X}$ ——各点测定值的平均值，单位为厘米；

n ——测点数。

（2）压实率。在测试区内，沿机具前进方向每间隔 5 米测定镇压后土壤容积质量，按下式计算压实率，共测定 10 次，取平均值。

$$Y = \frac{E_h - E_q}{E_q} \times 100\%$$

式中，

Y ——压实率，单位为%；

E_h ——镇压后平均土壤容积质量，单位为克/升；

E_q ——镇压前平均土壤容积质量，单位为克/升。

（3）作业速度与纯工作小时生产率测定。测定镇压机通过测区所用的时间，按下式计算作业速度和纯工作小时生产率。重复试验 3 次，结果取平均值。

$$C = \frac{l}{t}$$

$$E = 0.36 \times C \times L$$

式中，

C ——作业速度，单位为米/秒；

l ——测区长度，单位为米；

t ——通过测区所用时间，单位为秒；

E ——纯工作小时生产率，单位为公顷/小时；

L ——工作幅宽，单位为米。

第六章 小麦田间管理农机农艺融合生产技术

小麦田间管理技术是小麦全生命周期的重要环节之一，田间管理技术的好坏直接关系到小麦能否获得较高的单位面积产量。从小麦生育周期看，田间管理在冬前、春季和后期3个阶段分别有不同的要求，本章从机械化作业环节出发，重点对节水灌溉、高效植保、追肥等方面展开论述。

第一节 小麦田间管理的农艺要求

小麦要高产，种好是基础，管理很关键。在提高种植基础的前提下，必须切实加强田间管理。

一、小麦田间管理的技术要点

小麦田间管理的主要任务：一是通过肥水等措施满足小麦对肥水等条件的要求，保证植株良好发育；二是通过保护措施防御（治）病虫草害和自然灾害，保证小麦正常生长；三是通过促控措施使个体与群体协调生长，实现栽培目标。根据小麦生长发育进程，麦田管理可分为冬前（苗期）、春季和后期3个阶段。

（一）冬前田间管理

小麦从出苗至越冬阶段的调控目标是：在保证全苗基础上，促苗早发，促根壮蘖，安全越冬，达到冬前壮苗指标，即单株同伸关系正常，叶色适度，主茎叶龄5~7片，分蘖3~8个，次生根10条左右，冬前总茎数为成穗数的1.5~2倍，常规栽培下为每公顷1 050万~1 350万，叶面积指数1左右。小麦冬前管理的主攻方向是促苗匀、足、齐、壮。田间管理的主要措施：

1. 查苗补苗　出苗后要及时查苗，对缺苗断垄的麦田要及早补种浸种催芽的同一品种的种子，杜绝 10 厘米以上的缺苗和断垄现象（三寸无苗为缺苗，五寸无苗为断垄）。待麦苗长到 3～4 叶期，结合疏苗和间苗，进行一次移栽补苗。栽植深度以"上不埋心，下不露节"为宜。补苗后踏实浇水，并适当补肥，促早发赶齐，确保苗全。

2. 划锄保墒　苗期管理以镇压、划锄、灭草为主。小麦出苗后遇雨、冬灌或其他原因造成土壤板结，应及时进行划锄，破除板结，通气保墒，促进根系和幼苗的健壮生长。适时划锄保墒，可达到提高地温，促进冬前分蘖的效果。划锄后要及时镇压，以防冻害。

3. 深耘断根　深耘锄有断老根、喷新根、深扎根、促进根系发育的作用，对植株地上部有先控后促的作用，可以控制无效分蘖，防止群体过大，改善群体光照条件，提高根系活力，延缓根系衰老，促进苗壮株健，增加穗粒数，提高穗粒重，显著增产。所以浇冬水前对总茎数充足或偏多的麦田，或出现异常暖冬、麦苗旺长的麦田，应依据群体大小和长相，及时采取镇压、化控或深耘断根等措施，控制合理群体。深耘深度 10 厘米左右，耘后及时将土耧平、压实，接着浇冬水，防止透风冻害。

4. 浇好越冬水，酌情追肥　越冬水是保证小麦安全越冬的一项重要措施。它能防止小麦冻害死苗，并为翌年返青保蓄水分，做到冬水春用，春旱早防；还可以踏实土壤，粉碎坷垃，消灭越冬害虫。因此，一般麦田都要浇好越冬水，但墒情较好的旺苗麦田，可不浇越冬水，以控制春季旺长。浇越冬水的时间要因地制宜。对于地力差、施肥不足、群体偏小、长势较差的弱苗麦田，越冬水可于 11 月底 12 月初早浇，并结合浇水追肥，一般每亩追尿素 10 千克左右，以促进生长；对于一般壮苗麦田，当日平均气温下降到 5℃左右（立冬至小雪）浇越冬水为好。早浇气温偏高会促进生长，过晚会使地面结冰冻伤麦苗。要在麦田上大冻之前完成浇越冬水，达到夜冻昼消，浇完正好。浇越冬水要在晴天上午进行，浇水量不宜过大，但要浇透，以灌水后当天全部渗入土中为宜，切忌大水漫灌。浇水后要注意及时划锄，破除土壤板结。

5. 综合防治病虫草害 冬前是小麦病虫草综合防治的关键时期，一定要注意及时防治。秋季小麦 3 叶后大部分杂草出土，草小抗药性差，是化学除草的有利时机，一次防治基本能控制麦田草害，具有事半功倍的效果。对以阔叶杂草为主的麦田可用苯磺隆（巨星）、2，4-D 丁酯、氯氟吡氧乙酸（使它隆）、唑酮草酯（快灭灵）等药剂防治，例如：每亩用 75％苯磺隆可湿粉 1～1.2 克，或72％ 2，4-D 丁酯乳油 30～50 毫升，或 20％氯氟吡氧乙酸乳油50～60 毫升，或 40％唑酮草酯干悬浮剂 4～5 克，加水喷雾防治；对以禾本科杂草为主的麦田可用精噁唑禾草灵（骠马）、甲基二磺隆（世玛）、炔草酸（麦极）、氟唑磺隆（彪虎）等药剂防治。一般每亩用 6.9％精噁唑禾草灵乳油 60～80 毫升，或 3％世玛乳油 25～30 毫升，或 15％炔草酸可湿性粉剂 25～30 克，或 70％氟唑磺隆水分散粒剂 3～5 克，加水后茎叶喷雾防治。混合发生的麦田可用以上药剂混合使用：在禾本科杂草与阔叶杂草混生田，可选用阔世玛、麦极＋苯磺隆或骠马＋苯磺隆等组合混用；恶性阔叶杂草与常见阔叶杂草混生的地块，可用苯磺隆＋氯氟吡氧乙酸或苯磺隆＋乙羧氟草醚或苯磺隆＋苄嘧磺隆或苯磺隆＋辛酰溴苯腈等组合混用。

近年来，化学除草导致防治作物和后茬作物药害的事故屡有发生。为防止药害发生，一要严格按推荐剂量使用，二要禁止或避免使用对后茬作物有药害的药剂。长残效除草剂氯磺隆、甲磺隆在麦田使用后易对后茬花生、玉米等作物产生药害，要禁止使用。双子叶作物对 2，4-D 丁酯高度敏感，易引起药害，麦棉、麦花生、麦烟、麦菜等混作区麦田要避免使用 2，4-D 丁酯以及含有 2，4-D 丁酯成份的除草剂进行除草。

近几年，地下害虫对小麦苗期的危害呈加重趋势，应注意适时防治。防治蝼蛄和金针虫，可用 40％甲基异柳磷乳油或 50％辛硫磷乳油，每亩用量 250 毫升，兑水 1～2 千克，拌细土 20～25 千克配成毒土，条施于播种沟内或顺垄撒施于地表，施药后要随即浅锄或浅耕；也可每亩用 40％甲基异柳磷或 50％辛硫磷乳油 0.5 千克，兑水 750 千克，顺垄浇施。防治蝼蛄，可用 5 千克炒香的麦麸、豆饼等，加 80％敌百虫可溶性粉剂，或 50％辛硫磷乳油，或 48％毒死蜱乳油 50～80 毫升，加适量水将药剂稀释喷拌混匀制成毒饵，于傍晚顺垄撒施，每亩用 2～3 千克。另外，要密切关注红蜘蛛、地老虎、麦蚜、灰飞虱、纹枯病、全蚀病等小麦主要病虫害发生情况，及时做好预测预报和综合防治工作。

6. 加强监管，严禁牲畜啃青　近年来，山东省部分地区仍然存在麦田啃青现象，应引起高度重视。小麦越冬期间保留下来的绿色叶片，返青后即可进行光合作用，它是小麦刚恢复生长时所需养分的主要来源。冬前或者冬季放牧会使这部分绿色面积遭受大量破坏，容易加重小麦冻害，甚至会造成麦苗大量死亡，减产非常显著。各地要进一步提高对牲畜啃青危害性的认识，做好宣传，加强监管，坚决杜绝牲畜啃青现象的发生。

（二）春季田间管理（返青—挑旗）

小麦从返青到抽穗前这段时间的生长特点是：根、茎、叶等营养器官与小穗、小花等生殖器官分化、生长、建成同时并进。由于器官建成的多向性，生长速度快，生物量骤增，带来了小麦群体与个体的矛盾以及群体生长与栽培环境的矛盾。栽培管理目标是：根据苗情类型，适时、适量地运用水肥管理措施，协调地上部与地下部、营养器官与生殖器官、群体与个体的生长关系，促进分蘖两极分化，创造合理的群体结构，实现秆壮、穗齐、穗大，为后期生长奠定良好基础。春季管理的关键是：保证群体沿着合理动态发展，达到群体合理、穗大粒多和减轻病虫害的目的。

1. 返青期（2 月下旬至 3 月初）　主攻方向：促早返青、早生长。主要措施：

（1）及时划锄。麦田返青期管理的关键是及时划锄，划锄有利于通气、提温、保墒，促进根系发育，促苗早返青早生长，加速两极分化。早春划锄的有利时机为"顶凌期"，即在表层土化冻 2 厘米时开始划锄，此时保墒效果最好，有利于小麦早返青，早发根，促壮苗。春季镇压可压碎土块，弥封裂缝，使经过冬季冻融疏松后的土壤表土层沉实，使土壤与根系密接起来，有利于根系对肥水的吸收利用，减少水分蒸发。因此，对整地粗放、坷垃多、秸秆还田镇压不实的麦田，可在早春土壤化冻后进行镇压，以沉实土壤，弥合裂缝，减少水分蒸发和避免冷空气侵入分蘖节附近冻伤麦苗；对没有水浇条件的旱地麦田在土壤化冻后及时镇压，可促使土壤下层水分向上移动，起到提墒、保墒、抗旱作用；对长势过旺的麦田在起身期前后镇压，可抑制地上部生长，起控旺转壮作用。另外，镇压要和划锄结合起来，一般是先压后锄，以达到上松下实、提墒保墒增温的作用。

（2）合理运用促控措施。控制群体和长势至关重要，要做到因苗管理，促控结合。对播种早、群体大、麦苗长势旺的麦田，可在早春进行镇压，促进旺苗转壮。对徒长的麦田，要采取地下部深耘断根、地上部镇压等措施进行控制。

在正常年份，浇过越冬水的麦田返青期应控制肥水，一方面避免因浇水而降低地温，延缓小麦正常返青和生长；另一方面，避免因施肥造成春季旺长，导致群体过大，中后期倒伏。

对于晚播弱苗麦田，一般应在返青期追肥，使肥效作用于分蘖高峰前，以便增加春季分蘖，巩固冬前分蘖，增加亩穗数。一般情况下，春季追肥应分为两次：第一次于返青中期，5厘米土层地温5℃左右时开始，施用追肥量50％的氮素化肥和适量的磷酸二铵，促进分蘖和根系生长，提高分蘖成穗率；剩余的50％化肥待拔节期追施，促进小麦发育，提高穗粒数。

旱地麦田由于没有水浇条件，应在早春土壤化冻后抓紧进行镇压划锄、顶凌耙耱等，以利提墒、保墒。弱苗麦田，要在土壤返浆后，用化肥耧或开沟施入氮素化肥，以利增加亩穗数和穗粒数，提高粒重，增加产量；一般麦田，应在小麦起身至拔节期间降雨后，抓紧借雨开沟追肥。一般每亩追15千克左右尿素。对底肥未施用磷肥的要在氮肥中配施磷酸二铵。

（3）酌情追肥。对土壤缺磷、钾素而底肥施入不足的麦田，应补施磷钾化肥，开沟深施磷、钾肥料，这类麦田每亩施用过磷酸钙20～30千克，硫酸钾20千克为宜。发生严重冻害的麦田，可在返青期及时清垄，每亩适当追施尿素10～15千克，施肥后浇返青水，浇水后应及时划锄。

（4）适时防治病虫草害。春季是各种病虫草害多发的季节，应搞好测报工作，及早备好药剂、药械，实行综合防治。麦田化学除草具有除草效果好、节本增效等优点，对于冬前没有进行化学除草或防治效果较差的地区，要抓住春季3月上中旬防治适期，及时开展化学除草。对以双子叶杂草为主的麦田可每亩用75%苯磺隆水分散粒剂1克或15%噻吩磺隆可湿性粉剂10克，加水喷雾防治；对抗性双子叶杂草为主的麦田，可每亩用20%氯氟吡氧乙酸乳油（使它隆）50～60毫升或5.8%双氟•唑嘧胺乳油（麦喜）10毫升防治。对单子叶禾本科杂草重的可每亩用3%甲基二磺隆乳油（世玛）25～30毫升或6.9%精噁唑禾草灵水乳剂（骠马）60～70毫升，茎叶喷雾防治。双子叶和单子叶杂草混合发生的麦田可用以上药剂混合使用。春季麦田化学除草对后茬作物易产生药害，禁止使用长残效除草剂氯磺隆、甲磺隆等药剂；2，4-D丁酯对棉花等双子叶作物易产生药害，甚至用药后具有残留的药械再喷棉花等作物也有药害发生，小麦与棉花和小麦与花生间作套种的麦田化学除草避免使用2，4-D丁酯。

春季病虫害的防治要大力推广分期治理、混合施药兼治多种病虫技术，重点做好返青拔节期和孕穗期两个关键时期病虫害的防治。

返青期是纹枯病、全蚀病、根腐病等根病和丛矮病、黄矮病等病毒病的又一次侵染扩展高峰期，也是麦蜘蛛、地下害虫和草害的危害盛期，是小麦综合防治关键环节之一。防治纹枯病，可用5%井冈霉素每亩150～200毫升兑水75～100千克喷麦茎基部防治，间隔10～15天再喷一次；或用多菌灵胶悬剂或甲基硫菌灵防治。防治根腐病可选用立克锈、烯唑醇、粉锈宁、敌力脱等杀菌剂；防治麦蜘蛛可用 1.8%阿维菌素 3 000 倍液喷雾防治。以上病虫混合发生的，可采用以上对路药剂一次性混合喷雾施药防治。

2. 起身期（3 月中旬） 主攻方向：促稳健生长，防群体过大。主要措施：

（1）合理肥水管理。3 月中下旬，气温进一步回升，小麦开始起身，生长速度加快，群体的光合能力和光能利用率明显提高。在田间管理上，对群体适宜、麦苗健壮的麦田，应进行适当的肥水控制，以免群体过大，引起徒长和后期倒伏减产；对干旱缺水或苗情较弱以及缺肥的麦田，起身期可结合浇水追施适量的肥料（15～20 千克尿素）；对干旱缺水但不缺肥、群体较大的麦田，可只浇水不施肥，但需进行化控；对生长正常，群体适中的麦田，起身期一般不追肥浇水，以免引起徒长。通过控制肥水，壮大蘖、控无效分蘖，从而达到建立合理群体结构的目的。

（2）及时化控。在小麦起身以前，要进行除草和化控，防止后期倒伏。是否使用化控措施取决于群体大小、个体健壮程度等田间综合因素，生长正常无倒伏风险的麦田不需使用化控措施。目前生产上应用较多和效果较好的化控产品有"壮丰安""麦巨金"等化控药剂，一般每亩用量 30～40 毫升，兑水 30 千克，叶面喷雾。化控时间以 3 月上中旬为佳，应注意严格掌握苗情、浓度、安全性等尺度，以免造成药害。

3. 拔节期（3 月下旬至 4 月初） 主攻方向：促壮秆、大穗多粒，奠定品质基础。主要措施：

（1）搞好肥水管理。此期为春季肥水管理的重要时期。科学的肥水管理，不仅可有效地防止倒伏，控制下落穗的形成，而且能促进小花发育，延缓小麦衰老，增加穗粒数，提高粒重。此次追肥数量应占氮肥总投入量的 1/2～2/3，以每亩追施尿素 15～20 千克为宜，施肥后立即灌溉。

施拔节肥、浇拔节水的具体时间，要根据品种、地力水平和麦苗情况灵活变化。分蘖成穗率低的大穗型品种，一般在拔节期稍前或拔节初期（雌雄蕊原基分化期，基部第一节间伸出地面 1.5～

2厘米）追肥浇水；分蘖成穗率高的中穗型品种，在地力水平较高的条件下，群体适宜的麦田，宜在拔节初期或中期追肥浇水；地力水平高、群体偏大的麦田，宜在拔节后期（药隔形成期，基部第一节间接近定长，旗叶露尖时）追肥浇水。

将一般生产中的起身期（二棱期）施肥浇水改为拔节期至拔节后期（雌雄蕊原基分化期至药隔形成期）追肥浇水。这样可以显著提高小麦籽粒的营养品质和加工品质，有效地控制无效分蘖过多增生，控制旗叶和倒二叶过长，建立高产小麦紧凑型株型；还能够促进根系下扎，提高土壤深层根系比重，提高生育后期的根系活力，有利于延缓衰老，提高粒重；控制营养生长和生殖生长并进阶段的植株生长，有利于物质的稳健积累，减少碳水化合物的消耗；进而促进单株个体健壮，有利于小穗小花发育，增加穗粒数；促进开花后光合产物的积累和光合产物及营养器官贮存的氮素向籽粒运转，有利于较大幅度地提高生物产量和经济系数，是优质高产的重要措施。

（2）防治病虫。做好病虫害发生的预测预报工作，加强纹枯病、锈病、白粉病和赤霉病等易流行和危害严重的病害和各种虫害的综合防治，治早、治好。

4. 挑旗（孕穗）期（4月中下旬）　　主攻方向：增加穗粒数，提高粒重。主要措施是浇好孕穗水，酌情追肥。挑旗、孕穗期是小麦一生中需水"临界"期，浇足浇透挑旗水有利于减少小花退化，显著提高结实率，增加穗粒数，并保证土壤深层蓄水，供小麦后期生长利用。因此，此期要保持田间足够的土壤水分，如果墒情较好，也可推迟至开花期浇水。缺肥地块和植株生长较弱的麦田，可结合浇水每亩施尿素10千克左右。此期追肥应在浇水前进行，其主要作用是增加穗粒数、粒重，对改善品质也有重要作用。

（三）后期田间管理（挑旗—成熟）

后期指从挑旗抽穗到灌浆成熟的阶段，这是以籽粒形成为中心的开花受精、养分运输、籽粒灌浆、产量形成的过程。该阶段的调控目标是：保持根系活力，延长叶片功能期，抗灾防病虫，防止早衰与贪青晚熟，促进光合产物向籽粒运转，争取粒重。主攻方向：防止早衰，改善品质，提高产量。主要措施：

1. 浇好灌浆水　小麦扬花后 10～15 天应及时浇灌浆水，以保证小麦生理用水，同时还可改善田间小气候，降低高温对小麦灌浆的不利影响，减少干热风的危害。灌浆水可提高籽粒灌浆速度，提高饱满度，增加粒重，据研究表明可提高千粒重 2～3 克。此期浇水应十分注意天气变化，严禁在风雨天气浇水，以防倒伏。收获前 7～10 天内，忌浇麦黄水。

小麦开花后土壤含水量过高，会降低强筋小麦品质。所以，强筋小麦生产基地在开花后应注意控制土壤含水量不要过高，在浇过挑旗水或扬花水的基础上，不再灌水。

2. 叶面追肥　研究表明，叶面追肥，不仅可以弥补根系吸收作用的不足，及时满足小麦生长发育所需的养分，而且可以改善田间小气候，减少干热风的危害，增强叶片功能，延缓衰老，提高灌浆速率，增加粒重，提高小麦产量；同时可以明显改善小麦籽粒品质，提高容重，延长面团稳定时间。叶面追肥的最佳施用期为小麦抽穗期至籽粒灌浆期，目前常用的叶面肥主要有天达 2116、磷酸二氢钾、尿素等。一般可在灌浆初期喷 1%～3% 的尿素溶液（加上 0.2%～0.3% 的磷酸二氢钾溶液更好），或 0.2% 的天达 2116 植物细胞膜稳态剂（粮食专用）溶液，每亩喷 50～60 千克。叶面追肥最好在晴天下午 4 点以后进行，间隔 7～10 天再喷一次。喷后 24 小时内如遇到降雨应补喷一次。为了简化操作，可与其他田管措施结合进行。如每亩用 40% 多菌灵乳剂 50～80 毫升、50% 辛硫磷乳油 50～75 毫升、天达 2116 植物细胞膜稳态剂 50 克，兑水 50 千克配成混合液，进行叶面喷施，可起到同时防病、防虫、防干热风等，有"一喷三防"效果。

3. 防治病虫害　小麦生育后期是多种病虫害发生的主要时期，对产量、品质影响较大。主要有麦蚜、锈病、白粉病、叶枯病、赤霉病等，要做好预测预报，随时注意病虫害发生动态，达到防治指标，及早进行防治。赤霉病和颖枯病要以预防为主，抽穗前后如遇连阴大雾天气，要在小麦齐穗期和小麦扬花期两次喷药预防，可用80%多菌灵超微粉每亩50克，或50%多菌灵可湿性粉剂75～100克兑水喷雾；也可用25%氰烯菌酯悬乳剂每亩用100毫升兑水喷雾，安全间隔期为21天，喷药时重点对准小麦穗部均匀喷雾。防治条锈病、白粉病可用25%丙环唑乳油每亩8～9克，或25%三唑醇可湿性粉剂30克，或12.5%烯唑醇超微可湿性粉剂32～64克喷雾，兼治一代棉铃虫可加入Bt乳剂或Bt可湿性粉剂；穗蚜可用50%辟蚜雾每亩8～10克喷雾，或10%吡虫啉药剂10～15克喷雾，还可兼治灰飞虱；防治一代黏虫可用50%辛硫磷乳油每亩50～75毫升喷雾。

二、田间管理存在的主要问题及改进措施

目前，由于认识不到位、机械不配套等多方面的原因，山东省不同地区在小麦田间管理方面仍存在诸多问题和不足，需进一步搞好农机农艺融合，提高麦田管理水平，打好小麦丰产稳产基础。具体包括以下几个方面：

（一）追肥量偏大，追肥适期和方式不合理

春季追肥是小麦增产的主要措施之一，追肥时应在小麦返青、起身、拔节三个关键生育时期，考虑地力和苗情状况灵活选择适宜时期追肥。一般对于地力差、小麦群体小的地块，在返青期追肥；而对于地力好、群体适宜麦田，一般在起身至拔节期追肥。然而生产上，很多种植户习惯追施返青肥，且追肥量很大，导致小麦春季无效分蘖多，群体郁闭，后期养分供应不上，容易早衰，不仅难以实现高产还严重浪费了肥料。除了在合理时期追肥以外，掌握正确追肥方式也尤其重要。生产上，不少农户将肥料撒到地面，造成肥料利用率很低，起不到应有的效果。正确的追肥方式是用机械开沟将肥料施在麦垄之间。所以，采用先进的追肥机械，掌握合适的追肥适期和用量尤为关键。

（二）浇水量和浇水时期不合理

高产麦田一般需要浇好越冬水、起身或者拔节水、灌浆水等，

以保证形成合理的群体结构，打牢稳产高产基础。然而，在生产上不少农户因不浇越冬水，造成麦田冻害的现象时有发生。还有的农户在土壤墒情和小麦群体均正常的情况下，盲目浇返青水，导致浇水过早，温度回升慢，影响了小麦合理群体结构的形成。在浇水方式上，大部分农户采用大水漫灌的方式，既浪费水资源，又容易导致麦田土壤冲淤、板结，影响了小麦正常生长。所以，采用微喷、滴灌等先进的节水灌溉技术，掌握适宜的灌溉时期和灌水量非常重要。

（三）药剂防治用量和配套机械不科学

生产上，部分农户抱着"猛药去重疴"的思想，在防治小麦病虫害时随意加大农药剂量和浓度，增加用药频次，导致农药用量偏高，使用强度过大。除此之外，植保机械相对落后，因"跑冒滴漏"而造成农药流失和浪费问题非常突出。调查发现，不少农户仍然在采用手动型喷雾器，这些喷雾器压力小，药液雾化性能差，农药利用率只有 20%～30%，而背负式机动弥雾机的农药利用率可以达到 30%～50%，担架式喷雾机农药利用率可以达到 60% 以上，国外先进的循环喷雾机的农药利用率甚至可以达到 90% 以上。因此，采用先进的植保机械，在适宜的时间、采用适宜的农药剂量和配方，对于提高植保防治效果、确保小麦防灾减灾夺丰收非常重要。下一步，应因地制宜推广自走式喷杆喷雾机、高效常温烟雾机、固定翼飞机、直升机、植保无人机等现代植保机械，采用低容量喷雾、静电喷雾等先进施药技术，提高喷雾对靶性，降低飘移损失，提高农药利用率。

第二节　小麦节水灌溉农机农艺融合生产技术

节水灌溉技术是为充分利用水资源，提高水的利用率和利用效率，达到农作物高产高效而采取的技术措施，它是由水资源、工程、农业、管理等环节的节水技术措施组成的一个综合技术体系。

运用这一技术体系，将提高灌溉水资源的整体利用率，增加单位面积或总面积农作物的产量，以促进农业的可持续发展。

节水灌溉技术包括地面灌溉、喷灌、微灌、渗灌等多种措施。其中，地面灌溉是占主导地位的灌水技术；然而，随着高效田间灌水技术的成熟，输配水有向低压管道化方向发展的趋势。当前，喷灌技术作为大田农作物特别是小麦机械化节水灌溉的主要技术，具有省水、省工、适应性强等优点，本部分也主要介绍喷灌技术与机具。

喷灌技术是指利用专门的设备将水加压，或利用水的自然落差将有压水通过压力管道送到田间，再经喷头喷射到空中散成细小的水滴，均匀散布在农田上，达到灌溉目的。喷灌适用于所有的旱作物，既适用于平原也适用于丘陵山区；除了灌溉作用，还可用于喷洒肥料与农药、防冻霜和防干热风等。机械化喷灌技术地形适应性强，灌溉均匀，灌溉水利用系数高，尤其适用于透水性强的土壤。

喷灌的灌溉水利用系数可达 0.75，较传统地面灌溉节水 40% 左右，灌水均匀度可达 80%～90%，在透水性强、保水能力差的土壤上，节水效果更为明显，可达 70% 以上；喷灌能改变田间小气候，为作物生长创造良好条件，较沟畦灌增产 10%～30%；自动化、机械化程度高，节省劳动力。其主要缺点是受风影响大、设备投资高、耗能大。

一、小麦喷灌技术与装备

（一）机械化喷灌技术要点

1. 适时适量灌水　按照小麦需水规律，制定科学的灌水计划，根据土壤水分、小麦长势、天气变化情况，随时调整灌水计划。在水资源紧缺的地区，应选择小麦生育期对水最敏感、对产量影响最大的时期灌水。在关键时期灌水可提高灌溉水的有效利用率。

2. 均匀灌水　根据当地地理、气候特点，合理布置喷洒点位置，使田块内各处土壤湿润深度及土壤含水量（喷洒水量）大体相近，达到灌水均匀的目的。一般喷头组合间距在 0.6～1.3 个射程为最佳。而且相邻喷灌面积的喷头位置应相互错开，以避开喷灌死角。

3. 强度适宜 单位时间内喷洒在田间的水层深度就是喷灌强度。根据理论研究与生产实践的结果表明，灌水量较少、水分不足时，产量随灌水量或耗水量的增大迅速增大；当灌水量达到一定程度后，随着灌水量的增加，产量增加的幅度开始变小；当产量达到极大值时，灌水量再增加，产量不但不增加反而有所减少。因此，应避免过量灌溉造成不必要的水浪费。

4. 雾化合理 喷头喷射出去的水流在空气中的粉碎程度称为喷灌的雾化指标。根据不同的作物选择相适应的工作压力及喷嘴直径，形成适宜的喷灌雾化指标有助于作物的生长。一般小麦需要的喷灌雾化指标为 3 000～4 000 千帕/毫米。

5. 清洁水源 喷灌水源要清洁，泥沙含量低。水源污染严重、杂质多地区，应进行过滤清洁。

6. 水源适中 井位选择在位置适中、出水量大的地点为最佳，以减少喷灌设备移动次数。采用河道、渠道取水，距离较远的可采取二次提水的方式进行作业。

（二）常用机械种类与选择

喷灌机又称喷灌机具、喷灌机组。喷灌设备按照管道压力来源不同，分为机压喷灌系统和自压喷灌系统；按照布置方式不同，分为管道喷灌系统和机组喷灌系统。

1. 机压喷灌系统和自压喷灌系统

（1）机压喷灌系统。靠机械加压，以获得喷头正常工作压力的喷灌系统。

（2）自压喷灌系统。多建在山丘区，且有足够的落差时，利用自然水头将位能转变为压力水头，实现喷灌的喷灌系统。

2. 管道喷灌系统和机组喷灌系统

（1）管道喷灌系统。管道喷灌系统由首部设备、输配水管网和喷头三部分组成。

①固定管道喷灌系统。其首部、干、支管在整个灌溉季节甚至

常年都是固定不动的。干、支管一般埋于地表之下，管道末端露出竖管和喷头。固定式喷灌系统操作使用方便，灌水劳动效率高，劳动强度低，可实现自动控制，但亩投资高，设备利用率不高。

②半固定管道喷灌系统。其首部、干管在整个灌溉季节或常年固定不动，埋于地下，而支管铺于地表，移动使用。半固定式喷灌系统支管利用率高，亩投资较低。

③移动管道喷灌系统。其干、支管甚至首部均可移动使用。适于经济欠发达地区、面积较小或分散地块，机动性强，但劳动强度较高。

（2）机组喷灌系统。机组喷灌系统的供水、输水、配水三部分设备集于一体，或输水和配水两部分设备集为一体。常见的机组喷灌系统包括轻小型喷灌机组、绞盘式喷灌机、圆形喷灌机及平移式喷灌机。

①轻小型喷灌机组。指配套动力在 11 千瓦（15ps）以下的喷灌机组，按移动方式可分为手提式、手抬式和手推式；按配套喷头数量分为单机单头式、单机多头式。轻小型喷灌机结构简单、安装操作容易、结构紧凑体积较小、耗能少、投资及运行费用较低、操作保养较方便、能充分利用分散小水源。

②绞盘式喷灌机。绞盘式喷灌机包括钢索牵引式和软管牵引式两种，结构简单、制造容易、维修方便、价格低廉、自走式喷洒、操作方便、平稳可靠、适应性强。绞盘式喷灌机工作方式有两种：一是单喷头远射程喷灌，二是多喷头桁架车低压喷洒。

③滚移式喷灌机。是由中央驱动车、带喷头的铝制喷洒支管、爪式钢制行走轮、有矫正器的摇臂式喷头、自动泄水阀和制动支杆等部分组成。滚移式喷灌机结构简单，操作简便，维修费少，运行可靠，损毁的作物面积少；驱动装置传动动力大，效率高，可无级变速，控制面积大，亩投资较少。

④圆形喷灌机。按行走驱动力可分为水力驱动、液压驱动、电力驱动圆形喷灌机。其中，电力驱动圆形喷灌机是目前国内外被广泛使用的一种。

⑤平移式喷灌机。平移式喷灌机是在圆形喷灌机的基础上发展起来的，充分利用土地率达 98%，克服了圆形喷灌机四周不能灌溉的弊端。

（三）常用移动式机组喷灌系统

1.JP65、75、85 型系列绞盘式喷灌机

（1）主要结构特点。JP 系列绞盘式喷灌机主要由车架、卷盘、PE 胶管、喷水车、排灌机构、水涡轮驱动装置以及传动机构等部件组成，图 6-1。新技术和特殊材料制成的 PE 管，具有柔韧性好、抗冲击强度高和使用期长的特点；核心

图 6-1　绞盘式喷灌机

部件水涡轮驱动装置采用混流式水涡轮，效率高，工作稳定可靠。工作时，车架两个支撑板插入地下，保证设备稳定可靠；水涡轮通过变速箱、驱动链轮和链条，把动力传送到卷盘；水量和连接压力不同，PE 管转盘回转速度不同，PE 管回收速度通过水涡轮调速板调整；当喷水车回收到主机前时，自动停车装置将离合器自动脱开，结束回卷过程，移动喷灌结束。

（2）主要技术指标（表 6-1）。

表 6-1　JP 系列绞盘式喷灌机主要参数

技术指标	型　　号		
	JP65-300	JP75-300	JP85-320
PE 管直径×长度（毫米×毫米）	φ65×300	φ75×300	φ85×320
最大控制带长（米）	340	345	360
流量（米³/时）	11.4～38.3	13～41.4	15.9～38.3
结构质量（千克）	2 050	1 600	1 880

（续）

技术指标	型　　号		
	JP65-300	JP75-300	JP85-320
喷嘴直径（毫米）	14～22	14～24	14～26
入机压力（兆帕）		0.35～1.0	
喷洒宽度（米）	34	30～42	34

2. DYP-500 电动圆形喷灌机

（1）主要结构特点。DYP-500 电动圆形喷灌机由中心支座、塔架车、喷洒桁架、末端悬臂和电控同步系统等部分组成，图 6-2。装有喷头的若干跨桁架，支撑在若干个塔架车上。桁架之间通过柔性接头连接，以适应坡地等作业。中心支轴上的水管采用专用密封元件，确保支轴密封与电缆管密封可靠、耐用；桁架和塔架结构设计非常合理，保证了行走的稳定性；高性能传动系统，提高了喷灌机的通过性能；喷头、减速机等零部件，均选用高品质的零部件，确保整机的技术和质量；控制系统的主要电气元件，均采用国际名牌正品，确保控制可靠，使用寿命长。

图 6-2　电动圆形喷灌机

（2）主要技术参数。主管道尺寸分为 168 毫米和 219 毫米两种，壁厚 3 毫米；跨体长度有 62 米、56 米、50 米、44 米、38 米等可选；作物净通过高度 2.9 米（标准型）、4.6 米（增高型）；悬

臂长度 24 米、18 米、12 米、6 米等;喷嘴间距有 2.9 米和 1.49
米两种;轮距 4.1 米。

3. RM4 TD 平移式喷灌机

(1)主要结构特点。RM4TD 平移式喷灌机主要由桁架、行走
支架、电动机、传动系统、高压泵、输水管道、喷头等部件组成
(图 6-3)。行走支架由双倍运动链系驱动,进行往返灌溉,在灌溉
地块的端头可以进行空回转行走;采用四种不同型式的可更换喷
头,确保喷水均匀。

图 6-3　平移式喷灌机

(2)主要技术参数。供水方式为水渠或其他;设备长度
300.55 米;设备入口处压力 2.33×10^5 帕;沿程损失 0.33×10^5
帕;管道厚度 3 毫米;喷头工作压力 1.5×10^5 帕;供水管类别为
软管;水栓数量 3 个;有效控制长度 319.55 米;控制面积 576.1
亩;水泵流量 134.4 米^3/时;灌溉强度 7 毫米/24 小时;尾枪型号
为西美 10124;尾枪射程 14 米;尾枪流量 8.2 米^3/时;完成一次灌
溉的最短时间 10.24 小时。

4. GYP40-500 滚移式喷灌机

(1)主要结构特点。GYP40-500 滚移式喷灌机是一种大型半
自动化的灌溉设备,由驱动车、吸水管、喷头、喷头矫正器、自动
泄水阀、防风支杆等组成(图 6-4)。整体采用单元组装多支点结

构的节水喷灌设备；机组管道
采用铝合金管，具有轻便、耐
腐蚀、坚固耐用、快速连接、
拆装方便、一机多用等优点。
采用无级变速行走方式，实现
"步步为营"田间喷灌方式
（定点喷洒→滚移→定点喷
洒→滚移、往复循环）。适应
作物小麦、黄烟、牧草、棉
花、中药材、甜菜、大豆等矮
秆作物；砂土、壤土、黏土等
各种土质；平地或坡度不大于

图6-4　滚移式喷灌机

25％的坡地，长方形或形状不规则地块。

（2）主要技术参数。管道公称直径 2.03 厘米；输水管材料为
高强度铝合金；喷头流量 0.95～3.0 米³/时（标配 1.8 米³/时）；
喷嘴处压力 0.2～0.4 兆帕；发动机为汽油发动机，功率 5.9 千瓦；
设备最大长度：400 米（Φ4 寸）/500 米（Φ5 寸）；驱动车架长度
4.3 米；每段输水管道长度 12 米；设备通过高度 0.75 米 、0.97
米、1.13 米；轮子直径 Φ1.47 米/Φ1.93 米/Φ2.25 米；喷头间距
12 米；灌溉强度 4.5～17.1 毫米/时；喷头为全铜喷头；爬坡能力
不大于 20°；行走最大速度 20 米/分。

（四）作业质量要求

根据当时旱情（土壤水平和小麦长势）和生长发育需水规律而
定。小麦各生长阶段如遇干旱时喷水量指标如下：苗期 10～
15 毫米，三叶期 15～20 毫米，分蘖—拔节期 30 毫米，抽穗期
35 毫米。喷灌强度应小于土壤入渗速度，以地表不产生径流、不
破坏土壤结构、地表不板结为原则。雾化良好，水滴直径为 1～
3.5 毫米。喷洒均匀度≥85％。

其中，绞盘式喷灌机的工作稳定性应符合 GB 10395.18—2010
中 4.5 的规定，最大进水压力应不超过 1.0 兆帕。作业性能指标见

表 6-2。

表 6-2　绞盘式喷灌机作业性能指标

序号	项目	单位	指标
1	喷灌机入机压力	兆帕	不小于使用说明书明示值
2	喷枪（头）工作压力	兆帕	不小于使用说明书明示值
3	喷枪（头）射程	米	不小于使用说明书明示值
4	灌溉条带宽度	米	不小于使用说明书明示值
5	横向水量分布均匀系数	—	≥85%
6	入机流量	米^3/时	不小于使用说明书明示值
7	喷枪（头）车移动速度	米/时	不小于使用说明书明示值
8	喷枪（头）车移动速度均匀性	—	≤20%
9	灌水深度	毫米/时	不小于使用说明书明示值
10	使用有效度	—	≥98%

（五）节水灌溉技术发展趋势

（1）当今世界水为农业服务的关系非常明确，节水灌溉已成为农业现代化的主要标志，有效保护利用淡水资源，合理开发新的灌溉水源已成为农业持续发展的关键。

（2）生态农业、有机农业、设施农业、立体农业等高效节水农业模式和先进节水灌溉技术特别是营养液喷、微灌、地下灌、膜下灌等有巨大发展潜力。

（3）喷灌技术进一步向节能节水及综合利用项目方向发展。从综合条件考虑，在各类喷灌机中，平移（包括中心支轴）式全自动喷灌机、软管卷盘式自动喷灌机及人工移管式喷灌机等是推广重点。

（4）世界各国非常重视从育种的角度高效节水，一是选择不同品种的节水作物；二是培育新的节水品种。

（5）地下灌溉已被世人公认是一种最有发展前途的高效节水

灌溉技术，尽管目前还存在一些问题，导致应用推广的速度较慢，但科技含量愈来愈高，许多理论实践问题会逐渐得到解决。

（6）地面灌溉仍是当今世界占主要地位的灌水技术，输配水向低压管道化发展；田间灌水探索节水技术较多，如激光平地、波涌灌溉等；在管理上，采用计算机联网控制，精确灌水，达到时、空、量、质上恰到好处的满足作物不同生育期的需水；在田间规划上，由于土地平整度高，多以长沟、长畦、大流量进行田间灌水。

（7）增墒保水机械化旱地农业大有发展前途，如保护性带状耕作技术、轮作休闲技术、覆盖化学剂保水技术、深松深翻技术等。

二、水肥一体化技术与装备

水肥一体化技术是将灌溉和施肥融为一体的灌溉技术。根据植物所需养分和土壤状况，将可溶性固体肥料或液态肥与灌溉水融合，借助灌溉系统控制灌水量，将配好的水肥溶液准确直接输送到作物根系发育生长区域，使土壤始终保持作物所需的水分和养分，避免水肥的深层渗漏和超量蒸发，从而达到节水、节肥的目的，是一种新型的农业高新实用技术（图6-5）。水肥一体化灌溉技术可显著提高水肥利用效率，提升作物的产量和品质，还能改善田间气候，通过节水节肥来降低农业生产对水肥资源的浪费以及对环境的污染。

图6-5　小麦滴灌示意图

（一）常见水肥一体化装备结构特点与工作原理

1. 一体化全自动灌溉施肥机

（1）主要结构与特点。一体化全自动灌溉施肥机（图 6-6）实现了全自动化控制，具有响应速度较快，精度高等优点。极大程度上简化了水肥一体化系统首部设备的设计和安装，实现了水、肥精量调节，投资低，应用前景良好。

①主要构造。一体化全自动灌溉施肥机主要由灌溉系统、配肥系统、信息采集系统、自动控制系统和一体化壳体等部件组成。灌溉系统由灌溉泵、进出水管、过滤器、阀门及压力、流量、EC 传感器等组成（图 6-7）。灌溉

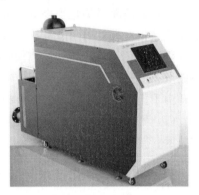

图 6-6　一体化全自动灌溉施肥机

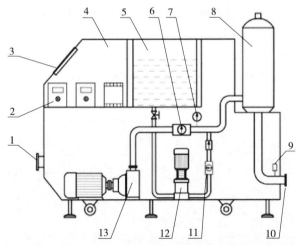

图 6-7　一体化全自动灌溉施肥机组成结构图

1. 进水接口　2. 控制系统　3. 触摸屏　4. 一体化壳体　5. 肥液箱
6. 主管流量计　7. 压力传感器　8. 过滤器　9. EC 传感器
10. 出水接口　11. 施肥流量计　12. 施肥泵　13. 灌溉泵

泵类型选用自吸离心泵，在首次使用时，灌完引水以后就可自动工作，不需要频繁加水，适合自动化控制。施肥系统由施肥泵、流量传感器、肥料箱、单向阀和连接管道组成。自动控制系统包括控制器、灌溉变频器、施肥变频器、触摸屏、各种传感器、连接线路和控制软件等，这些设备布置在一体化灌溉施肥机内，同时连接外置的空气温湿度、土壤水分、EC等传感器和电磁阀等。基本配置可通过有线或无线方式控制多路田间控制器，预留可扩展控制端口（接入远程电磁阀、互联网控制等）。

②结构特点。一体化全自动灌溉施肥机主要针对各种作物的精准灌溉和施肥，以实现提高水肥施用精度和管理水平的目的。其采用变频技术根据压力、流量、EC等多参数对灌溉泵进行综合调控，实现按需定量精准灌水；基于变量注入式混肥技术，按照设定的水肥比例，通过控制系统接受水肥信息反馈，对施肥量进行无级控制，实现水、肥在线自动混合浓度可控，使灌溉、施肥精准控制。灌溉泵通过变频控制压力，由用户设定，运行中保持压力恒定，灌溉泵的流量根据田间的灌溉面积自动调节。施肥泵通过变频控制流量，根据主管的水量自动调节施肥泵的流量，达到设定的比例。当主管流量变化时，施肥泵流量也跟随变化。

（2）工作原理。采用变频技术根据压力、流量、EC等多参数对灌溉泵进行综合调控，实现按需定量精准灌水；基于变量注入式混肥技术，按照设定的水肥比例，通过控制系统接受水肥信息反馈，对施肥量进行无级控制，实现水、肥在线自动混合，浓度可控，达到对灌溉、施肥精准控制的目的。灌溉泵通过变频控制压力，由用户设定，运行中保持压力恒定，灌溉泵的流量根据田间的灌溉面积自动调节。施肥泵通过变频控制流量，根据主管的水量自动调节施肥泵的流量，达到设定的比例。当主管流量变化时，施肥泵流量也跟随变化。

（3）主要结构与规格参数。目前，一体化全自动灌溉施肥机主要参数见表6-3。

表6-3　一体化全自动灌溉施肥机主要参数

技术参数	型号与数值
型号	WB-YT-50
流量（米³/时）	10～50
扬程（米）	50
吸程（米）	4～6
功率（千瓦）	15
电压（伏）	380
水泵型式	耐腐蚀离心泵
过滤器	反冲洗碟片式，120目
内置肥桶容量（升）	80
控制型式	手动/自动
触摸屏	12英寸＊LED
配肥精准度	≥95％

2. 压差式施肥罐

（1）主要结构与特点。压差式施肥罐（图6-8）因其成本低、维修简单、不需要外加动力等优点，是目前使用最为广泛的施肥装置。

①主要构造。压差式施肥装置主要是由施肥罐、进水管、供肥管和调压阀等部件组成，如图6-8、图6-9所示。

图6-8　压差式施肥罐

* 英寸为非法定计量单位，1英寸=2.54厘米。——编者注

②结构特点。压力差施肥罐结构简单，生产制造门槛低，容易生产；售价便宜，农户易于接受；操作简单方便，无太多技术要求；坚固耐用，使用寿命长；供肥面积较大，大规格的一次可以为上百亩地供肥。但是，压力差施肥罐无法监控施肥过程中施肥罐内肥料存量，容易出现投料过多或过少的情况，一次性投料过度，会导致肥料溶解不均匀；肥料浓度波动大，无法控制施肥浓度，误差在15%以上；无法做到整个区域均匀施肥，可能造成作物田间生长不一致，不利于农事操作管理；施肥量控制全凭操作者个人经验，重复性差，不利于生产管理经验积累和完善提升。

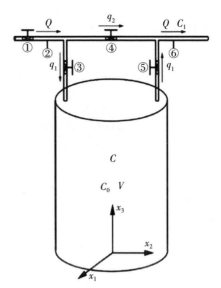

图 6-9　压力差施肥罐结构图
1. 主管道阀门　2. 主管道的流量测点
3. 进水管阀门　4. 压差式施肥罐控制阀
5. 出肥管阀门　6. 进入灌溉系统的流量测点

（2）工作原理。压差式施肥装置的工作原理是利用进水管、供肥管上两点之间形成的压力差将肥液带入滴灌系统中。施肥罐和管道承受着相同的压力。通过适度调节调压阀使施肥罐进水管与排液管之间形成 1～2 米的压差，调压阀前的一部分水流会通过进水管流入到施肥罐中，进水管流入的水流流入到施肥罐的底部，施肥罐内的肥液得到充分的混合，再通过供肥液管流入到调压阀后的主管道。

3. 文丘里式施肥器

（1）主要结构与特点。文丘里施肥器具有构造简单且价格低廉的特点（图 6-10）。

①主要构造。文丘里施肥装置主要由文丘里施肥器和开敞式储液罐共同组成（图6-11）。

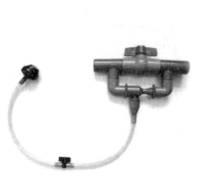

图 6-10　文丘里施肥器　　　　　图 6-11　文丘里施肥器

②结构特点。文丘里施肥器具有造价低廉，使用方便，施肥浓度稳定，无须外加动力等特点，但压力损失较大，适用于灌溉面积1～5亩的地块。

（2）工作原理。使用前将控制阀门关闭，使得控制阀门前后形成水压差，水流流入到文丘里施肥器的支管内，在通过文丘里管的收缩段时，过水断面的减小使得水流流速增大和压强减小，使得文丘里管喉部产生了负压。文丘里施肥器就是通过喉部产生的负压吸力，将肥液均匀的吸入到灌溉系统中。

（3）主要结构与规格参数。文丘里施肥器主要参数见表6-4。

表6-4　文丘里施肥器主要参数

喉部结构特征	进口直径(毫米)	喉部直径(毫米)	入口锥角（°）	出口锥角（°）
向上偏心	25	7	20	10

4. 注肥泵　注肥泵（图6-12）是借助内外动力以实现肥液注入灌溉管道系统实施灌溉施肥的装置。

（1）主要结构与特点。

①主要构造。注肥泵包括外壳、驱动活塞、吸注缸和吸注

活塞。

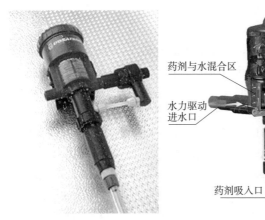
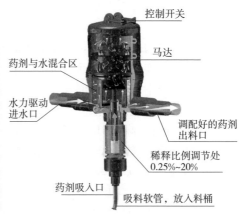

图 6-12　注肥泵

②结构特点。目前注肥泵的主要形式是借助水动力，此种注肥泵直接安装在水管中，管路中水流驱动注肥泵工作，按设定比例定量将较高浓度的肥液吸入，与主管中的水充分混合后被输送到下游。且无论何时吸入的药剂量始终同进入加药泵中水的体积成比例，确保混合液中的比例恒定。

（2）工作原理。水动比例注肥泵的工作原理如图 6-13 所示。驱动活塞一端大一端小，外壳上部是驱动活塞大端的缸套，外壳下部是双层结构，其内层是驱动活塞小端的缸套，这样就形成四个工作区域：

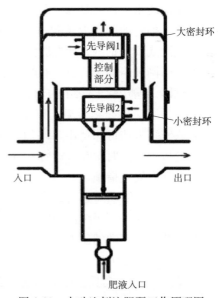

图 6-13　水动比例注肥泵工作原理图

一是外壳上部和驱动活塞的大端形成的区域，二是外壳上部、驱动活塞、外壳下部外层形成的区域，三是驱动活塞内腔形成的区域，四是驱动活塞下端和外壳下部内层形成的区域。

在换向机构的控制下，水流进入混合器内，驱动主活塞作往复运动，与之相连的注入器活塞跟随上下运动，从而吸入待注的肥料溶液进入混合室与灌溉水混合。其特点是不用电力驱动，依靠水压就能工作，并且能调节浓度，有较高的精度。以上进口产品总体上效果较好，但也存在不足，不适合在大流量和高压的情况下使用。

（二）水肥一体化装备安装与调整

1. 安装　在大多数情况下，文丘里施肥器安装在旁通管上（并联安装），这样只需部分流量经过射流段。当然，主管道内必须产生与射流管内相等的压力降。这种旁通运行可使用较小（较便宜）的文丘里施肥器，而且更便于移动。当不加肥时，系统也工作正常。当施肥面积很小且不考虑压力损耗时，也可用串联安装。

在旁通管上安装的文丘里施肥器，常采用旁通调压阀产生压差。调压阀的水头损失足以分配压力。如果肥液在主管过滤器之后流入主管，抽吸的肥水要单独过滤。常在吸肥口包一块 100～120目的尼龙网或不锈钢网，或在肥液输送管的末端安装一个耐腐蚀的过滤器，筛网规格为 120目。有的厂家产品出厂时已在管末端连接好不锈钢网。输送管末端结构应便于检查，必要时可进行清洗。肥液罐（或桶）应低于射流管，以防止肥液在不需要时自压流入系统。并联安装方法可保持出口端的恒压，适合于水流稳定的情况。当进口处压力较高时，在旁通管入口端可安装一个小的调压阀，这样在两端都有安全措施。

因文丘里施肥器对运行时的压力波动很敏感，应安装压力表进行监控。一般在首部系统都会安装多个压力表。节制阀两端的压力表可测定节制阀两端的压力差。一些更高级的施肥器本身即配有压力表供监测运行压力。

2. 调整　虽然文丘里施肥器可以按比例施肥，可在整个施肥过程中保持恒定浓度供应，但在制定施肥计划时仍需按施肥数量计算。比如一个轮灌区需要多少肥料要事先计算好。如用液体肥料，则将所需体积的液体肥料加到贮肥罐（或桶）中。如用固体肥料，则先将肥料溶解配成母液，再加入贮肥罐；或直接在贮肥罐中配制母液。当一个轮灌区施完肥后，再安排下一个轮灌区。

当需要连续施肥时，对每一轮灌区先计算好施肥量。在确定施肥速度恒定的前提下，可以通过记录施肥时间或观察施肥桶内壁上的刻度来为每一轮灌区定量。对于有辅助加压泵的施肥器，在了解每个轮灌区施肥量（肥料母液体积）的前提下，安装一个定时器来控制加压泵的运行时间。在自动灌溉系统中，可通过控制器控制不同轮灌区的施肥时间。当整个施肥可在当天完成时，可以统一施肥后再统一冲洗管道，否则必须将施过肥的管道当日冲洗。冲洗的时间要求同旁通罐施肥法一致。

（三）水肥一体化装备作业质量

1. 自压微重力灌溉 自压微重力灌溉系统是在不借助外在动力的情况下，利用丘陵林区地形的重力优势实现有效施肥的灌溉方式。由于陡林区高海拔，适宜丘陵林区自压微重力滴灌施肥系统的灌溉方式主要有沟灌、喷灌和滴灌。

沟灌是指在作物行距之间开沟，把水肥输入灌水沟，水肥从沟底和沟壁向四周渗透而湿润土壤的方法。适宜陡丘陵林区的沟灌形式主要是顺着坡度的直行沟形式。沟灌的优点是不会破坏作物根部附近的土壤结构，减轻土壤板结，能减少蒸发损失。但在坡度较大的陡丘陵林区实施直行沟灌，水流速度快，容易造成土肥流失，控制不好易造成环境污染。

喷灌是借助水泵和管道系统将水喷洒到空中，降落到作物上和地面上的灌溉方式。喷灌的优点是可以控制喷水量，避免过度灌溉造成的水资源浪费；喷灌容易实现机械化、自动化，并混施化肥和农药，可以省工。

滴灌是按照作物的需水要求，通过管道系统与安装在毛管上的灌水器，将水肥均匀而又缓慢地滴入作物根区土壤中的灌水方法。滴灌的特点是水肥利用效率高、可实现自动化管理且节约人工成本，需要的工作压力低，不破坏土壤结构，蒸发损失小，不产生地面径流，可降低土传病害发生的概率。滴灌水肥灌水时间长，由于灌溉水源不同，如果没有做好水源处理工作就容易引起滴头堵塞。在含盐量高的土壤上进行滴灌或利用咸水滴灌时，容易引起盐分积累；在林区安装滴灌，因地形制约，容易造成机械损伤。

2. 设施管网滴灌体系　固定式的设施管网滴灌体系庞大复杂，其特点是对水和肥的质量要求高，建设时投入了大量资金和技术，但目前市场上的产品稳定性、实用性和灵活性等方面差强人意，且管道容易衰老损坏，次生盐碱容易积累因其高昂的价格和额外消耗的电能对普通农户来说不够便捷，故推广困难。

3. 滴灌供水方式优劣性比较　总体而言，横向供水方式的施肥均匀性高于纵向供水方式，其中中间供水方式又优于一端供水方式。横向供水时肥液先沿纵向进入较粗的支管，再向各横向布置的滴灌带分配肥液，使时间滞后性在纵向所造成的肥液浓度不均匀性降到最低，特别是横向中间供水方式，肥液沿纵向对称分布，施肥均匀性更好。对于纵向布置方式，肥液直接流入较长的滴灌带，肥液在管道传输中有一定的延时性，当肥液输送到靠后的滴头时，肥液浓度已经显著降低，特别是在高压差条件下，肥液浓度的衰减过程更快，其滞后和延时差距会更大，从而导致施肥均匀性显著降低。

第三节　小麦高效植保农机农艺融合生产技术

小麦在生长发育过程中，会受到病菌、害虫和杂草等生物的侵害，轻则单株或局部植株发育不良，生长受到影响；重则整片植株被毁，产量下降，品质变差，损失巨大。因此，在小麦生产过程中，及时防治和控制病、虫、杂草、动物等对小麦的危害，是确保小麦增产、农民增收的重要举措。小麦植保是小麦生产过程的重要组成部分，是小麦生长发育过程中不可缺少的环节，传统植保手段

"跑、冒、滴、漏"，防治效率低、劳动强度大、环境污染高，操作人员容易受到伤害，已无法满足新形势下规模化作业的要求。

高效植保就是利用专用植保机械，将化学药剂喷洒到田间作物的根茎叶或土壤中，进行病虫草害防治的技术。可以做到低喷量、精喷洒，减少污染；高工效、高精准，提高防效；操控环境隔离，保障安全。因此，大力发展机械化植保技术是防治农作物病虫草害发生，保障粮食增产和农产品品质安全的现实需要和最佳举措。

植保机械是用于防治危害植物的病、虫、杂草等各类机械和工具的总称。植保机械不但对确保小麦高产、稳产起着巨大的作用，也是保护其它经济作物以及卫生防疫等方面不可缺少的器械，它已成为农业发展不可缺少的组成部分。

植保机械的种类很多，从手持式小型喷雾器到拖拉机机引或自走式大型喷雾机；从地面喷洒机具到装在飞机上的航空喷洒装置以及多旋翼遥控式飞行喷雾机，型式多种多样。

按喷施方式分类为喷雾机、喷粉机、喷烟（烟雾）机、弥雾机等；按动力配置方式分类为人力式、畜力式、机动式、机引式、自走式、航空喷洒等；按操作、携带、运载方式分类为手持式、手摇式、肩挂式、背负式、胸挂式、踏板式等。

本文按近几年"山东省农机购置补贴产品目录"简单分为背负式、悬挂式、自走式三类机动式植保机械（航空植保正在开展补贴试点）进行介绍。

一、常见植保机械机型

（一）背负式喷雾喷粉机

背负式喷雾喷粉机是一种轻便、灵活、高效率的植保机械，主要适用于小麦、棉花、水稻、果树和茶树等农林作物的大面积病虫害防治。它不受地理条件限制，在山区、丘陵地区及零散地块上都很适用。

该系列机器结构简单紧凑，采用风送式喷雾，利用发动机直连风机，带动叶轮旋转，产生高速气流，将喷头处药液分散成细小的雾滴向四周飞溅出去。可以配备不同的喷头，实现不同流量的喷雾作业。

该系列机器既可实现常见液体药剂喷雾作业，也可实现粉剂、种子、化肥等颗粒喷洒作业，作业高效，喷洒均匀。

1. 主要结构特点 背负式喷雾喷粉机主要由机架、离心风机、汽油机、油箱、药箱和喷洒装置等部件组成（图 6-14）。

（1）机架总成是安装汽油机、风机、药箱等部件的基础部件。它主要包括机架、操纵机构、减振装置、背带和背垫等部件。

（2）离心风机是背负式喷雾喷粉机的重要部件之一。它的功用是产生高速气流，将药液破碎雾化或将药粉吹散，并将之送向远方。背负式喷雾喷粉机上所使用的风机均为小型高速离心风机。气流由叶轮轴方向进入风机，获得能量后的高速气流沿叶轮圆周切线方向流出。

图 6-14　背负式喷雾喷粉机

（3）药箱总成的功用是盛放药液（粉），并借助引进高速气流进行输药。主要部件有：药箱盖、滤网、进气管、药箱、粉门体、吹粉管、输粉管及密封件等。为了防腐，其材料主要为耐腐蚀的塑料和橡胶。

（4）喷洒装置的功用是输风、输粉流和药液。主要包括弯头、软管、直管、弯管、喷头、药液开关和输液管等。

（5）背负式喷雾喷粉机的配套动力都是结构紧凑、体积小、转速高的二冲程汽油机。汽油机质量的好坏直接影响背负式喷雾喷粉机的使用可靠性。

（6）油箱的功用是存放汽油机所用的燃油。在油箱的进油口和出油口，配置滤网，进行二级过滤，确保流入化油器主量孔的燃油清洁，无杂质。出油口处装有一个油开关。

2. 主要技术参数（以 3WF-20B 为例）　标定转速（7 800±390）转/分钟，怠速≤3 000 转/分钟，药箱容积 20 升，水平射程≥12 米，水平喷雾量≥2.3 千克/分钟，水平喷粉量≥3.5 千克/分钟。

（二）背负式动力喷雾机

1. 主要结构特点　背负式动力喷雾机主要由药箱、发动机、液泵、管道、喷洒部件等组成（图 6-15）。背负式动力喷雾机采用机动压力喷雾方式，雾化效果好，施药针对性强，极大地提高了工作效率，降低了药液流失和浪费。主要部件柱塞泵为双向柱塞式，结构简单紧凑，维修方便。该机压力高、流量大，生产效率高，防治效果明显。主要喷洒部件为长杆三喷头，喷幅宽，效率高。

2. 主要技术参数（以 3WZ-6 为例）　汽油机型号 1E31F，汽油机型式为单缸、风冷、二冲程，点火方式

图 6-15　背负式动力喷雾机

为 TCI，排量 22.6 毫升，缸径 31 毫米，最大功率 0.7 千瓦，额定转速 6 500 转/分钟，燃油润滑油混合比 30∶1；外形尺寸 450 毫米×340 毫米×645 毫米，净重 9 千克，使用压力 0～2.5 兆帕，流量≥5.5 升/分钟，药箱容积 25 升。

（三）背负式电动喷雾器

1. 主要结构特点　背负式电动喷雾器主要由药箱、直流电机、微型电动隔膜泵、喷杆、喷头等部件组成（图 6-16）。采用微型电动隔膜泵压力稳定、喷雾均匀、操作方便；与同类电动产品相比，

结构简单，维护方便，使用寿命长。适
用于粮油、蔬菜作物和设施农业（蔬菜
大棚）的病虫害防治。

2. 主要技术参数（以 WS-16D/18D
为例） 外形尺寸 380 毫米×220 毫米×
545 毫米，工作压力0.15～0.4 兆帕，液
泵型式为微型电动隔膜泵，液泵规格型
号为 BM222，药液箱容量 16～18 升，
整机净质量 5.1 千克，喷头型式为单
（多）喷头，喷孔规格 ø1.5 毫米，直流
电机工作电压 12 V。

图 6-16　背负式电动喷雾器

（四）手推车式机动喷雾机

1. 主要结构特点　机动喷雾机主要由机架、发动机、柱塞泵、
药箱、高压输水管、喷头、行走轮等部件组成（图 6-17）。该机采
用离合输出—皮带传动，启动轻便，运转平稳，压力稳定；采用三
缸柱塞泵，压力平稳，压力高、流量大、雾化效果好；整机结构简
单，工作效率高，性能可靠，经济实惠；它重量轻，易搬运，操作
简单，喷雾压力大。适用于水稻、小麦等大田作物及果实、园林等
病虫害防治；也适用于社区、车站、码头、牲畜圈舍的卫生防疫和
消毒。

图 6-17　手推车式机动喷雾机

2. 主要技术参数（以 3WH-36L-II 型为例） 外形尺寸
1 500 毫米×720 毫米×1 100 毫米；净重 70 千克；液泵型式为三缸柱
塞泵，使用压力 2.0～3.5 兆帕；配套动力为 168F 汽油机，启动方式
为反冲启动式，排量 163 毫升，燃油消耗率 396 克/（千瓦·时），额
定功率3.2 千瓦，额定转速 3 600 转/分，油箱容积 3.6 升；药箱 300
升；喷枪类型为可调喷枪，流量＞6 升/分钟，水平射程 0～12 米；
喷枪类型为四喷头喷枪，流量＞25 升/分钟，水平射程 12～15 米。

（五）悬挂式喷杆喷雾机

1. 主要结构特点 悬挂式喷杆喷雾机主要由机架、悬挂装置、
传动装置、隔膜泵、高压输液管、折叠喷杆、喷头、控制阀、药箱
等零部件组成（图 6-18）。工作压力高、流量大、使用维护简单便
捷；采用不锈钢喷杆，配合高压胶管软连接，耐腐蚀好；采用低量
防滴喷头，雾化好，防漂移；分段设计的折叠式喷杆，操作方便；
独特的后置输出轴通过万向节传动，可控制性好，结构紧凑，美观
大方。整机具有喷幅宽、容量大、作业效率高的特点，是大型拖拉
机的理想配套机具。

图 6-18 悬挂式喷杆喷雾机

2. 主要技术参数（以 3WP-650 型为例） 外形尺寸（运输状
态）2 560 毫米×1 150 毫米×1 380 毫米，药箱容积 650 升，液泵
为 BM380 型隔膜泵；流量 80 升/分钟，整机工作压力 0.2～0.4 兆
帕，动力输出轴转数 540 转/分钟，幅宽 12 米，搅拌方式为回流搅
拌式，净重 120 千克，作业效率≥6 公顷/时。

（六）自走式高地隙植保机

1. 主要结构特点 3WYTZ2000-24 型自走式高地隙植保机主要由机架、动力系统、行走系统、液压操控系统、药箱、自吸上水泵、隔膜泵、管道及喷雾系统等部件组成（图 6-19）。行走系统采用纯机械传动，动力流失小，扭矩大；结构设计采用专利技术，田间爬坡能力强，坡度 10°~45°、沟坎高度 20~45 厘米能平稳通过；转弯半径小，车辆底盘与地面高度可实现 0.8~1.7 米的不同定制要求；整机配备自吸上水泵，具有自动自吸加水等功能；喷药泵采用意大利 UDOR S. P. A205C 喷药泵，喷头采用德国德克斯喷嘴，喷管压力稳定，雾化质量好，喷雾均匀；喷雾系统采用变量喷洒控制阀，避免管道与喷头因阀体开关引起的压力升降，发生喷头地漏，系统工作平稳性好。适用于水旱田、高低秆作物田间植保作业。

图 6-19 自走式高地隙植保机

2. 主要技术参数 外形尺寸 6 000 毫米×2 800 毫米×3 400 毫米，离地高度 1 250 毫米，配套动力 66 千瓦，驱动方式为四轮驱动，药箱容积 2 000 升，液泵为意大利 UDOR S. P. A205C 隔膜泵，喷嘴德国德克斯，喷幅 24 米，喷药泵控制形式为电磁离合式，控制形式可以自动/手柄式转换，喷杆为液压折叠式，作业效率 240~270 亩/时。

（七）WS-Z1805 型多旋翼遥控式植保无人机

1. 主要结构特点　WS-Z1805 型多旋翼遥控式植保无人机主要由机架、药箱、电池、控制电路、高速电机、旋翼、喷头、输液管、遥控器等部件组成（图 6-20）。该机型采用高效能电池作为电源，标配手动 GPS 增稳导航飞行控制系统，附带远程视频监看系统，可以根据客户需要增配自主飞行控制系统、农业病虫测报系统，实现大面积监视测报功能。与定翼飞行器相比又有携带方便、起飞适应性好、操纵简便、投放准确、超低空作业、作业质量高、无噪音等优点；与人工植保相比，具有节省劳动力、低量或超低量施药技术、利用气流作用于作物根部、穿透性好等优点，提高农药利用率 50 倍以上。

图 6-20　多旋翼遥控式植保无人机

2. 主要技术参数　整机折叠尺寸 450 毫米×500 毫米×750 毫米，飞行尺寸直径 2 450 毫米×高 500 毫米，流量 0.2～0.4 升/分钟（双喷头）可调，雾滴直径 50～100 微米，飞行速度 0～10 米/秒喷幅（宽幅）3.5～5 米，喷洒速度 0～4 米/秒可调，起飞重量≤18 千克，农药载重额定 5 千克（实际 7 千克），飞行时间 15～12 分/架次，防治效率 1～2 亩/分钟，飞行高度 0～200 米，田间喷洒作业高度 2～4 米，电机型式为无刷电机，主旋翼直径 18 旋翼（单个直径 430 毫米），启动方式为无线遥控启动，飞行下压气流出口 13 米/秒，距离 3 米后 6 米/秒。

二、高效植保机械选用与使用

随着土地托管、土地流转和农业社会化服务不断发展，小麦植保愈发朝着"高质、高效"方向发展。自走式喷杆喷雾机和植保无人机就越来越受农户和规模经营主体的欢迎。

（一）自走式喷杆喷雾机

自走式喷杆喷药机使用应遵循下列顺序：

1. 设置喷药作业所需的参数 喷雾参数的设置与喷雾机行驶速度、单位面积的药液喷施量（根据药剂的使用说明进行确定）及使用的喷嘴型号有关，喷雾机行驶速度要根据作业的地面地形条件进行调整。

2. 加水 可通过送水车给机具的药液箱加水至额定容量，或将机具开到距作业地点最近的水源处，用小型汽油机离心泵机组给药液箱加水。

3. 加药 向药液箱加水后，关闭喷雾总开关，向药液箱内按农药的使用浓度加入相应比例的农药，然后通过机具液流系统内循环将药液箱中的药液充分进行搅拌。当采用小型汽油机离心泵机组给药液箱加水时，可在加水的同时，向药液箱内加入农药，这样在加水过程中即可完成药液搅拌。

4. 准备作业 加水、加药后，分离动力输出轴，将机具开到作业现场，停在第一作业行程的起点处。将喷杆桁架展开至作业状态，下降到作业高度。

5. 确定作业速度 选好行进挡拉后，接合分动箱，使变速箱同时驱动输液泵和液压齿轮泵运转，并打开液压驱动控制阀使液压马达驱动轴流风机运转，然后松开离合器，并迅速打开喷雾总开关，加大油门，使机具进行喷雾作业。

6. 作业行程调整 地头转弯时如不需要喷药，驾驶员应及时关闭喷雾总开关以节省农药。转入第二行程作业前，驾驶员应及时打开喷雾总开关；由上一行程转入下一行程作业时，驾驶员应注意对准交接行，以防止漏喷或重喷；当药液箱内的药液接近喷完时，驾驶员应及时分离动力输出轴，并将机具转为运输状态，然后将机组开赴加水处，重新加水、配药，以便继续作业。

7. 限压安全阀限定压力的调整 限压安全阀已在出厂前调整

好，用户一般不需自行调整。如果用户在使用过程中发现喷雾压力过高（超过0.6兆帕）或较低（低于0.5兆帕）时，则可按说明书进行调整。

8. 喷嘴的调换　当需更换不同喷雾量的喷嘴时，把喷头帽组件从喷雾机上卸下来，取出喷头密封圈，把现有喷嘴换成选定喷嘴，然后装上喷头密封圈，把喷头帽组件装到喷头体上即可。

9. 故障检查　作业中出现故障，需要停车熄火，关闭药液分配阀等，在进行检查。在未熄火的状态下，不得进入机械底部进行检查、保养、维修等操作。另外，尽量避免急刹车，以免主药箱中的水涌动导致机器不稳。

（二）多旋翼植保无人机

1. 人员准备　飞手必须选择身体健康，能熟练操控无人机，获得相应无人机操作资格证书，并能适应在复杂环境条件作业的人员担任。长时间大面积远距离飞防时每架无人机最好配备操控飞手、安全员、飞手助理各一名。作业前飞手及相关工作人员要佩戴防护面具，穿着防护鞋服。

2. 药剂准备　飞防药品药量与水量的比例要准确，不可随意加大或减少药品浓度；选择水溶性良好的药品，避免堵塞喷头；根据飞防面积大小准备足量药液。

3. 无人机准备　作业前及时按照要求将动力锂电池、遥控器电池充足电量，并根据预计作业时间准备足够数量的动力电池；无人机组装后检查各部位连接应牢靠紧密，机架无变形损伤，螺旋桨运转灵活平稳；通电检查飞行控制系统各部件功能齐备；校准指南针、流量计；在药箱中加入清水进行试喷，检查各药液管道、接头安装牢靠，无滴漏现象，各喷嘴正常喷洒，无堵塞、无滴漏，喷口朝向正确。

4. 无人机起飞准备　检查无人机起降地、作业范围及周边环境，选择好作业航线，起降地点不得有杂物，地面平整，面积符合起飞条件；合理选择飞防隔离区域，根据作业天气、风向、风速判断作业对周边人群和物品可能造成的危害，若有危害提前规划好安全隔离带；根据作业区域地形、地貌特征，选择适宜的飞防方式，面积较大、形状规整的飞防地块采用全自主飞行或 AB 点飞行，面积较小时或地形地貌不规则时采用手动飞行方式，并设置好其他作业参数。

5. 喷洒作业 喷洒时所有作业人员选择上风口位置站立，佩戴防护面具，穿着防护鞋服。飞防作业过程中，按照选择的飞行参数和既定的航线进行作业，飞机高度保持在 2～3 米（可根据地势和作物高度稍微调整），飞行速度控制在 7～8 米/秒，飞行距离应在飞手可视的范围内以利于随时关注喷嘴雾化、喷幅等喷洒效果，保证喷洒作业质量。

6. 飞行后的维护 作业结束后应先解除动力电池连接，再解除控制电路连接，最后关闭遥控器。作业完成，用清水反复清洗药筒和喷杆、喷头 2～3 次，直至清洗干净；及时检查无人机各零部件是否完好并进行保养维护，以延长无人机的使用寿命；对动力电池及时进行充电。

第四节　小麦施肥农机农艺融合生产技术

一、小麦生长期对肥料的要求

（一）作物营养特征

植物生长发育都需要 16 种必需营养元素，即碳、氢、氧、氮、磷、钾、钙、镁、硫、铁、硼、锰、铜、锌、钼和氯。尽管 16 种必需营养元素在植物体内的含量不同，但每种营养元素在植物体内都有自己的生理功能，不能被其他元素所替代，具有同等重要性。任何一种元素的缺乏都会阻碍作物生长发育，严重时甚至不能完成其生命周期。因此，在生产实践中，必须满足作物对各种营养元素的需要，保证作物的正常生长。避免偏施某种养分造成作物营养不平衡。根据在作物体内含量的多少，一般将必需营养元素分为下列两类：

1. 大量营养元素 又称常量营养元素，有碳、氢、氧、氮、磷、钾、钙、镁、硫 9 种（也有将钙、镁、硫称为中量元素的），他们的含量占作物干重的百分之几至千分之几。其中氮、磷、钾三种元素，由于作物需要数量较多，而土壤中可提供的数量较少，需要通过施肥才能满足作物生长的需求，因此称为"作物营养三要素"或者"肥料三要素"。

2. 微量营养元素　有铁、硼、锰、铜、锌、钼、氯 7 种，它们占作物干重的千分之几至十万分之几。

（二）营养元素功能和缺素症状

1. 碳、氢、氧　绿色植物在太阳光的作用下通过光合作用将吸收的二氧化碳和水转变成碳水化合物，碳水化合物是构成植物体的基本结构物质。作物吸收的碳、氢、氧主要来自二氧化碳和水。缺乏二氧化碳和水时，光合作用将受阻，小麦生长缓慢，严重时可导致萎蔫，甚至死亡。

2. 氮　氮是构成蛋白质和核酸的主要成分，又是叶绿素、维生素、生物碱、植物激素等的组成成分，参与植物体内许多重要的物质代谢过程，对植物的生长发育和产量、品质产生深刻影响。氮素在小麦种子中的含量一般为 2.3% 左右。氮素供应不足，引起小麦群体生长量不足，植株矮小，叶片淡黄，穗粒数少，产量低。氮素供应过量，导致叶色浓绿，易感染病害、倒伏、贪青晚熟，产量降低。

3. 磷　磷是作物体内核酸、核蛋白、磷脂等重要生命物质的构成元素；能加快碳水化合物的合成和运转；促进氮代谢和脂肪的合成，提高作物的抗逆性。磷素在小麦种子中的含量一般为 0.66% 左右。磷素缺乏将造成蛋白质合成减少，细胞分裂减少。根系和分蘖发育受阻，同时碳水化合物的运输受阻。植株表现为叶色暗绿、发紫、无光泽，严重影响生长发育和产量。小麦缺磷苗期叶鞘呈紫色，新叶呈暗绿色，分蘖不良。叶片细狭，叶尖发焦，穗小，穗上部的小花不孕或空粒。

4. 钾　钾在植物体内不形成有机物，其作用是维持细胞膨压，促进植物生长，促进酶的活化，促进光合作用和光合产物的运输，促进蛋白质、脂肪的形成，增强植物的抗逆性。钾素在小麦种子中的含量一般为 0.6%～0.7%。小麦缺钾将造成植株矮化，干旱季节枯萎。老叶叶尖发生褪绿，继而坏死。褪绿区逐渐向叶基部扩展，中脉附近组织保持的绿色呈箭头状。小麦缺钾茎秆细弱，较易遭受霜冻、干旱和病害，缺钾也使氮的效用不能发挥。开花期叶尖发黄；麦穗不饱满，子粒特别是穗尖发育差。

5. 硫　硫是含硫氨基酸、蛋白质和许多酶的成分；参与氧化还原反应和叶绿素的形成，活化某些分解蛋白酶，合成某些维生素。小麦缺硫全株褪淡黄化，与缺氮症状极相似，但缺硫新叶比老叶重，不易枯干，发育延迟。缺硫时可引起许多酶的活性下降。

6. 镁　镁是叶绿素的组成成分，是许多酶的活化剂，参与脂肪代谢和氮的代谢。小麦缺镁中下位叶脉间失绿，残留绿斑相连成串呈念珠状，对光观察时明显。

7. 钙　钙是构成细胞壁的重要成分，能稳定生物膜的结构和调节膜的渗透性，为细胞伸长所必需。小麦缺钙幼叶卷曲干枯，功能叶叶间及叶缘黄萎。植株未老先衰。结实少，秕粒多。小麦缺钙最明显的特征是：根尖分泌球状的透明黏液。

8. 铁　铁元素参与构成叶绿素，是多种酶的成分和活化剂，是光合作用中许多电子传递体的组成成分，参与核酸和蛋白质的合成。小麦缺铁叶片脉间失绿，呈条纹花叶，越近心叶症状越重，严重时心叶不出，植株生长不良，矮缩且生育延迟，甚至不能抽穗。

9. 锰　锰参与光系统中的希尔反应，影响光合作用和放氧过程，具有维持叶绿体膜正常结构的作用；是多种酶的活化剂，调节植物体内氧化还原作用，参与氮的代谢；是叶绿体的结构成分。小麦缺锰，早期叶片呈现灰白浸润斑，新叶脉间褪绿黄化，叶脉绿色，随后变褐坏死，形成与叶脉平行的长短不一的短线状褐色斑点，叶片变薄变阔，柔软萎垂，称为"褐线萎黄症"。

10. 锌　锌能促进吲哚乙酸（IAA）的合成，是多种酶的成分和活化剂，与蛋白质的合成有密切关系，对叶绿素形成和光合作用有重大影响。小麦缺锌节间短、抽穗扬花迟、且不齐，叶片沿主脉两侧现白绿条斑或条带。

11. 硼 硼能与游离状态的糖结合，促进糖的运输，对生长过程有影响，缺硼时花药和花丝萎缩，花粉发有不良，花而不实；具有抑制有毒酚类化合物形成的作用，酚类化合物（如咖啡酸、绿原酸）过高，根尖或茎端分生组织受害和死亡。小麦缺硼会发生不育症，雄蕊发育不良，花丝不伸长，花药瘦小呈弯月形且不能开裂授粉，成空秕穗。后期叶有灰褐色霉斑。

12. 钼 钼参与氮代谢，是硝酸还原酶、固氮酶的成分。小麦缺钼严重时，叶片失绿，叶尖和叶缘呈灰色，开花成熟延迟，子粒皱缩，颖壳生长失常。

13. 铜 铜是部分氧化酶的构成成分，参与光合作用和呼吸作用，参与植物的氮代谢。小麦对缺铜敏感，上位叶剑叶黄化、变薄、扭曲披垂成顶端黄化病。老叶弯折，叶尖枯萎呈螺旋状，或呈纸捻状卷曲枯死。叶鞘下部现灰白斑，易感染白瘟病。轻度缺铜，穗而不实，称为"直穗病"，黄熟期病株保绿不褪，田间景观黄绿斑驳。严重的穗发育畸形，芒退化，麦穗大小不一。

14. 氯 氯参与光合作用，维持细胞中的电荷平衡和膨压，适量的氯有利于碳水化合物的合成与转化，提高作物的抗病性。小麦缺氯会出现生理性叶斑病，缺氯严重时导致根和茎部病害，全株萎蔫。

除此之外，钠、硅、钴、镍、硒对植物生长都有促进作用，但只是某些植物所必需，并非所有植物所必需。

（三）小麦的需肥特征

1. 小麦需肥时期 小麦在生长发育过程中需要从外界环境吸收营养物质，根系是作物吸收养分和水分的主要器官，叶部（包括部分茎表面）吸收也能补充部分营养。根系和叶部吸收养分的途径是一样的，营养物质都是从介质溶液→细胞壁水膜→细胞壁→原生质膜→细胞内部，参与代谢活动。小麦在不同的生育阶段中对营养元素的种类、数量和比例等有不同要求，这就是作物营养的阶段性。总的来说，小麦在生长初期吸收养分的数量、强度都较低，随着生育进程的推进，对养分的吸收量和强度均增加，到成熟期又下降，具体可以划分为两个时期：

一是营养临界期。作物在生长发育过程中，有一个对某种养分的要求绝对数量并不多但很迫切的时期，如果养分缺少，将对作物生长发育造成危害，即使以后补施也很难纠正或者弥补，这个时期叫做作物营养临界期。

小麦的生长初期对外界环境条件具有较高的敏感性。从苗期营养来看，种子萌发后的最初几天，应保持适当低的营养水平，避免溶液浓度过高遭受盐的危害，但幼嫩根系吸收力弱，还必须有一定的易于吸收的养分，特别是磷和氮的供应，大多数作物氮、磷的临界期出现在幼苗期。小麦苗期以营养器官生成为主，氮、磷代谢旺盛，此期要求有充足的氮、磷营养元素供给，以利于分蘖生根，培育壮苗。

二是营养最大效率期。在作物生长发育的某一时期，所吸收的某种养分能发挥其生产最大潜力的时期，叫做作物营养的最大效率期。

小麦拔节至开花期处于营养最大效率期。从作物外部形态来看生长迅速，吸收养分的能力特别强，如能及时满足作物养分的需要，对提高产量非常显著。但并不是说仅在这时期供足肥就能获得高的产量，因为作物营养的各个阶段是相互联系、彼此影响的，一个阶段情况的好坏，必然会影响到下一阶段作物的生长与施肥效果。因此，既要注重关键时期的施肥，又要考虑各阶段的营养特点采用基肥、追肥、种肥结合的施肥方法，充分满足作物对养分的需要。

冬小麦不同生育时期氮、磷、钾的积累量随着生育进程中干物质积累量的增加而增加。起身期前麦苗相对较小，氮、磷、钾吸收量较少；起身后，植株迅速生长，养分需求量也急剧增加；拔节至孕穗期小麦对氮、磷、钾的吸收达到高峰期。对氮、磷的吸收量在成熟期达到最大值；对钾的吸收在抽穗期达到最大积累量，之后钾的吸收出现负值（表6-5）。

表 6-5　冬小麦不同生育时期氮、磷、钾积累进程

生育时期	干物质（千克/公顷）	N		P₂O₅		K₂O	
		千克/公顷	积累量	千克/公顷	积累量	千克/公顷	积累量
三叶期	168.0	7.65	3.76	2.70	3.08	7.80	3.32
越冬期	841.5	30.45	14.98	11.55	13.18	30.75	13.11
返青期	846.0	30.90	15.20	10.65	12.16	24.30	10.36
起身期	768.0	34.65	17.05	14.55	16.61	33.90	14.45
拔节期	2 529.0	88.50	43.54	25.20	28.77	96.90	41.30
孕穗期	6 307.5	162.75	80.07	49.80	56.85	214.20	91.30
抽穗期	7 428.0	170.10	83.69	54.00	61.64	234.60	100.00
开花期	7 956.0	164.7	81.03	57.30	65.41	206.10	87.85
花后 20 天	12 640.5	180.75	88.93	67.20	76.71	184.65	78.71
成熟期	15 516.0	203.25	100.00	87.60	100.00	191.55	81.65

资料来源：引自张立言等，1993。

2. 小麦氮、磷、钾需肥量　随着产量水平提高，小麦氮、磷、钾吸收总量相应增加。每生产 100 千克籽粒，需氮（N）2.0～4.2千克，磷（P₂O₅）0.8～1.4 千克，钾（K₂O）2.6～3.8千克，三者吸收比例约为 2.8：1：3.0。随产量水平提高，每生产 100 千克籽粒氮的吸收量减少，钾的吸收量增加，磷的吸收量基本稳定（表 6-6）。

表 6-6　不同产量水平下小麦对氮、磷、钾的吸收量

产量水平（千克/公顷）	吸收总量（千克/公顷）			100 千克籽粒吸收量（千克/公顷）			吸收比 N：P₂O₅：K₂O	资料来源
	N	P₂O₅	K₂O	N	P₂O₅	K₂O		
1 965	116.7	35.6	54.8	5.94	1.81	2.79	3.3：1：1.5	山东农业大学
3 270	120.3	40.1	90.3	3.69	1.23	2.76	3.0：1：2.2	河南省农业科学院
4 575	125.9	40.2	133.7	2.75	0.88	2.92	3.1：1：3.3	山东省农业科学院
5 520	142.5	50.1	213.5	2.58	0.91	3.87	2.8：1：4.3	河南农业大学
6 420	159.0	73.6	166.5	2.48	1.15	2.59	2.2：1：2.3	烟台市农业科学研究所
7 650	182.9	75.0	212.0	2.39	0.98	2.77	2.4：1：2.8	山东农业大学

（续）

产量水平（千克/公顷）	吸收总量（千克/公顷）			100 千克籽粒吸收量（千克/公顷）			吸收比 N：P_2O_5：K_2O	资料来源
	N	P_2O_5	K_2O	N	P_2O_5	K_2O		
8 265	229.2	99.3	353.3	2.77	1.20	4.27	2.3：1：3.6	河南农业大学
9 150	246.3	85.5	303.0	2.69	0.93	3.31	2.9：1：3.6	山东农业大学
9 810	286.8	97.4	330.2	2.92	0.99	3.37	2.9：1：3.4	山东农业大学
平均	178.8	66.3	206.4	3.13	1.12	3.18	2.8：1：3.0	

（四）小麦合理施肥技术

小麦的需肥种类和数量受产量水平、土壤肥沃程度、土壤类型、肥料利用率、气候条件、生产管理措施等许多因素的影响，确定施肥种类和数量时，要综合考虑以上因素。

1. 配合施用有机肥和无机肥

（1）增施有机肥。增施有机肥料对提高小麦产量、改善品质，提高化肥的利用率都非常重要。增施有机肥料，不但提高土壤的有机质含量，显著提高地力，还能增加土壤的生产能力。许多研究表明，在小麦产量从高产到实现超高产（550 千克/亩以上）的过程中，有机质、氮、磷、钾等因素中与产量相关性最好的是土壤有机质含量。有机肥料含有作物需要的所有养分，尤其以磷、钾素和微量元素为多，其中的养分在土壤中逐渐分解，能较长时期地供给作物养分；有机肥料可以更新土壤腐殖质组成，改善土壤物理化学性状，提高土壤保肥保水供肥性能，改善土壤热量状况、调节土壤的酸碱性，是形成良好土壤环境的物质基础；同时有机肥料可显著增加土壤对重金属和有毒物质的吸附和络合作用，净化土壤，提高土壤生物化学活性。

有机肥虽然营养元素含量全，但含量较低，且分解较慢，很难满足农作物对营养元素的需要。化肥营养元素含量高，肥效快，可根据作物生长发育的需要量，进行针对性的补充。有机肥和化肥配合施用是我国合理施肥的基本方针，二者取长补短，发挥各自优势，有效提高肥料利用率，可以满足作物对各种营养元素在数量和时间上的需求。

（2）化肥种类的确定。小麦生育期长达 240 多天，是需氮量较多的作物，随着小麦产量的不断提高，对氮肥的需求也在增加。田间试验表明，在绝大多数的土壤上，使用氮肥都具有明显的增产效果。山东省大部分地块土壤有机质含量普遍较低，氮素在土壤中的含量也较低，土壤供氮能力较弱，不能满足小麦获得较高产量的需要，且氮素在生态循环中非常活跃，挥发流失较多，利用率较低。要想使小麦获得较高产量，必须每季都使用氮肥。氮肥的用量要合理，否则可能造成资源浪费、环境污染，影响小麦的产量品质。

过去，山东省大部分地块土壤严重缺磷，成为限制农作物产量的因素。经过 20 多年的氮磷配合施用，土壤中的磷含量已得到了较大的提高，土壤的供磷状况得到改善。由于磷素在土壤中易被固定，磷对作物的有效性较差，磷素的当季利用率仅为 20% 左右，要想小麦获得较高产量，在土壤磷含量较低的情况，必须每季都施用磷肥。

山东省土壤速效钾在不同区域的土壤中含量变幅较大，主要决定于土壤类型和质地。同一土壤类型，黏土的钾含量高于壤土，壤土高于沙土。在许多高产栽培和低钾含量的条件下，施用钾肥已获得非常好的增产效果。根据试验和生产实践表明，小麦亩产 500 千克以上的地块、棕壤以及沙性土壤上施用钾肥都具有明显的增产效果。

对大部分地块来说，小麦的中量元素（钙、镁、硫）营养问题未对小麦生产造成明显影响，但常年使用不含硫化肥的地块，应施用过磷酸钙或含硫复合肥进行硫的补充。微量元素硼、铜、铝、铁、锰、钼、锌与大量元素和中量元素，对植物营养同等重要，但微量元素不必年年施用。如怀疑微量元素缺乏，可通过土壤测试、植株分析、田间试验来确定。

2. 科学确定施肥量　小麦养分吸收量主要取决于产量水平，因此产前必须设定一个产量水平，从而确定施肥量。目标产量根据当地的土壤肥力、气候特点及栽培条件等因素确定。确定目标产量有单产平均法和回归方程法。

单产平均法：目标产量＝前几年平均单产＋前几年平均单产×前几年单产平均递增率（前几年通常为前 3 至 5 年）。

回归方程法：通过试验或调查，在配方施肥区，多点求得作物最高单产和当年空白单产，然后进行统计分析，建立方程，求得目标产量。

有机肥施肥量＝有机肥用量×有机肥某养分的含量×有机肥的当季利用率。

有机肥的利用率因肥料种类和腐熟程度不同而差异很大，一般为 20％～25％。计划产量所需养分量可根据 100 千克籽粒所需养分量来确定。土壤供肥状况一般以不施肥麦田产出小麦的养分量测知土壤提供的养分数量。在田间条件下，氮肥的当季利用率一般为 30％～50％；磷肥为 10％～20％，高者可达到 25％～30％；钾肥多为 40％～70％。一般中低产田应增施磷肥，氮磷配合，高产田耕层土壤速效磷含量较高，肥料中磷素的比例适当降低。

$$施肥量（千克/公顷）=\frac{计划产量所需养分量（千克/公顷）-土壤当季供给养分量（千克/公顷）}{肥料养分含量（\%）\times 肥料利用率（\%）}$$

3. 合理分期施肥

（1）基肥。基肥是在小麦播种前结合土壤深耕而施用的肥料。一方面能为小麦全生育期生长提供养分，另一方面又具有培肥和改良土壤的作用，为作物的生长发育创造良好的土壤环境。

基肥施用量占小麦全生育期的绝大部分，为达到培肥和改良土壤的目的，基肥应以有机肥为主，结合配施缓效性和速效性肥料。不同类型肥料对施肥深度要求不同。有机肥和钾肥在土壤中移动较小，浅施肥料不能与小麦根系很好的接触，影响肥料利用，建议深施；对于挥发性肥料，浅施易造成养分挥发损失，建议随基肥深施；对于磷肥，有研究表明过深或过浅施用都不利于养分吸收，施肥深度在 10～15 厘米为宜。

（2）种肥。种肥是满足作物苗期养分的需要，在播种时施在种子附近的肥料。目的是供给作物生长发育初期所需的养分。种肥的施用效果取决于土壤、施肥水平、栽培技术等因素。因为肥料与种子相距较近，施用不当易造成烧种、烂种，造成缺苗断垄。在土壤肥力较低、基肥用量小的情况下，可以施用种肥。种肥种类一般选择宜被作物幼苗吸收利用的速效性肥料，以侧施和播种后施用为宜。微肥还可采用浸种的方式。适宜做种肥的品种主要有尿素、磷酸二铵。建议施用时二者按照 1∶1 混合。用量一般为种子重量的 30%左右。

（3）追肥。追肥是在作物生长发育期间，为满足作物不同生育期对养分的要求，以补充基肥不足而施用的肥料。速效性化肥宜作为追肥肥料。追肥用量依据基肥用量、作物营养特性、土壤等情况具体确定。追肥的方法有条施、穴施、深施覆土、水肥一体化施用等。追施速效氮肥时，宜采用条施（沟施）或穴施，深施 5～10 厘米，尽量靠近植株根系，然后覆土压实，追后尽快浇水，尽量避免大水漫灌。小麦封垄后，难以进行穴施或开沟施肥，可将肥料撒于作物行间并进行灌水；在旱作区，常在下雨时或雨前把尿素等性质稳定的化肥撒在作物行间。

适期播种的小麦，春季一般出生 6 片叶。当春季第一叶片伸出时，小麦正值返青期后，不久穗分化处于单棱期，施用肥水可促使第三、四叶的伸长；当春二叶伸出时，小麦正值起身期，穗分化处于二棱期，此时施用肥水可使春生四、五叶伸长，此时是保蘖增穗的重要时期；当春三叶伸长时，麦穗处于小花原基分化期，此期施用肥水主要促进春五、六叶和第一、二节间伸长，肥水不当可延缓无效蘖衰亡；当春四叶伸出时，麦穗处于雌雄蕊原基分化期，植株处于拔节前期，此时施用肥水主要促进春六叶和第二、三节间伸长；当春五叶伸长时，植株处于拔节期，此时施用肥水可促使第三、四节间伸长，具有保花增粒的显著效果；当春六叶展开不久，植株处于孕穗期，穗发育进入四分体期，这是小麦一生施肥最敏感期，此时肥水对促进上部节间伸长并增加粒重有重要影响。据此可根据春季叶片出生来判断穗分化情况，并进行田间管理。

①返青至起身期。以促进麦苗早生根、早返青、培育壮苗、巩

固年前分蘖、控制春季分蘖，提高成穗率、确保穗数、促进小穗分化、争取大穗为主攻目标。返青期追肥能增加春季分蘖、巩固冬前分蘖，相应增加单位面积穗数，但同时也促进中部叶片增大和基部节间伸长。因此，在生产中要根据苗情、地力决定是否施用返青肥。对于土壤肥力较差、基肥不足、播种较晚、总茎数较少的麦田，利用春季分蘖的优势，及时追施返青肥，促进弱苗转壮苗，增蘖、增穗。这类麦田的追肥可适当提前到返青期至起身期，用量可适当多些。也可分两次追肥，第一次在返青期，每亩施尿素 10 千克；第二次在拔节后进行，视苗情长势每亩施尿素 5～10 千克。对长势健壮、群体合理和旺长、群体过大的麦田及脱肥症状表现不明显麦田，返青期至起身期一般不追肥不浇水，以免造成分蘖过多、封垄过早。对于播种过早、播量较大、基肥较多、地力基础较好造成的冬前生长过旺的旺苗，以控旺转壮、控制群体、防止倒伏为主攻目标。这类麦田不必追施返青肥，控制春季分蘖的增长，促进分蘖两极分化。

②起身至拔节期。拔节期是增加完全花数量、减少小花退化、保花增粒的关键时期。拔节期小麦生长速度增加，吸收养分的量也急剧增加。拔节肥水应以保花增粒、稳定穗数、建立合理群体为主要目标进行综合诊断。对前期肥水得当、个体生育健壮、群体大小适中的麦田，应视地力、苗色适量追肥，以防止后期脱肥，施肥量一般为全生育期施氮量的 50％左右，对这类麦田实施重施拔节肥的原则，施肥后应及时浇水。对前期肥水过大、麦苗旺长、土壤肥力又高时，应酌情少施或不施拔节肥，以免造成倒伏或贪青晚熟，要适时浇好拔节水。对这类麦田应在孕穗期视苗情酌情补肥防止前期旺长后期脱肥早衰现象的发生。拔节肥水过早易使基部节间过长，上部叶片过大，造成田间郁闭，增加倒伏危险性。施用过晚则起不到保花增粒的作用，使穗粒数严重下降。

（4）叶面肥。作物通过叶部吸收养分而营养自身的现象称为叶面营养。多项研究证明，植物叶部吸收的养分也能在体内被同化和运转，特别是在根部吸收养分受阻时，叶面喷施能及时补充养分，为作物恢复生长提供所需养分。叶面喷施与根部施肥相比具有以下特点：一是通过防止养分在土壤中的固定和流失而减少养分损失；二是叶部吸收、转化养分快，能及时满足作物对养分的需要；三是叶部吸收的养分能直接促进植物体内的代谢作用，从而促进根部对养分的吸收、利用，提高作物产量和改善产品品质，尤其是在作物生长后期，根系活力衰退，施用叶面肥能起到显著增产作用。常用叶面肥追施适宜浓度见表6-7。

表6-7　常用叶面肥追施适宜浓度

化肥品种	功能元素	适宜浓度（%）
磷酸二氢钾	磷、钾	0.2
尿素	氮	0.5
硝酸钙	钙	0.3
硫酸镁	镁	0.1~0.2
硫酸亚铁	铁	0.2~1.0
硫酸锰	锰	0.05~0.1
硫酸锌	锌	0.05~0.2
硫酸铜	铜	0.01~0.05
硼砂	硼	0.01~0.2
钼酸铵	钼	0.02~0.1

二、常用施肥机械

（一）撒肥机

根据冬小麦的生长特点，要想抵抗冬季的严寒，需要有充足的养分，保证小麦在入冬前能够长出足够的根系和强壮的分蘖。如果基肥施用量过少，小麦没有足够的养分，很有可能在漫长的冬天被冻伤，导致第二年减产，所以小麦生产过程中施用基肥非常关键。小麦基肥一般以颗粒状化肥和厩肥为主，常用基肥施肥机械主要有颗粒肥撒肥机和厩肥撒肥机。

1. 颗粒肥撒肥机　颗粒肥撒肥机是以撒施固态颗粒状肥料为主要用途的大田施肥机械，具有操作简便，作业效率高的特点。

（1）主要结构与工作原理。山东省常用颗粒肥撒肥机以悬挂式机型为主，由机架、悬挂架、肥箱、传动箱、肥料抛撒装置、撒肥量调节装置等部分组成（图6-21）。其中肥料抛撒装置为立式圆盘抛撒器，有单圆盘抛撒和双圆盘抛撒两种机型。作业时，颗粒肥撒肥机通过三点悬挂装置挂接在拖拉机上，拖拉机的动力输出轴通过万向节与撒肥机的传动箱相连，为肥

图 6-21　颗粒肥撒肥机结构图
1. 机架　2. 悬挂架　3. 肥箱　4. 传动箱
5. 肥料抛撒装置　6. 撒肥量调节装置

料抛撒装置提供动力。肥料在自身重力作用下从肥箱慢慢流出，连续落在肥箱下方的圆盘抛撒器上。圆盘抛撒器上装有撒肥叶片（图6-22），调整撒肥叶片的角度可以调整撒肥宽度。随着圆盘抛撒器的快速旋转，肥料在离心力的作用和撒肥叶片的推动下向外抛出，散落在机具后方的地面上（图6-23）。撒肥机上装有撒肥量调节装置，通过调整肥箱上肥料出口的大小，改变排肥量，从而调整撒肥量。

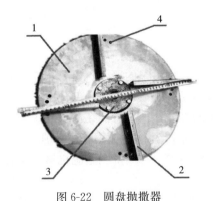

图 6-22　圆盘抛撒器
1. 撒肥圆盘　2. 撒肥叶片
3. 安装法兰盘　4. 撒肥叶片角度调整孔

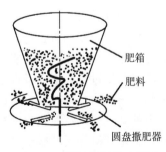

图 6-23　撒肥机作业示意图

（2）主要结构与规格参数。目前，山东省常用颗粒肥撒肥机主要有 2FGH-0.2 型、2FGH-0.6 型、2FGH-1.5P 型等机型，其主要技术参数见表 6-8。

表 6-8　颗粒肥撒肥机主要型号参数表

型号	2FGH-0.2 型	2FGH-0.6 型	2FGH-1.5P 型
结构型式	厢体式	厢体式	厢体式
与拖拉机连接方式	悬挂式	悬挂式	悬挂式
作业方式	后抛	后抛	后抛
料箱尺寸（毫米）	695×1 180×670	1 100×1 490×770	2 050×1 000×810
料厢容积（米^3）	0.2	0.6	1.5
最大载重量（千克）	200	600	1 500
配套动力（千瓦）	≥36.8	≥36.8	73.5～132.3
抛撒装置型式	下置立式单圆盘撒布	下置立式双圆盘撒布	下置立式双圆盘撒布
肥料输送方式	重力自落	重力自落	重力自落
抛撒宽度（米）	≥12	≥20	10～24

2. 厩肥撒肥机　厩肥撒肥机是以撒施厩肥（发酵肥）、泥肥或类似性状肥料为主要用途的大田施肥机械。山东省常见机型主要有轮式自走、履带自走和牵引式等，图 6-24。

轮式自走　　　　　履带自走　　　　　牵引式

图 6-24　厩肥撒肥机

（1）主要结构与工作原理。山东省常用自走式厩肥撒肥机主要有 2FZGB-2.3L 型轮式自走厩肥撒肥机和 2FZGB-3 型履带自走厩肥撒肥机等。自走式厩肥撒肥机主要由机架、发动机、变速箱、肥箱、传动机构、行走机构、控制系统、肥料推送装置、肥料抛撒装置、撒肥量调节装置等部分组成。其中肥料抛撒装置为立式双圆盘抛撒器，肥料推送装置为链板式（图 6-25），肥料推送装置驱动型式为液压式。作业时，链板推送器推送肥料向肥箱后部移动，肥料通过肥箱后部的出口慢慢流出，连续落在肥箱后方的双圆盘抛撒器上，随着抛撒器的快速旋转，肥料在离心力的作用和撒肥叶片的推动下向外抛出，散落在机具后方

图 6-25　链板推送器

的地面上。调整撒肥机肥箱后部舱门的大小，可以改变排肥量，从而调整撒肥量。

山东省常用牵引式厩肥撒肥机主要有 2FGH-3P 型厩肥撒肥机、2FGB-5Y 型厩肥撒肥机和 2FGH-8 型厩肥撒肥机等。牵引式厩肥撒肥机主要由机架、牵引架、肥箱、传动机构、肥料推送装置、肥料抛撒装置、撒肥量调节装置等部分组成。其中肥料抛撒装置为立式双圆盘抛撒器或立式双螺旋抛撒器（图 6-26）。肥料推送装置为链板式或整体厢板式，肥料推送装置驱动型式为液压式。作业时，撒肥机通过牵引

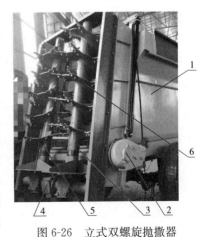

图 6-26　立式双螺旋抛撒器

1. 肥箱　2. 减速机　3. 肥料推送链板
4. 传动箱　5. 螺旋撒肥器　6. 撒肥齿

架与拖拉机相连，拖拉机的动力输出轴通过万向节与撒肥机前部的传动箱相连，液压管路连接在拖拉机的液压输出装置上，液压驱动链板推送器推送肥料向肥箱后部移动，快速旋转的双螺旋抛撒器将肥料向上输送，同时向后上方抛出，散落在机具后方的地面上。调整撒肥机肥箱后部舱门的大小及链板推送器的推送速度，可以改变排肥量，从而调整撒肥量。

（2）主要结构与规格参数（表6-9、表6-10）。常用自走式厩肥撒肥机主要技术参数见表6-9。

表6-9 自走式厩肥撒肥机主要型号参数

型号	2FZGB-2.3L 型	2FZGB-3 型
结构型式	厢体式	厢体式
与拖拉机连接方式	轮式自走式	履带自走式
作业方式	后抛	后抛
料箱尺寸（毫米）	2 340×1 795×880	2 350×1 795×950
料厢容积（米³）	2.3	3
最大载重量（千克）	2 070	2 700
配套动力（千瓦）	44.2	58.8
抛撒装置型式	后置立式双圆盘撒布	后置立式双圆盘撒布
肥料输送方式	液压链板推送	液压链板推送
抛撒宽度（米）	≥6	≥6
承重车桥数量	2	—
轮距（毫米）	1 400	—
轮胎规格	9.5～20	—
轮胎数量	4	—
履带轨距（毫米）	—	1 250
履带宽度（毫米）	—	500
节数	—	56
节距（毫米）	—	90

常用牵引式厩肥撒肥机主要技术参数见表 6-10。

表 6-10　牵引式厩肥撒肥机主要型号参数

型号	2FGH-3P 型	2FGB-5Y 型	2FGH-8 型
结构型式	厢体式	厢体式	厢体式
与拖拉机连接方式	牵引式	牵引式	牵引式
作业方式	后抛	后抛	后抛
料箱尺寸（毫米）	2 500×1 650×1 060	2 410×2 010×1 245	3 900×1 950×1 280
料厢容积（米³）	3	5	8
最大载重量（千克）	3 000	4 500	8 000
配套动力（千瓦）	29.4～58.8	36.8～58.8	73.5～132.3
抛撒装置型式	后置立式双圆盘撒布	后置立式双圆盘撒布	后置立式双螺旋撒布
肥料输送方式	液压链板推送	液压链板推送	液压厢板推送
抛撒宽度（米）	≥8	≥12	≥16
承重车桥数量	1	1	1
轮距（毫米）	1 500	1 815	2 350
轮胎规格	10.0/75-15.3	400/55-22.5	500/60-22.5
轮胎数量	2	2	2

（二）中耕追肥机

中耕追肥是农业生产保证高产、稳产的有效措施之一。中耕追肥机是机械在中耕作物生长过程中进行行间锄草、松土（破板结、深松）、开沟、追施化肥、培土起垄等作业的机具。作物行间采用机械中耕追肥，可提高劳动生产率，深中耕、高培土、深施肥，实现人畜力无法达到的良好作业质量，且管理及时。

中耕追肥机按用途可分为通用型中耕追肥机、通用机架播种中耕追肥机、经济作物专用中耕追肥机等。按其土壤工作部件的工作原理可分为铲式和旋转式（或分为从动型与驱动型）两大类。也可根据作业行数组成不同工作幅宽的机型，满足生产需要。

1. 多用途追肥机主要结构特点　追肥是在作物生长期间对其

根部进行施肥的过程，其合理的施用方法是将化肥施在作物根系的侧深部位，通常是在通用中耕机上装设排肥器与施肥开沟器（图6-27）。

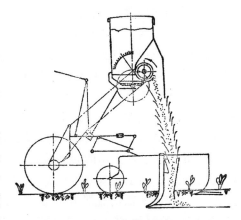

图 6-27　中耕追肥机

（1）2FT-1 型多用途追肥机。2FT-1 型多用途追肥机为单行畜力追肥机，适用于旱地颗粒肥深施，还可用于玉米、大豆、棉花等中耕作物的播种（图6-28）。工作时由人力或畜力牵引，一次完成开沟、排肥（播种）、覆土和镇压4道工序。该机采用"搅刀—拨轮"式排肥器，能可靠、稳定、均匀地排施颗粒肥料；采用凿式开沟器，肥沟窄而深，阻力小，导肥性能良好；更换少量部件可用于播种中耕作物。

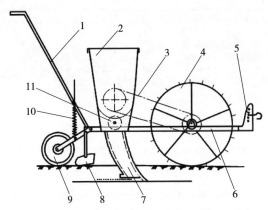

图 6-28　2FT-1 型多用途追肥机
1. 手把　2. 肥箱　3. 传动链　4. 地轮　5. 牵引板　6. 机架
7. 凿式沟播器　8. 覆土器　9. 镇压轮　10. 仿形加压弹簧　11. 排把器

（2）机引式中耕追肥机。机引式中耕追肥机与拖拉机悬挂式连接，以求转向灵活，便于在作物行间作业，伤苗率低。其结构由主梁、悬挂架（或快速挂接架）、传动轮、仿形机构、锄铲组、追肥装置等组成（图6-29）。主要工作部件包括土壤工作部件和追肥装置两部分。土壤工作部件是中耕追肥机在作物行间进行表土耕作及深施化肥的工作元件，应根据用途、作业条件及作物生长期等农业技术要求设计或选用。有供行间除草用的双翼式、单翼式、双翼通用式除草铲；表层松土用的转动锄；深层松土用的凿式、双尖式、单尖式松土铲；培土起垄用的壁式、旋转式培土起垄器（见行间中耕机械）及施肥所需的施肥开沟器等。追肥装置主要是化肥排肥器，采用单组肥箱、体积小、重量轻、结构简单紧凑。根据化肥的机械物理性质不同，排肥机构分为转盘式、转轴式（水平旋转或垂直旋转）、振动式三类。

图6-29　中耕追肥机

主要技术参数（以3ZF-7.4为例）：外形尺寸1 058毫米×5 100毫米×1 300毫米，配套动力35～60千瓦，作业幅宽4.8米，作业速度3～6千米/时，行距300～700毫米，作业深度30～180毫米，肥箱容积150升，连接方式为三点悬挂。

2. 使用注意事项

（1）人员配备。进行中耕追肥作业时，机组需配5～6人，即驾驶员2人，农具手2人，地两头各1人。其中1名驾驶员专做联络工作。农具手要经常检查作业质量并在地头转弯时加填肥料。地头1人准备肥料并协助加肥。

（2）肥料准备。作业前对所施肥料要进行晾晒、破碎、过筛，做到干燥、细碎，以防止排肥轮堵塞。

（3）加强保养。每班作业完毕后，检查拧紧各连接螺栓、螺母，检查放油螺塞有无松动；检查各部位插销、开口销有无缺损；检查齿轮箱齿轮油面，缺油时应添加到检查孔刚刚能流出为止，再拧紧加油螺塞；检查刀片是否缺损和紧固螺栓有无松动；检查有无漏油现象。还要清扫肥料箱和排肥盒。在使用化肥后，要用清水冲洗肥料箱、排肥盒、输肥管以及下肥管，防止腐蚀。整个作业结束后应及时检修、注油、涂油并加以妥善保管。

（三）液肥追肥机

液肥有化学液肥和有机液肥（厩肥）之分。化学液肥的主要品种是液氨和氨水。液氨为无色透明液体，含氮82.3%，是制造氮肥的工业原料，价格较固体化肥低30%～40%，而且肥效快，增产效果显著。因而发达国家中液氨的施用量在氮肥中占相当大的比重。但是，施用液氨所需的设备投资甚高。因为液氨必须在高压下才能保持液态（液氨在46.1℃时的蒸汽压力为175千帕），因而必须用高压罐装运，从出厂、运输、贮存，到田间施用都必须有一整套高压设施。施肥机上的容器也必须是耐高压的，否则很不安全。这是液氨在我国施用受到限制的主要原因。有机液肥追肥机分泵式和自吸式两种。而厩液的施用量甚大，为了提高生产效率、降低作业成本，苏联与日本等国家开始发展管道输送厩液，并用固定的喷洒装置进行洒施。

液氨施肥机的主要组成部分有：液氨罐、排液分配器、液肥开沟器及操纵控制装置。

排液装置是液肥施用机的主要工作装置，常见的有：自流式排液装置、挤压泵式排液装置和柱塞泵式排液装置。

泵式厩液施洒机可以装用各种类型的泵，用来将厩液从贮粪池抽吸到液罐内，在运至田间后再由泵对液罐增压，或直接由液泵压出厩液。自吸式厩液施洒机是利用拖拉机的发动机排出的废气，通过引射装置将厩液从储粪池吸入液罐内，再去施洒。这种厩液施洒机结构简单，使用可靠，不仅可以提高效率、节省劳力，而且采用封闭式装、运厩液，有利于环境卫生（图6-30）。

SF系列液体有机肥施肥罐车

悬臂抛撒施肥桁架

梳状刀片式施肥装置

自流式施肥桁架

圆盘耙片式施肥犁头

注入深松式施肥犁头

图6-30　液体有机肥罐车

1. 主要技术参数（以SF12000为例）　容积12米^3，整机长度8米，罐体直径1 800毫米，喷口直径35毫米，直流管直径40毫米，配套动力18～36千瓦，工作效率600～1 000亩/天，施肥深度100～150毫米，挂接形式为牵引式。

2. 液体施肥车注意事项　罐内会产生有毒和易燃气体，设备附近不能存在明火；施肥车运行前，应保证已正确连接且工作正常；运输、保养和贮存前应将撒施架排空；禁止运输肥料、水以外的物质；罐体盖和开口应正确关闭；罐体内压力相关参数应周期检查，罐体内无压力时才能对罐体外部进行操作；每次施完肥后，将罐体冲洗干净，不得将肥料留在罐内，以免造成损失；施肥完毕后，应继续用清水冲洗管道。

（四）水肥一体机

水肥一体机可以将可溶性肥料溶于水中与灌溉水同时作用于作物冠层，且少量多次微喷效果较好。适宜的微喷频次和施氮量通过增加花后物质生产和水氮吸收利用显著提高了冬小麦产量和水分利用效率。并且，与传统漫灌相比，减量增次微喷水肥一体机使得每次的水肥集中供给主要的根系分布区域（0～60厘米），每次较少的灌溉量也促进了根系下扎，提高了作物对深层土壤水肥的吸收和利用，减少了土壤硝态氮的淋洗，最终实现了冬小麦对水氮资源的高效利用。

智能灌溉系统，运用互联网、大数据、云计算与传感器技术相结合的方式对农业生产中的环境温度、湿度、光照强度、土壤墒情等参数进行实时监控，系统通过分析处理传感器数据信息，达到所设阈值或人为干预操作，作为灌溉设备运行的控制条件，实现智能化灌溉（图6-31）。通过可控管道系统供水、供肥，使水肥相融后通过管道、喷枪或喷头进行喷灌，均匀、定时、定量喷洒在作物发育生长区域，使主要发育生长区域土壤始终保持疏松和适宜的含水量，同时根据不同的作物的需肥特点，土壤环境和养分含量状况，

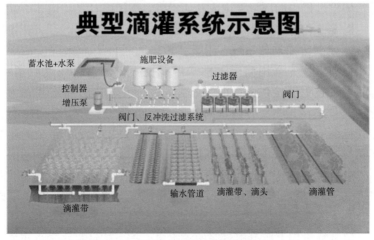

图6-31　典型滴灌系统

把水分、养分定时定量，按比例直接提供给作物。

水肥一体机可以根据作物需肥规律随时供给，保证作物水肥均衡；同时肥料随水均匀输送到植物根部，大幅度提高肥料和水的利用率，节水省肥；系统自动运行，省工省时。

第五节　小麦田间管理机械作业质量与检测方法

一、绞盘式喷灌机

(一)作业质量要求

按照《绞盘式喷灌机　第1部分：运行特性及实验室和田间试验方法》(GB/T 21400.1—2008)国家标准，绞盘式喷灌机作业质量应该符合水量分布均匀系数≥85%。

(二)作业质量测试方法

试验水源的水量应满足喷灌机额定工况的入机流量要求，水质符合使用说明书的要求。试验地应无障碍物，地表条件、地形坡度符合使用说明书要求。试验地的面积能满足性能试验项目检测的需要。试验过程中的环境温度应在4~45℃范围内，平均风速不超过1.5米/秒。

1. 水量分布均匀系数　用于测量田间条件下灌水深度的雨量筒，材料应优先采用筒壁上粘水可能性很小的白色或透明塑料。若灌水装置为喷枪，雨量筒的最大间距为6米；若灌水装置为旋转式或非旋转式喷头，雨量筒的最大间距为3米。雨量筒的布置方式见图6-32，雨量筒的排数应与配水软管在绞盘上卷绕的层数相同。

喷灌机在额定工况下运行，待运转平稳后(工作压力波动不超过±5%)，测定喷灌机的入机流量、喷灌机入机压力和末端压力。

记录每一排上所有雨量筒的灌水量，按下式计算水量分布均匀系数。

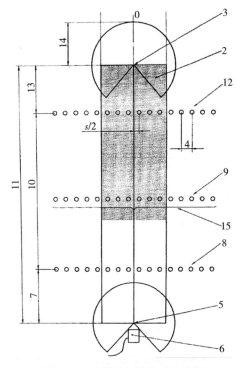

图 6-32　雨量筒布置方式示意图

1. 灌溉条带宽度 E　2. 计算重叠面积的灌溉条带　3. 灌水装置行走起始位置
4. 雨量筒间距 s（最大间距：喷枪 6 米，旋转式和非旋转式喷头 3 米）　5. 灌水装置
停止位置　6. 装有压力、流量和灌水装置位移监测和数据采集装置的绞盘式喷灌机所
处位置　7. 大于灌水装置射程的端边界　8. 第 n 排所在位置　9. 第 i（1<i>n）排
所在位置　10. 大于 50%Lmax 的雨量筒排布置区　11 灌溉条带长度（等于灌水装置
行走长度）　12. 第 1 排所在位置　13. 大于灌水装置射程的端边界　14. 灌水装置的
射程　15. 测量筒排扩展区。

$$\overline{X} = \frac{\sum\limits_{i=1}^{N} X_i}{N}$$

$$s_d = \sqrt{\frac{\sum\limits_{i=1}^{N} (X_i - \overline{X})^2}{N-1}}$$

$$C_v = (1 - \frac{s_d}{\overline{X}}) \times 100\%$$

式中，

X_i——各雨量筒灌水量，单位为克；

$\overline{X}$——平均灌水量，单位为克；

N——雨量筒个数；

S_d——标准差；

C_v——水量分布均匀系数。

二、大型喷灌机

(一)作业质量要求

大型喷灌机包括中心支轴式喷灌机、平移式喷灌机和滚移式喷灌机。按照《农业灌溉设备 中心支轴式和平移式喷灌机 水量分布均匀度的测定》(GB/T 19797—2012)国家标准和《圆形(中心支轴式)和平移式喷灌机》(JB/T 6280—2013)机械行业标准要求，大型喷灌机作业质量应该符合表6-11的要求。

表6-11 大型喷灌机作业质量指标

序 号	项 目	单 位	作业质量指标
1	各喷头喷量一致性变异系数	—	≤15%
2	总喷量稳定性变异系数	—	≤10%

(二)作业质量测试方法

试验水源的水量应满足喷灌机额定工况的入机流量要求，水质符合使用说明书的要求。试验地应具有代表性，无障碍物，地表条件、地形坡度符合使用说明书要求。试验地的面积能满足性能试验项目检测的需要。试验过程中的环境温度应在4～45℃范围内，平均风速不超过1.5米/秒，最大风速不超过3.0米/秒。试验用电源电压应符合使用说明书的要求。

1. 各喷头喷量一致性变异系数、总喷量稳定性变异系数 喷灌机在额定工况下运行，待运转平稳后（工作压力波动不超过±5%），测定喷灌机的入机流量。在不影响首、末端两个喷头正常工作的情况下，在喷头附近安装压力表，测定首、末端两个喷头的工作压力，各测定 5 次，分别计算其平均值。流量和压力应在使用说明书规定的范围。在喷灌机额定工况下进行，喷灌机入机压力和末端压力的偏差应控制在 20% 以内。

试验按以下方法进行：测定喷头数不少于 6 个（等间隔选取），首个测定喷头距喷灌机进水口的距离不少于 30 米。每次测定接取喷水量时间根据不同机型确定，原则上不少于 30 秒。重复测定 5 次。同步接取各喷头每次测定时间内喷出的全部水量，称其质量，求得每个喷头的平均喷量 X_i 和每次的总喷量后 G_i，计算喷头的平均喷量 $\overline{X}$、各喷头间喷量一致性的标准差 S_1 和变异系数 V_1，计算每次总喷量的平均值 $\overline{G}$，各次总喷量间的喷量稳定性的标准差 S_2 和变异系数 V_2，计算公式如下所示：

$$\overline{X} = \frac{1}{n_1} \sum_{i=1}^{n_1} X_i$$

$$S_1 = \sqrt{\frac{n_1}{n_1 - 1} \sum (X_i - \overline{X})^2}$$

$$V_1 = \frac{S_1}{\overline{X}} \times 100\%$$

$$\overline{G} = \frac{1}{n_2} \sum_{i=1}^{n_2} G_i$$

$$S_2 = \sqrt{\frac{1}{n_2 - 1} \sum (G_i - \overline{G})^2}$$

$$V_2 = \frac{S_2}{\overline{G}} \times 100\%$$

对于中心支轴式喷灌机，每次实际接取的喷水量 i 要按下式折算后，再按以上公式进行计算。

$$M_i = m_i \frac{(R_1 + r_1)^2 - (R_1 - r_1)^2}{(R_i + r_i)^2 - (R_i - r_i)^2} = m_i \frac{R_1 r_1}{R_i r_i}$$

式中，

M_i——第 i 个测定喷头折算到首个测定喷头的喷水量，单位千克；

m_i——第 i 个测定喷头实际接取的喷水量，单位为千克；

R_i——第 i 个测定喷头距中心支轴距离，单位为米；

r_i——第 i 个测定喷头的喷洒半径，单位为米；

R_1——首个测定喷头距中心支轴距离，单位为米；

r_1——首个测定喷头的喷洒半径，单位为米；

n_1——测定喷头个数；

n_2——重复测定次数。

三、喷杆喷雾机

（一）作业质量要求

根据《自走式喷杆喷雾机》（JB/T 13854—2020）机械行业标准规定，喷杆喷雾机作业质量应符合表 6-12 要求：

表 6-12　喷杆喷雾机作业质量指标

序号	项目	单位	作业质量指标
1	喷头防滴性能	—	出现滴液现象的喷头数量应不大于喷头总数的 10%，且单个滴漏喷头滴漏的液滴数应不大于 10 滴/分
2	喷杆上各喷头喷雾量变异系数	—	≤15%

（二）作业质量测试方法

1. 喷头防滴性能　在额定工作压力下，停止喷雾 5 秒后，出现滴液现象的喷头数量应不大于喷头总数的 10%，且单个滴漏喷头滴漏的液滴数应不大于 10 滴/分，试验不少于 3 次。

2. 喷杆上各喷头喷雾量变异系数　在额定工作压力下进行喷雾，测定喷杆上每个喷头的喷雾量，测定时间 1 分，试验不少于 3 次。计算出变异系数。喷杆上各喷头喷雾量变异系数≤15%。各喷头喷雾量变异系数按下式计算。

$$Q = \frac{\sum_{i=1}^{n} q_i}{n}$$

式中，

Q——喷头喷雾量平均值，单位为毫升；

q_i——各喷头喷雾量，单位为毫升；

n——喷杆喷头数量。

$$S = \sqrt{\frac{\sum_{i=1}^{n}(q_i - Q)^2}{n-1}}$$

式中，

S——各喷头喷雾量标准差，单位为毫升。

$$V = \frac{S}{Q} \times 100\%$$

式中，

V——喷杆喷头喷雾量变异系数。

四、植保无人机

(一) 作业质量要求

根据《值保无人飞机　质量评价技术规范》（NY/T 3213—2018）农业行业标准规定，植保无人机作业质量应符合表6-13要求：

表6-13　植保无人机作业质量指标

序号	项　目		单位	作业质量指标
1	自主控制模式飞行精度	偏航距（水平）	米	≤0.5
		偏航距（高度）	米	≤0.5
		速度偏差	米/秒	≤0.5
2	续航能力		分	单架次总飞行时间与连续喷雾作业时间之比不小于1.2倍
3	残留液量		毫升	≤30

（续）

序号	项目		单位	作业质量指标
4	过滤装置	过滤级数	—	≥2
		加液口过滤网网孔尺寸	毫米	≤1
		末级过滤网网孔尺寸	毫米	≤0.7
5	喷头防滴漏		—	每个喷头的滴漏数不大于5滴
6	喷雾量均匀性变异系数		—	≤40%
7	作业喷幅		—	不低于企业明示值

（二）作业质量测试方法

1. 自主控制模式飞行精度 试验在航线长度不小于120米，航线高度不大于5米，飞行速度为3～5米/秒的条件下进行（图6-33）。

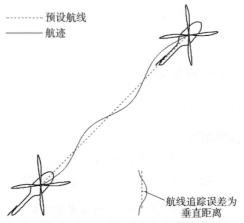

‑‑‑‑‑‑‑ 预设航线
——— 航迹

航线追踪误差为
垂直距离

图6-33 自主控制模式飞行精度测试示意图

（1）在额定起飞质量条件下，操控植保无人机以自主控制模式沿航线飞行，同时以不大于0.1秒的时间间隔对植保无人机空间位置进行连续测量和记录（图6-33），重复3次。

（2）将记录的航迹经纬度坐标按CGCS 2000（2000中国大地坐标系）的格式进行直角坐标转换；植保无人机的空间位置坐标记为(x_i, y_i, z_i)，$i = 0, 1, 2, \cdots, n$，其中$i = 0$时为飞行过程中剔除加速区间段的稳定区开始位置，$i=n$ 时为飞行过程中剔除减速区间段的稳定区终止位置。

（3）整条航线的平面位置坐标记为 $ax+by+c=0$，a、b、c 系数依据航线方向和位置而定，按下式分别计算偏航距（水平）L_i、偏航距（高度）H_i 和速度偏差 V_i，测量值应为测量区间内各点计算值的最大者。

$$L_i=\frac{\mid ax_i+by_i+c\mid}{\sqrt{a^2+b^2}} \qquad (i=0,1,2,\cdots,n)$$

式中，

L_i——偏航距（水平），单位为米；

x_i——采集航迹点位置的东西方向坐标值，单位为米；

y_i——采集航迹点位置的南北方向坐标值，单位为米。

$$H_i=\mid z_i-z_{set}\mid \qquad (i=0,1,2,\cdots,n)$$

式中，

H_i——偏航距（高度），单位为米；

z_i——采集航迹点位置的高度坐标值，单位为米；

z_{set}——预设航线的高度坐标值，单位为米。

$$V_i=\mid v_i-v_{set}\mid \qquad (i=0,1,2,\cdots,n)$$

式中，

V_i——速度偏差，单位为米/秒；

v_i——采集航迹点位置的飞行速度，单位为米/秒；

v_{set}——预设的飞行速度，单位为米/秒。

2. 续航能力 试验在空旷露天场地、风速不超过 3 米/秒的条件下进行。注满燃油或使用满电电池，加注额定容量试验介质，让植保无人机在自控模式下以 4 米/秒的速度、距地面 2 米的高度、合理的喷头流量进行喷雾作业，从起飞至电量/燃油不足报警后平稳着落，测试并记录单架次总飞行时间和连续喷雾作业时间。

3. 残留液量 注满燃油（使用满电电池），加入额定容量的试验介质。操控植保无人机在测试场地内以 3 米/秒飞行速度、3 米飞行高度及制造商明示喷药量的最小值模拟田间施药，在其发出药液耗尽的提示信息后，选取离起飞点较近的合适位置，保持机具悬停，直至其发出燃油（电量）不足报警后着陆，将药液箱内残留液体倒入量杯或其他量具中，计量其容积。

4. 过滤装置　植保无人机至少应有二级过滤装置，药液箱加液口应设过滤装置，且网孔直径应不大于 1 毫米。末级过滤装置的网孔最大尺寸应不大于 0.7 毫米。

5. 喷头防滴漏　植保无人机在额定工作压力下进行喷雾，停止喷雾 5 秒后计时，计数各喷头 1 分钟内滴漏的液滴数，每个喷头的滴漏数应不大于 5 滴。

6. 喷雾量均匀性变异系数

（1）将植保无人机以正常作业姿态固定于集雾槽上方，集雾槽的承接雾流面作为受药面应覆盖整个雾流区域，植保无人机机头应与集雾槽排列方向垂直。

（2）植保无人机加注额定容量试验介质，在旋翼静止状态下，以制造商明示的最佳作业高度进行喷雾作业。若制造商未给出最佳作业高度，则以 2 米作业高度喷雾。

（3）使用量筒收集槽内沉积的试验介质，当其中任一量筒收集的喷雾量达到量筒标称容量的 90% 时或喷完所有试验介质时，停止喷雾。

（4）记录喷幅范围内每个量筒收集的喷雾量，并按式下式计算喷雾量均匀性变异系数。

$$\bar{q} = \frac{\sum_{i=1}^{n} q_i}{n}$$

式中，

$\bar{q}$——喷雾量平均值，单位为毫升；

q_i——各测点的喷雾量，单位为毫升；

n——喷幅范围内的测点总数。

$$S = \sqrt{\frac{\sum_{i=1}^{n} (q_i - \bar{q})^2}{n-1}}$$

式中，

S——喷雾量标准差，单位为毫升。

$$V = \frac{S}{\bar{q}} \times 100\%$$

式中，

V——喷雾量分布均匀性变异系数。

7. 作业喷幅　试验在空旷的露天场地，场地表面有植被覆盖，环境平均风速为 0～3 米/秒，温度为 5～45℃，相对湿度为 20%～95% 的环境中进行。

（1）将采样卡（专用试纸）水平夹持在 0.2 米高的支架上，在植保无人机预设飞行航线的垂直方向（即沿喷幅方向），间隔不大于 0.2 米或连续排列布置。

（2）植保无人机加注额定容量试验介质，以制造商明示的最佳作业参数进行喷雾作业。若制造商未给出最佳作业参数，则以 2 米作业高度，4 米/秒飞行速度，进行喷雾作业。在采样区前 50 米开始喷雾，后 50 米停止喷雾。

（3）计数各测点采样卡收集的雾滴数，计算各测点的单位面积雾滴数，作业喷幅边界按下列两种方法确定：一是从采样区两端逐个测点进行检查，两端首个单位面积雾滴数不小于 15 滴/厘米² 的测点位置作为作业喷幅两个边界；二是绘制单位面积雾滴数分布图，该分布图单位面积雾滴数为 15 滴/厘米² 的位置作为作业喷幅两个边界（图 6-34）。

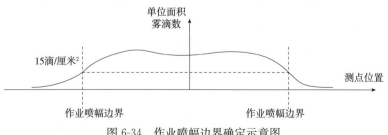

图 6-34　作业喷幅边界确定示意图

（4）作业喷幅边界间的距离为作业喷幅。试验重复 3 次，取平均值。允许在 1 次试验中布置三行采样卡代替 3 次重复试验，采样卡行距不小于 5 米。

五、中耕追肥机

（一）作业质量要求

根据《中耕追肥机》（JB/T 7864—2013）机械行业标准要求，中耕追肥机作业质量应符合表 6-14 要求。

表 6-14　中耕追肥机作业质量指标

序号	项　　目	单位	作业质量指标
1	耕深一致性变异系数	—	≤18.5%
2	伤、埋苗率	—	≤5.0%
3	总排肥量稳定性变异系数	—	≤6.0%
4	各行排肥量一致性变异系数	—	≤8.0%
5	施肥断条率	—	≤4%

（二）作业质量测试方法

试验地应选择有代表性的地块，试验样机应按使用说明书要求调整到正常工作状态。配套拖拉机技术状态完好。在使用说明书规定的速度下，作业 1 个往返行程（单行中耕施肥机作业 2 个往返行程），测定以下项目。

1. 耕深一致性变异系数　在测区内测定 2 行，每行选取 11 个点（每隔 2 米选取 1 个点），共 22 个点，测量耕深。按下式计算耕深一致性变异系数。

$$\bar{a} = \frac{\sum a_i}{n}$$

$$S = \sqrt{\frac{\sum_{i=1}^{n}(a_i - \bar{a})^2}{n-1}}$$

$$V = \frac{S}{\bar{a}} \times 100\%$$

式中，

$\bar{a}$ ——平均耕深，单位为厘米；

a_i ——各测点的耕深，单位为厘米；

n ——测定点数；

S ——标准差，单位为厘米；

V ——耕深一致性变异系数。

2. 伤、埋苗率　在测区内，选取所有两侧耕作过的行，每行 20 米，调查伤、埋苗植株数及总植株数，计算伤（埋）苗植株数占总植株数的百分比。

3. 总排肥量稳定性变异系数　排肥性能试验在场上进行，试验前将排肥量调至规定施肥量。将机器架起，使传动轮轮缘离开地面，机架呈水平状态，转动传动轮，使传动轮转速与田间施肥作业时相似，转动 10 圈，接取每个排肥口排出的肥料，称得全部排肥器排肥总质量。重复测定 5 次，按下式计算总排肥量稳定性变异系数。

$$\bar{Q} = \frac{\sum Q_i}{n}$$

$$S = \sqrt{\frac{\sum_{i=1}^{n} (Q_i - \bar{Q})^2}{n-1}}$$

$$V = \frac{S}{\bar{Q}} \times 100\%$$

式中，

$\bar{Q}$ ——全部排肥器 5 次排出量平均值，单位为克；

Q_i ——全部排肥器第 i 次排出量，单位为克；

n ——测定次数；

S ——排肥量标准差，单位为克；

V ——排肥量变异系数。

4. 各行排肥量一致性变异系数 试验方法同上，转动 10 圈，接取每个排肥口排出的肥料，称得每个排肥器排肥质量，测定 1 次。计算公式同上式。

式中，

$\bar{Q}$——各行平均排肥质量，单位为克；

Q_i——每个排肥器的排肥质量，单位为克；

n——排肥器数量；

S——排肥量标准差，单位为克；

V——各行排肥量一致性变异系数。

5. 施肥断条率 试验场地应平整、光洁、硬实（选择水泥地或其他光洁场地），调整排肥管口使其距离地面高度 3～5 厘米，中耕追肥机以正常作业速度行驶 20 米，长度在 10 厘米以上的无肥料区段为断条，测定 5 米内各行断条数和断条长度。按下式计算断条率。

$$\delta_d = \frac{\sum_{i=1}^{k} L_i}{L} \times 100\%$$

式中，

δ_d——断条率；

k——排肥口个数；

L_i——断条长度（$i=1, 2, 3, \cdots, k$），单位为厘米；

L——排肥总长度，单位为厘米。

第七章 小麦机收农机农艺融合 生产技术

小麦是我国重要的主粮作物，11 个主产区种植面积约 2.5 亿公顷，年产量达 1.3 亿吨。我国冬小麦成熟期集中在 5—6 月，收获季节性强，一般适宜收获期仅有 5～8 天；收获过早，籽粒不饱满、脱粒、清选损失严重；收获过迟，自然损失以及机械作业时割台损失增加。因此，小麦高质低损收获是重要的生产环节，对确保小麦产量和质量具有重要意义。经过近 30 年发展，我国小麦收获基本实现了机械化。据统计，2019 年全国小麦机收率达到 97% 左右，山东省更是达到了 99%。但是，与发达国家相比，我国小麦收获装备在研发能力、制造水平、产品质量、生产效率，以及自动化、智能化水平方面差距甚大，亟需对现有产品更新换代，提升小麦机收作业质量和效率。

第一节 小麦机收农艺要求

一、小麦生长后期生物学特性

（一）小麦成熟期

小麦成熟期分为乳熟、蜡熟、完熟、过熟等几个阶段。在不同的成熟期，籽粒饱满度、籽粒及秸秆含水量、籽粒与穗轴之间的连接强度等指标也不同。同一地块的小麦，因地力水平、灌溉条件等生长发育环境条件不同，成熟度并不完全一致。同一穗上的籽粒，由于形成花蕾和开花的次序有先后，成熟度也参差不齐。小麦属于穗状花序，最先开花和结实的在穗头中部，然后是穗头顶部和底部，因此，穗头中部籽粒饱满、穗头顶部和底部次之。针对小麦成熟情况不一的特性，收获时应采取不同的收获方式。

1. 小麦乳熟期 这一时期小麦灌浆仍未完成，植株湿青，收获后籽粒发芽率低，多用于鲜食。一般采用分段收获方式。

2. 小麦蜡熟期 一般历时 3～7 天，根据籽粒硬化程度和植株枯黄程度，又分为蜡熟初期、中期和末期。

蜡熟初期：小麦籽粒正面呈黄绿色，用手指掐压籽粒易破，胚乳成凝蜡状，无白浆、无滴液，籽粒受压而变形；茎叶中的养分仍可向籽粒输送，粒重仍在增加。当田间取样 50％的籽粒达到以上情况，籽粒含水量在 30％～40％时，为蜡熟初期。这时田间全株金黄，多数叶片枯黄，旗叶金黄平展，基部微有绿色，茎节、穗节含水较多，微带绿色，柔软韧性强，此期 1～2 天。这时易采用分段收获。

蜡熟中期：籽粒全部成黄色，饱满湿润，用指甲掐籽粒可见痕迹，用小刀切籽粒，软而易断，但不变形；田间取样 50％的籽粒达到以上情况，籽粒含水率在 25％～35％时，为蜡熟中期。此时植株茎叶全部变黄，其下部叶变脆，茎秆仍有弹性，部分品种穗基部仍有微绿色。正常成熟的植株，有机养分仍向籽粒输送，此期 1～3 天。这时可采用分段收获或联合收获，联合收获时注意减少损失率。

蜡熟末期：籽粒颜色接近于本品种固有色泽，且较为坚硬，通常全田取样有 50％的籽粒达到以上标准，籽粒含水量 20％～25％时，为蜡熟末期。这时植株全部枯黄，叶片变脆，茎秆仍有弹性，籽粒中有机物质积累结束，千粒重达到最大值。此期 1～3 天。此时可以采用联合收获机开始收获。

3. 小麦完熟期 这时籽粒全部变硬，呈现本品种固有色泽，小麦植株干燥，含水量在 20％以下；籽粒密度大、发芽率高、品质好。这时植株枯黄，叶片和穗头含水量低，易折断；籽粒与穗轴连接力下降严重，易脱粒；秸秆与籽粒密度差大，易于分离清选。小麦收获的最佳时期是蜡熟末期和完熟初期，因此，完熟期应尽量做到应收尽收。

4. 小麦过熟期 这时小麦植株干燥，籽粒与穗轴连接力极低，易造成自然脱落损失，小麦籽粒品质变差。因此，小麦收获不要等到这个时期，适时收获为好。

（二）小麦含水率

1. 小麦的含水率随着成熟度增加逐渐降低　茎秆的不同部位，其含水率变化也很大，如当小麦基部含水 75％时，茎秆下部含水率约 35％，穗头处则可低至 15％左右。因此，收获时留茬高度直接影响作业效率和作业质量。

2. 小麦含水率是影响机收质量的重要因素　对于湿度大的作物，切割、脱粒、分离与清选都比较困难，可能导致机械装备作业质量变差、动力损耗增加。因此，在雨水较多的地区，要选择适应秸秆潮湿作业的收获机械和方式，同时提高"湿脱"的性能。

（三）小麦自然落粒

1. 小麦落粒性　小麦落粒性包括颖壳的形状硬度、穗轴脆性、籽粒脱粒性等方面，是小麦重要的驯化性状。脆性穗轴、硬壳、难脱粒等性状一般被认为是原始的野生性状，普通小麦品种一般具有坚硬穗轴、软颖壳、易脱粒等特性，是人类驯化改变其基因的结果。

2. 小麦抗落粒性　小麦落粒性一般体现在完熟期，小麦如果自然落粒较多或者收获时因拨禾轮拨打造成较大的割台损失，往往给生产带来损失。因此，抗落粒性也属鉴定小麦品种适应性的主要指标之一。大风、雨水等自然因素虽与小麦的落粒性有关，但经研究发现，小麦基因决定了颖壳的形态结构以及包含性强弱，因而决定了籽粒的抗落粒性。小麦的自然落粒按落粒程度可分为三类。

（1）易落粒性。壳长度不足呈圆形，小而松，籽粒较宽呈卵圆形，灌浆后期籽粒达饱满程度时外撑压力大，导致外颖向外开张度大籽粒裸露，稍有震动就掉落。此种类型籽粒越大落粒越严重。外在表现为"口松"，麦粒成熟后，稍加触动即落粒。

（2）较抗落粒性。颖壳较长，大而紧凑，籽粒呈长圆形，灌浆后期籽粒向外的压力较小，基本不裸露，颖壳的包含性较好。外在表现为"中性"，自然状态下不易落粒，机械脱粒较容易。

（3）高抗落粒性。外颖壳顶部呈钩形的短芒和内颖紧贴呈闭锁状况，即使籽粒呈圆形很饱满，但因极强的包含性不裸露或落粒，只有在强力作用下破裂颖壳才掉粒。外在表现为"口紧"，手用力搓方可落粒。

籽粒形态和大小都不属落粒抗性的主要原因，基因差异则是品种落粒抗性不同的主要原因。通过合理选配母本和杂交选育，可获得较抗落粒性的品种。当颖壳包含性好的大粒型品种互交时可获得抗落粒的大粒型品种。

（四）作物倒伏

小麦生长后期，由于植株高、籽粒重，在遭受大风、大雨时，极易产生倒伏，作物倒伏会给机械收割造成困难，增加损失，降低效率。

1. 在小麦品种方面　需培育并选用抗倒伏能力强的品种。一般植株矮，茎基部节间短，茎秆粗壮坚实富于弹性，叶片狭窄挺拔的品种，抗倒伏能力强；反之则弱。

2. 在栽培管理方面　采取防倒伏措施，加深耕层，开沟排渍。深耕可使活土层加厚，促根系深扎，根量增多，增强抗倒伏能力。科学施肥，增施肥料是小麦获得高产的一项重要措施，但施肥不当则易造成倒伏减产。施肥要以底肥为主，追肥为辅；以农家肥为主，化肥为辅；氮、磷、钾搭配，分层施肥。

3. 在小麦机械化收获方面　收获倒伏小麦时必须对收割机进行有效的改装和调整。经改装后的收获机采取合适的作业方法，可把损失降到最小。机械化收获时行之有效的方法一般有：

（1）加装扶禾器。扶禾器装在护刃器前部，收割时可将倒伏秸秆挑起、扶持和引导进入收割台。扶禾器结构简单、安装方便，一般每1~4个护刃器装一个，倒伏越严重，间隔越小。机收作业时尽量直线行驶，避免左右摆动，防止扶禾器按压更多的小麦植株，造成损失。

（2）安装鱼雷式或靴式分禾器。倒伏小麦秸秆交叉在一起，如果割台两端不能有效地分禾，则部分穗头在切割后散落地面，造成损失。鱼雷式分禾器分禾距离较长，且整体高度、上下和左右分禾板均可调整，因此可起到较好的分禾作用，减少了分禾损失。

（3）正确调整拨禾轮位置及弹齿角度。收割倒伏小麦时，拨禾轮位置应向前、向下调整，使弹齿在最低位置时尽量靠近（但不接触）地面以抓取秸秆。

（4）当小麦倒伏非常严重，又无扶禾器时，可换用挠形割台。

（5）收获倒伏小麦时，要尽量降低割茬高度，降低前进速度，或者逆倒伏方向收获。

（6）倒伏小麦收割因割茬低、喂入量增大以及植株潮湿，使分离难度增大，因此要适当增加风量，并调好风向和筛子的开度，必要时不必全割幅收割以降低喂入量。

二、小麦收获的农艺要求

小麦收获的农业技术要求，是收获机械装备使用和设计的依据。由于黄淮海区域面积大，各地自然条件迥异，品种多样，栽培制度不尽相同，对小麦收获的技术要求不尽一致。概括起来主要有以下几点：

（一）保证收获质量

小麦机收要尽量减少籽粒破碎及机械损伤，以免影响籽粒发芽率和贮藏加工；收获的籽粒应具有较高的清洁率。割茬高度应尽量低，一般10厘米左右，只有两段收获法，才可保持在15～25厘米。从利于后茬作物机械化栽培衔接看，尤其是从满足玉米机械化直播作业田间要求看，以割茬不高于20厘米为宜，不但玉米直播机械作业效率高，而且播种作业质量好。割茬过高时，由于小麦高低不一或机车过田埂时割台上下波动，易造成部分小麦漏割，同时，拨禾轮的拨禾推禾作用减弱，易造成落地损失。

（二）正确处理秸秆

1. 小麦秸秆还田　小麦秸秆切碎直接还田是在小麦联合收获作业时，对秸秆进行直接切碎，并均匀抛撒还田。采用带秸秆切碎和抛撒功能的小麦联合收割机，或在小麦联合收割机出草口处，装配专门的秸秆切碎抛撒装置进行联合收获作业。目前，常用的横轴流收割机因为其结构的原因，将秸秆抛撒在机器的一侧，作业后秸秆不能均匀分布在地面上；而纵轴流的收割机可以从机器的尾部抛撒秸秆，作业后秸秆分布较为均匀。所以，对于秸秆还田的地块，宜选用纵轴流小麦收割机。

2. 小麦秸秆离田 小麦秸秆离田是在小麦收割时，收割机不安装秸秆切碎器，秸秆不进行粉碎，而是直接抛撒在地面上，之后再利用捡拾打捆机将地面上的小麦秸秆打（压）成方草捆或者圆草捆，并用相应的运输机械送到进一步加工处理的场所。

（三）选择适应性强的收获机械

由于黄淮海地区自然条件和栽培制度的差异，旱田水田兼有，平作垄作共存，间作套作同行，小麦倒伏、雨季潮湿同在。因此，要选择结构简单、重量轻，工作部件、行走装置适应性强的收获机械。

（四）适时晚收，提质减损

20世纪90年代以前，小麦主要采用分段收获，为防止自然落粒和收割时的损失，一般在蜡熟期开始收获，到完熟期收割完毕，一般3~7天。2000年前后，随着全省小麦联合收获机的推广应用和普及，联合收获逐渐成为主要作业方式，适时晚收，低含水率收获，越来越成为小麦机收的趋势。

适时晚收有以下优点：一是小麦籽粒完全成熟，含水少、硬度大，不宜破碎，收获籽粒质量高；二是秸秆干燥，易于脱粒和清选，脱粒和清选损失率低、清洁率高；三是在脱粒和分离过程中，秸秆易于粉碎变短，秸秆粉碎质量高；四是含水率低，节省晾晒、烘干等环节；五是由于脱粒、清选负荷低，收获作业效率高，能源消耗少，节省油料。

第二节　小麦收获常用机械

山东省小麦成熟期集中在6月上中旬，常常与阴雨天气同步，采用机械进行小麦收获，确保小麦丰产丰收十分重要。机械化联合收获就是利用机械一次性完成小麦的切割、喂入、脱粒、清选、籽粒收集等作业，其目的是提高生产率，减少收获损失，为小麦的丰收提供保障。同时，缩短小麦收获周期、抢农时，确保后茬作物及时播种和生长。

一、机械化收获技术

小麦收获是农业机械化生产过程中最复杂的工艺过程。根据各地自然条件、农艺条件、经济发展水平的不同，小麦收获的方法通常有 3 种：分段收获法、两段收获法和联合收获法。

（一）分段收获法

先用收割机将小麦割断成条，铺放在田间，用人工打捆（也可用收割机一次完成收割、打捆作业），再用脱粒机进行脱粒，最后人工清扬。这种收获方式适合小麦在蜡熟中早期收获，所需机械结构简单，价格较低，保养维修方便。但收获过程人工需求多，工作效率低，总损失大，是黄淮海地区 20 世纪的主要收获方式。

（二）两段收获法

将小麦收获分为两个阶段进行。第一阶段在小麦蜡熟期用割晒机割下，成条状铺放在割茬上，经过 3～5 天晾晒，利用后熟作用使籽粒成熟变硬，然后利用带拾禾器的联合收获机，将小麦沿条铺捡拾、输送、脱粒、分离和清选联合作业。该法与联合收获相比具有以下优点：一是小麦经后熟作用，提高了产量和质量；二是小麦经晾晒，湿度小，易脱粒清选，作业效率高。缺点是增加了机械进地次数和燃油消耗（7%左右）。在多雨潮湿地区，可能造成籽粒霉变，不易采用此法收获。

（三）联合收获法

用联合收割机在田间一次性完成小麦的收割、脱粒、分离、清选、籽粒收集等程序作业。这种收获方法生产效率高、劳动强度和收获损失少，但机械结构复杂，设备一次性投资大，对技术使用要求高。

二、小麦收获机械种类

不同的收获方法所采用的机械在用途上和构造上都不相同，主要包括收割机、脱粒机、联合收割机三大类，它们构成了小麦机械化收获系统（图 7-1）。

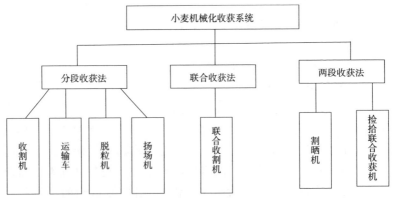

图 7-1　小麦机械化收获系统

（一）收割机械

收割机械可完成收割和铺放两道作业工序。按照小麦铺放形式不同，分为收割机、割晒机和割捆机。

1. 收割机　可将小麦基部切割后，进行茎秆转向条铺，即把茎秆转到与收割机前进方向基本垂直的状态进行铺放，便于后续人工打捆、运输。收割机按照割台输送装置不同，可分为立式割台收割机、卧式割台收割机和回转式割台收割机；按照与动力机连接方式不同，可分为牵引式和悬挂式两种。20 世纪 80～90 年代，黄淮海地区前置悬挂式收割机应用较多，作业时自行开道，减少了人工作业。

2. 割晒机　割晒机可将小麦基部切割后，进行顺向条铺，即把茎秆按照割晒机前进方向基本平行的方向条铺，适于装有捡拾器的联合收割机进行捡拾联合作业。

3. 割捆机　割捆机可将小麦基部切断后，直接进行打捆，并放置田间。

（二）脱粒机械

脱粒机械是通过搓揉、打击等方式，将小麦籽粒从穗轴上分离下来的机械装备。脱粒机按照不同的分类方式，可分为不同种类。

1. 按照工作情况　按照完成脱粒工作情况及结构复杂程度，可分为简易式、半复式和复式三种。简易式脱粒机仅有脱粒装置，仅能把籽粒从穗轴上脱下来，分离、清选工序则依靠其他机械完成。半复式脱粒机除有脱粒装置外，还有简易分离机构，能把脱出物中的茎秆和部分颖壳分离出来，但仍需其他机械进行清选。复式脱粒机具有完备的脱粒、分离和清选机构，它不仅能把小麦籽粒脱下来，还能完成分离和清选作业。

2. 脱粒机械按照喂入方式　可分为半喂入式和全喂入式。半喂入式只把穗头送入脱粒装置，茎秆不进入脱粒装置，脱粒后可保持茎秆完整。全喂入式是把穗头及茎秆全部送入脱粒装置，茎秆经过脱粒装置后被压扁破碎，增加了脱粒装置的负荷。

3. 脱粒机械按照物料在脱粒装置的运动方向　可分为切流型和轴流型两种。切流型脱粒机内的物料沿脱粒滚筒圆周方向运动，无轴向流动，脱粒后的茎秆沿滚筒抛物线抛出，滚筒的线速度高，脱粒时间短，生产效率高，适于茎穗干燥的小麦脱粒；轴流型脱粒机内的物料在沿滚筒切线方向流动的同时，还作轴向流动，茎秆在脱粒室内工作流程长，脱净率高，籽粒破碎率低，脱粒机构适应性广，尤其适于潮湿、水分高的小麦脱粒作业，但茎秆破碎严重，功耗略高。

（三）联合收获机械

能够一次性完成小麦切割、输送、脱粒、分离和清选等工序的复式作业机械装备。小麦联合收获机械除配套动力外，主要是收割机械和复式脱粒机械的组合。

1. 联合收获机械的分类

（1）按照动力配备方式不同，分为牵引式、悬挂式和自走式。

牵引式结构简单、转弯半径大，机动性差，需人工割出拖拉机行驶道路，东北地区早期有所应用，但数量不多。悬挂式就是将收割机械和复式脱粒机械悬挂在拖拉机上，具有结构简单、造价低、机动性强、能自行开道的优点，黄淮海地区发展初期，大量应用这类联合收获机械。自走式小麦联合收获机是将小麦收割机和脱粒机用中间输送装置连接为一体，并有专用动力及底盘的小麦联合收获机械，其收割装置配备在机器正前方，能自行开道、机动性好、生产效率高、作业质量好，虽造价略高，但目前应用最多。自走式联合收割机按照驱动装置不同又分为轮式和履带式。轮式联合收割机转移速度快，驾驶灵活；履带式联合收获机虽然工作效率较轮式机略低，但触地面积大，在积水泥泞地块中作业具有很大优势，特别适合收获季节降水过多导致机具难以进地的区域使用。

（2）按照喂入方式不同，分为全喂入、半喂入两种形式。全喂入式是将茎秆和穗头全部喂入进行脱粒和分离，作业效率高、损失率低，但要求秸秆干燥度高；半喂入式用夹持链夹紧作物茎秆，只将穗部喂入脱粒装置，脱离后茎秆保持完整，能减少脱粒和清选功率消耗。

（3）按照生产效率不同，分为大型（喂入量 5 千克/秒以上）、中型（喂入量 2～5 千克/秒）、小型（喂入量 2 千克/秒以下）。

2. 小麦联合收获的优势　20 世纪 90 年代，黄淮海地区主要应用小型联合收割机，目前主要应用中、大型联合收割机。近年来，随着农村经济和农机化发展，黄淮海地区小麦分段收获法已被摒弃，小麦联合收获技术及装备已经普及，小麦收获主要选用大型全喂入自走轮式联合收割机，其优势表现在：一是生产效率高，喂入量 5 千克/秒左右的小麦联合收割机每天收获小麦 1 006.7 千米^2 左右，相当于 500 多人分段收获的作业量；二是小麦收获损失少，一般小麦联合收获机正常作业时总损失小于 2%，而其他收获方式因为作业环节较多，每个环节都有损失，总损失高达 6%～10%；三是减轻劳动强度，小麦分段收获时间紧、环节多、劳动强度大，联合收获减轻了劳动强度，改善了劳动条件，为下茬玉米直播抢种创造了条件。

三、典型小麦联合收割机结构特点与工作原理

全喂入自走轮式小麦联合收割机，按照脱粒物料在脱粒室运动轨迹，以及籽粒与茎秆分离方式不同，分为切流＋逐稿器（一种籽粒与茎秆分离装置）、切流＋横轴流、切流＋纵轴流和纵轴流四种典型形式。

（一）切流＋逐稿器式小麦联合收割机

切流＋逐稿器式小麦联合收割机是一款传统的小麦联合收割机，俗称康拜因。采用纹杆式切流脱粒滚筒，逐稿器式分离装置，对秸秆进行充分翻抖，增强了秸秆的散落性，保证作物有效地进行分离。代表型号有丰收3.0、迪尔W系列、道依茨法尔DF4LZ-13型等。

1. 总体结构　切流＋逐稿器式小麦联合收割机主要由割台系统、切流脱粒系统、逐稿器分离系统、风机筛箱清选系统、卸粮系统、发动机系统、行走系统、驾驶操作系统、液压及电气系统等组成（图7-2）。

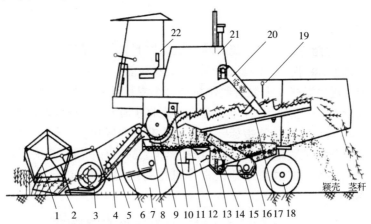

图7-2　切流＋逐稿器式小麦联合收割机结构示意图

1. 拨禾轮　2. 切割器　3. 割台　4. 输送链耙　5. 过桥　6. 割台升降油缸　7. 驱动轮　8. 脱粒凹板　9. 切流脱粒滚筒　10. 逐稿轮　11. 抖动板　12. 风机　13. 谷物推运器　14. 上筛箱　15. 杂余复脱器　16. 下筛箱　17. 逐稿器　18. 转向轮　19. 挡帘　20. 卸粮筒　21. 发动机　22. 驾驶室

2. 工作原理 小麦收割机工作时，分禾器把要割的小麦与待割的小麦分开，在拨禾轮的作用下，小麦被引向切割器并扶持切割。割下的小麦在拨禾轮的作用下进入割台，割台螺旋推运器将小麦推运到可伸缩拨齿机构处，伸缩拨齿将作物拨入输运器，通过输运器链耙的抓取作用，将作物不断地输送到切流脱粒装置，在切流滚筒和凹板的作用下脱粒。脱粒后的大部分籽粒、断穗、碎茎秆经凹板栅格孔落到阶梯抖动板上；长茎秆和少量夹带的籽粒在逐稿轮的作用下被抛送到键式逐稿器上，经键式逐稿器抛扬和翻动，籽粒从茎秆中分离出来，被分离出来的籽粒、断穗和碎茎秆沿逐稿器底部向前滑落到抖动板上，与从凹板落下的籽粒混杂物汇集；逐稿器面上的长茎秆被排出机外或被茎秆切碎器切断，由抛撒器抛撒于地面。落在抖动板上的脱出物，在向后移动的过程中，颖壳和碎茎秆浮在上层，籽粒沉在下面。脱出物经过抖动板尾部的梳齿筛时，被蓬松分离，进入清粮筛，在筛子的抖动和风扇气流的作用下，将大部分颖壳、短碎茎秆等吹出机外。未脱净的穗头经筛尾落入杂余推运器，经升运器进入脱粒装置。通过清粮筛筛出的籽粒，由籽粒推运器和升运器送入粮箱。

3. 性能特点 因切流脱粒滚筒与物料作用时间短，要脱粒干净、减少脱粒损失，需要滚筒转速高、脱粒能力强、物料干燥。因此，切流＋逐稿器式小麦联合收割机适合小麦秸秆和籽粒干燥时收获，喂入量大，作业效率高，但是潮湿小麦收获损失大、籽粒破碎率高。

4. 常见机型性能指标 目前，黄淮海地区切流＋逐稿器式小麦联合收割机数量较少，在生产规模较大的国有农场少量应用，这里介绍一些早期或东北地区常见机型的结构性能指标（表7-1），供参考。

表7-1 常见切流＋逐稿器式小麦联合收割机性能指标

型 号	丰收3.0	迪尔W80	迪尔W230	道依茨法尔 DF4LZ-13
喂入量 (千克/秒)	3.0	4.0	7.0	13

（续）

型 号	丰收 3.0	迪尔 W80	迪尔 W230	道依茨法尔 DF4LZ-13
割幅（米）	3.3	3.66	4.57	4.2
配套动力（千瓦）	65	86	136	163
脱粒机构	切流纹杆式	切流纹杆式	切流纹杆式	双切流滚筒钉齿＋纹杆式
分离机构	双轴四建式逐稿器	双轴四建式逐稿器	双轴五建式逐稿器	双轴五建式逐稿器
清选机构	风机＋双层鱼鳞筛	风机＋双层鱼鳞筛	风机＋双层鱼鳞筛	风机＋双层鱼鳞筛
行走方式	轮式	轮式	轮式	轮式

（二）切流＋横轴流式小麦联合收割机

切流＋横轴流式小麦联合收割机是在传统小麦联合收割机基础上，为适应我国农业生产规模小、小麦收获时间早的要求，最初由新疆农业机械化学院研发生产。最大特点是由板齿切流滚筒和纹杆＋钉齿横轴流滚筒组成双滚筒脱粒分离机构，实现小麦有效脱粒、分离。由于去掉了逐稿器，因而机体大大缩小。代表型号有新疆-2、谷神 GE、GF 系列（图 7-3）等。

图 7-3 谷神 GE80 型小麦联合收割机

1. 总体结构 切流＋横轴流小麦联合收割机主要由割台系统、

切流脱粒系统、横轴流脱粒分离系统、风机筛箱清选系统、卸粮系统、发动机系统、行走系统、驾驶操作系统、液压及电气系统等组成。图7-4所示。

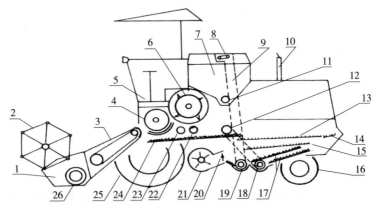

图7-4　切流＋横轴流小麦收割机结构示意图

1. 割台　2. 拨禾轮　3. 过桥　4. 切流脱粒滚筒　5. 驾驶台　6. 横轴流脱粒分离滚筒　7. 粮箱　8. 分布搅龙　9. 籽粒升运器　10. 发动机　11. 卸粮搅龙　12. 复脱器　13. 上筛箱　14. 尾筛　15. 下筛　16. 后轮　17. 下筛箱　18. 杂余升运器和杂余搅龙　19. 籽粒搅龙　20. 导风板　21. 风扇　22. 后搅龙　23. 前搅龙　24. 阶梯板　25. 前轮　26. 割台搅龙

2. 工作原理　切流＋横轴流式小麦联合收割机工作时，割台将小麦割下，割台搅龙将小麦推运到过桥链耙处，过桥链耙将物料不断地输送到板齿切流脱粒滚筒进行脱粒，脱粒后的物料切向抛入横轴流滚筒，在轴流滚筒上盖导向板的作用下从右向左螺旋运动，同时在纹杆和钉齿作用下完成脱粒和分离，长茎秆被滚筒左端分离板从机体左侧排草口抛出去。从轴流滚筒凹板分离出的籽粒、颖壳和碎茎秆等细小脱出物，由前、后搅龙推集到清粮室前，在抛送板的作用下落到阶梯抖动板上，物料在阶梯抖动板振动下，由前向后跃动，使物料分层，籽粒下沉，颖壳和碎秸秆上浮，当跃动到抖动板尾部栅条时，籽粒和颖壳的混合物从栅条缝隙落下，形成物料幕，在风扇的作用下，经风选落入筛箱不同位置，而碎茎秆杂余被栅条托着进一步分离。初分离物料在筛子和风扇的作用下进行清选，颖壳和短碎茎秆被吹出机外，籽粒从筛孔落下，被籽粒搅龙向右推运，经籽粒升运器送入粮箱。未脱净的穗头经下筛后段的杂余筛孔落入杂余搅龙，被推运到右端复脱器，经复脱后抛回上筛，进行再次清选。

3. 性能特点　切流＋横轴流式小麦联合收割机最大特点是采用横轴流脱粒分离滚筒取代逐稿器、逐稿轮等装置，用分离滚筒高速旋转的离心力，实现籽粒与秸秆的分离，取代逐稿器分离过程。与切流＋逐稿器式小麦联合收割机相比，整机体积减小；两个脱粒滚筒与物料作用时间长，脱粒分离彻底，对潮湿物料脱粒、分离适应能力强，脱粒损失率低。但由于结构限制，小麦秸秆只能从机体一侧抛出，造成秸秆堆积，影响夏玉米精量直播质量。该机型适合黄淮海中小型生产规模地区选用。

4. 常见机型性能指标　目前，在黄淮海地区切流＋横轴流式小麦联合收割机保有量较多，农机购置补贴初期以喂入量 5 千克/秒左右为主，近几年，群众主要选购 7～8 千克/秒的机型为主，现列举黄淮海区几款常见机型的结构性能指标（表 7-2），供参考。

表 7-2　常见切流＋横轴流式小麦联合收割机性能指标

型　号	巨明 4LZ-5.0	谷王 TB60	金大丰 4LZ-7	谷神 GE80	谷神 GF80
喂入量（千克/秒）	5.0	6.0	7.0	8.0	8.0
割幅（米）	2.5	2.5	2.65	2.56/2.75	3.25
配套动力（千瓦）	66	92	121	121	118
脱粒分离机构	切流＋横轴流	切流＋横轴流	切流＋横轴流	切流＋横轴流	切流＋横轴流
清选机构	风机＋双层鱼鳞筛	风机＋双层鱼鳞筛	风机＋双层鱼鳞筛	风机＋双层鱼鳞筛	风机＋双层鱼鳞筛
行走方式	轮式	轮式	轮式	轮式	轮式

（三）切流＋纵轴流式小麦联合收割机

切流＋纵轴流式小麦联合收割机是在现代小麦联合收割机基础

上，为适应我国农业生产规模不断扩大、小麦收获质量提升的要求，学习借鉴国外技术研发的产品。最大特点是采用板齿切流滚筒和分段式纵轴流滚筒两个滚筒，实现小麦有效脱粒、分离。代表型号有雷沃 GN 系列、迪尔 C 系列（图 7-5）谷物联合收割机。

图 7-5　迪尔 C 系列谷物联合收割机

1. 总体结构　切流＋纵轴流式小麦联合收割机主要由割台系统、切流脱粒系统、纵轴流脱粒分离系统、风机筛箱清选系统、卸粮系统、发动机系统、行走系统、驾驶操作系统、液压及电气系统等组成（图 7-6）。

2. 工作原理　切流＋纵轴流小麦联合收割机工作时，割台将小麦割下，割台搅龙将小麦推运到过桥链耙处，过桥链耙将麦穗不断地输送到板齿切流脱粒滚筒脱粒，脱离后的物料在上、下击辊及上盖板的疏导下，将物料导入单纵轴流滚筒，物料沿轴流滚筒在盖板和滚筒的作用下从前向后运动，滚筒前部对物料进行二次脱粒和分离，后部将籽粒从秸秆中分离出来，分离后的长秸秆经秸秆切碎器均匀抛撒在地面。从轴流滚筒凹板分离出的籽粒、颖壳和碎茎秆等细小脱出物先后落到阶梯抖动板和回送盘上，再落到上筛上，物料在阶梯抖动板和上筛的振动下，由前向后跃动，使物料分层，籽粒下沉，颖壳和碎秸秆上浮。当跃动到抖动板尾部栅条时，籽粒和颖壳的混合物从栅条缝隙落下，同时和落到上筛的物料形成物料幕，在风扇的作用下，经风选落入下筛箱不同位置，而碎茎秆杂余被栅条托着进一步分离。初分离物料在筛子和风扇的作用下进行清

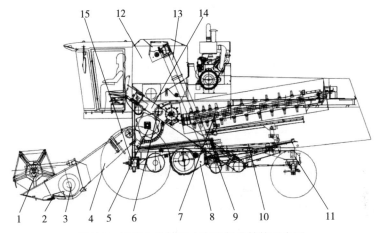

图 7-6　切流＋纵轴流小麦收割机结构示意图

1. 拨禾轮　2. 切割器　3. 喂入搅龙　4. 过桥　5. 切流脱粒滚筒　6. 物料转换装置　7. 纵轴流脱粒分离滚筒　8. 风机　9. 抖动板　10. 清选筛　11. 转向桥　12. 粮箱　13. 籽粒升运器　14. 杂余升运器　15. 驱动桥

选，颖壳和短碎茎秆被吹出机外；籽粒从筛孔落下，被籽粒搅龙向右推运，经籽粒升运器送入粮箱；未脱净的穗头经下筛后段的杂余筛孔落入杂余搅龙，被推运到右端复脱器，经复脱后抛回上筛，进行再次清选。

3. 性能特点　切流＋纵轴流小麦联合收割机最大特点是采用纵轴流脱粒分离滚筒，取代目前大多数正在使用的横轴流脱粒分离滚筒。虽其脱粒、分离原理相同，但由于不受结构空间限制，加长了纵轴流滚筒，物料分离更彻底，夹带损失少；降低了滚筒转速，对籽粒打击力度变小，籽粒损伤程度低；加大了筛箱清选面积，小麦清洁度更高；排草方向改变了，可以装配切碎器，将秸秆均匀抛撒，为玉米免耕直播创造条件。这类小麦联合收获机兼有切流、纵轴流脱粒方式的优点，是当前小麦联合收割机更新换代产品。

4. 常见机型性能指标　目前，黄淮海地区切流＋纵轴流式小麦联合收割机逐渐兴起，保有量逐步增加，这里介绍几款黄淮海区常见机型的结构性能指标（表 7-3），供参考。

表 7-3　常见切流＋纵轴流式小麦联合收割机性能指标

型号	谷神 GN60	谷神 GN70	春雨 4LZ-8CZ	迪尔 C100	迪尔 C230
喂入量 （千克/秒）	6.0	7.0	8.0	6.0	8.0
割幅（米）	4.57	4.57	2.75	3.66/4.57	5.4
配套动力 （千瓦）	103	125	100	100	150
脱粒分离 机构	切流＋ 纵轴流	切流＋ 纵轴流	切流＋ 纵轴流	切流＋双纵 轴流	切流＋ 纵轴流
清选机构	风机＋双层 鱼鳞筛	风机＋双层 鱼鳞筛	风机＋双层 鱼鳞筛	风机＋双层 鱼鳞筛	风机＋双层 鱼鳞筛
行走方式	轮式	轮式	轮式	轮式	轮式

（四）纵轴流式小麦联合收割机

纵轴流式小麦联合收割机是近年国内外农机设计专家研发的新产品，最大特点是用纵轴流脱粒分离滚筒实现小麦有效脱粒、分离。纵轴流小麦收割机结构简单，清选系统面积大，但其传动系统复杂，滚筒喂入部位易堵塞。主要代表型号有迪尔 S 系列，雷沃 M、K 系列，谷王 F 系列、金亿科乐收等型号谷物联合收割机。

1. 总体结构　纵轴流小麦联合收割机主要由割台系统、纵轴流脱粒分离系统、风机筛箱清选系统、卸粮系统、发动机系统、行走系统、驾驶操作系统、液压及电气系统等组成（图 7-7）。

2. 工作原理　纵轴流小麦联合收割机工作时，割台将小麦割下，割台搅龙将小麦推运到过桥链耙处，过桥链耙将谷物不断输送到纵轴流滚筒进行脱粒分离。谷物在轴流滚筒与盖板作用下首先进行脱粒，然后物料在纵轴流滚筒和脱粒凹板的作用下从前向后螺旋运动并分离，分离后的长秸秆经秸秆切碎器粉碎后均匀抛撒地面。从滚筒凹板分离出的籽粒、颖壳和碎茎秆等脱出物先后落到抖动板和上筛上，物料在抖动板和上筛振动下，由前向后跃动，使物料分层，籽粒下沉，颖壳和碎秸秆上浮。当跃动到抖动板尾部栅条时，籽粒和颖壳的混合物从栅条缝隙落下形成物料幕，在风扇的作用

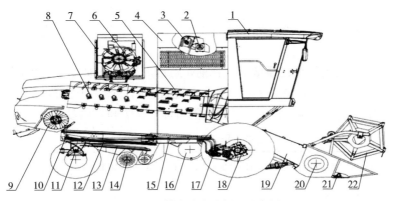

图 7-7 纵轴流小麦收割机示意图

1. 驾驶室 2. 粮仓顶搅龙 3. 籽粒升运器 4. 粮仓 5. 分离室总成 6. 发动机 7. 散热器除尘系统 8. 纵轴流滚筒 9. 切碎器 10. 尾筛 11. 转向桥 12. 上筛总成 13. 下筛总成 14. 复脱器 15. 抖动板 16. 风机总成 17. 变速箱 18. 驱动桥总成 19. 过桥总成 20. 割台搅龙 21. 切割器总成 22. 拨禾轮

下，经风选落入下筛箱不同位置，而碎茎秆杂余被栅条托着进一步分离。初分离物料在筛子和风扇的作用下进行清选，颖壳和短碎茎秆被吹出机外；籽粒从筛孔落下，被籽粒搅龙向右推运，经籽粒升运器送入粮箱；未脱净的穗头经下筛后段的杂余筛孔落入杂余搅龙，被推运到右端复脱器，经复脱后抛回上筛，进行再次清选。

3. 性能特点 纵轴流小麦联合收割机显著结构特点是结构简单、脱粒分离滚筒长度增加，脱分能力强，转速降低。作业时，轴流滚筒通过对谷物柔性打击，较长时间搓揉实现脱粒。因此，该机型较适用于潮湿小麦收获作业；收获效率比同体积的切流收割机高20%～25%；脱粒干净，损失少，籽粒损伤少；维护方便。增大的筛箱面积，使收获的小麦更加清洁。简单换装割台、凹板、筛箱等部件，可以实现玉米、大豆、水稻收获作业。纵轴流脱粒分离，实现了秸秆从收割机正后方排除，加装切碎抛洒机构可实现全割幅小麦秸秆均匀抛洒，避免对后续环节作业的堵塞，利于秸秆综合利用和农业生态环境保护。

从提高农机作业质量和作业效率方面看，纵轴流收割机是实现农机更新换代、新旧动能转换的切入点，是黄淮海地区小麦联合收割机发展的方向。

4. 常见机型性能指标 目前，黄淮海地区纵轴流小麦联合收割机已逐渐被农民接受，但受生产批量影响，产品价格相对较高。这里介绍几种常见机型的结构性能指标（表7-4），供参考。

表7-4 常见纵轴流小麦联合收割机性能指标

型 号	久保田 PRO100	谷神 GM80	谷神 GK100	谷王 TC80	迪尔 S660
喂入量（千克/秒）	5	8.0	10.0	8.0	14.0
割幅（米）	2.6	2.56/2.75	4.57/5.34	3.5	6.7
配套动力（千瓦）	80.1	129	162	100	239
脱粒分离机构	单纵轴流	单纵轴流	单纵轴流	单纵轴流	单纵轴流
清选机构	风机＋双层鱼鳞筛	风机＋双层鱼鳞筛	风机＋双层鱼鳞筛	风机＋双层鱼鳞筛	风机＋双层鱼鳞筛
行走方式	轮式	轮式	轮式	轮式	轮式

四、小麦联合收获机使用技术要点与注意事项

（一）技术要点

1. 适时收获 小麦要在蜡熟后期或完熟期收获，秸秆干燥、籽粒硬度高，可以充分发挥联合收获机械效率。

2. 正确选用机械 随着联合收获装备成熟，用户可根据作业需要，选择大喂入量、高清洁率、秸秆切碎率高的"切流＋横轴流"或纵轴流联合收割机。

3. 正确操作机械 作业时，要始终保持大油门，匀速前进，需要降低前进速度和停车时，也要保持脱粒清选部分正常运转一段时间，避免堵塞。

（二）操作要领

1. 田间准备 作业前，要了解小麦的生长情况、倒伏状况及通往田间的道路等；清除田间障碍，平渠埂、危险地带设标记等；人工开割道，为正式开机做好准备。

2. 机械准备 首先要对收割机进行全面的检查、调整，重点是收割机的行走部分、割台、脱粒机构及发动机等，使整个机器达到良好的技术状态；调整后试运转，包括发动机无负荷试运转、整机原地空运转、整机负荷试运转；准备辅助机械，根据收割机的功率、型号合理选配运粮、脱粒、运秸秆机械等；准备易损零配件，如割刀、传动皮带等。

（三）注意事项

1. 试割 作业前应进行试割，以检验机械的检修和调整质量，并进一步调整好机器，使之适应大面积作业要求。试割开始时应使用低速、1/3割幅，并逐渐加大大达到正常速度和割幅。试割过程中要经常检查各部位工作是否正常，必要时进行调整。

2. 确定作业速度 作业速度应根据喂入量和小麦品种、高度、产量和成熟度来确定，一般是以脱粒机构满负荷工作、清选机构工作正常为度。行走路线应考虑到卸粮方便，并注意使割刀传动装置靠着已收获的空地侧。

3. 大油门作业 为确保切割、输送、脱离、清选运转正常，作业中要始终保持发动机大油门，高速运转。即使在收割机走出地头后，也要保持作业部件高速运转一段时间。

第三节　小麦联合收获作业质量与检测方法

一、小麦联合收获机械作业质量指标

按照农业行业标准《谷物（小麦）联合收获机械作业质量》（NY/T 995—2006）要求，黄淮海地区常用全喂入自走式小麦联合收割机作业质量主要指标如下：

损失率≤2.0％，破碎率≤2.0％，含杂率≤2.5％，还田茎秆切碎合格率≥90％，还田茎秆抛散不均匀率≤10％，割茬高度≤18厘米，收获后割茬高度一致，无漏割，地头地边处理合理，地块和收获物中无明显污染。

二、小麦联合收获机械作业的质量检测

机械作业后，在检测区内采用5点法测定。从地块4个角划对角线，在1/4～1/8对角线长的范围内，确定出4个检测点位置再加上一个对角线的中点。

（一）割茬高度检测

在样本地块内按近似五点法取样，每点在割幅宽度方向上测定左、中、右3点的割茬高度，其平均值为该点处割茬高度，求5点的平均值。

（二）损失率

每个取样点处沿联合收割机前进方向选取有代表性的区域取1米²作为取样区域，在取样区域内收集所有的籽粒和穗头，脱粒干净后称其质量，按下式分别计算损失率，最后取5点损失率的平均值。

$$S_j = \frac{W_{sh}W_z}{W_{ch}} \times 100\%$$

式中，

S_j为第i取样点损失率，单位为％；

W_{sh}为每平方米籽粒损失质量，单位为克/米²；

W_z为每平方米自然落粒质量，单位为克/米²；

W_{ch}为每平方米测区籽粒总质量。

（三）含杂率

在联合收获机正常作业过程中，从出粮口随机接样5次，每次不少于2 000克，集中并充分混合，从中取含杂样品5份，每份1 000克左右，对样品进行清选处理，将其中的茎秆、颖糠及其他杂质清除后称质量，按下式计算含杂率，最后取5份含杂率平均值。

$$Z_z = \frac{W_z}{W_{zy}} \times 100\%$$

式中，

Z_z 为第 i 个样品含杂率，单位为%；

W_z 为样品中杂质质量，单位为克；

W_{zy} 为含杂质样品质量，单位为克。

(四) 破碎率

用四分法从样品处理后的籽粒中取出含破碎的样品 5 份，挑选出其中破碎籽粒，并称其重量，按下式计算破碎率，最后取其平均值。

$$Z_{zp} = \frac{W_p}{W_{py}} \times 100\%$$

式中，

Z_{zp} 为第 i 个样品破碎率，单位为%；

W_p 为样品中破碎籽粒质量，单位为克；

W_{py} 为含破碎籽粒样品的质量，单位为克。

(五) 还田茎秆切碎合格率和还田茎秆抛撒不均匀率

在每个取样点处选取 1 米^2 的测试区，并收集区域内所有还田茎秆称其质量，再从中挑选出切碎长度大于 15 厘米（山东省地标为 10 厘米）的不合格还田茎秆称其质量，按照下式计算还田茎秆切碎合格率，并取平均值。

$$F_h = \frac{(W_{jz} - W_{jb})}{W_{jz}} \times 100\%$$

式中，

F_h 为还田茎秆切碎合格率，单位为%；

W_{jz} 为测点还田茎秆质量，单位为克；

W_{jb} 为测点不合格还田茎秆质量，单位为克。

在 5 个测点中找出测点还田茎秆质量最大值和还田茎秆最小值，按照下式计算还田茎秆抛撒不均匀率。

$$F_b = \frac{(W_{max} - W_{min})}{W_{jj}} \times 100\%$$

式中,

F_b 为还田茎秆抛撒不均匀率,单位为%;

W_{max} 为测点还田茎秆质量最大值,单位为克;

W_{min} 为测点还田茎秆质量最小值,单位为克;

W_{jj} 为测点还田茎秆质量平均值。

(六)收获后地表状况及污染情况

用目测法观察收获后样本地表:割茬高度是否基本一致,是否有较大漏割地块,收获作物有无被收获机械造成的明显污染。

参 考 文 献

柏炜霞，李军，王玉玲，等，2014. 渭北旱塬小麦玉米轮作区不同耕作方式对土壤水分和作物产量的影响［J］. 中国农业科学，47（5）：880-894.

蔡玉金，范开涛，姚红艳，等，2016. 莒县小麦播种存在技术问题浅析［J］. 中国农技推广，32（11）：27-28.

陈贵菊，徐兴科，邵敏敏，等，2019. 机械镇压对旺长麦田小麦株高及产量的影响［J］. 山东农业科学，51（1）：69-71.

陈襄礼，李林峰，王重锋，等，2014. 小麦倒春寒发生特点及防御措施初探［J］. 河南农业科学，43（2）：35-37，42.

成小飞，宋卫海，周进，等，2020. 青贮玉米收获机械现状探析［J］. 现代农业科技（16）：127-128.

党红凯，曹彩云，李科江，等，2018. 冬小麦播后镇压技术规程［N］. 河北科技报，10-16.

杜佳林，侯海鹏，卢东琪，等，2020. 少免耕耕作方式对土壤理化性状及小麦产量的影响［J］. 中国农技推广，36（10）：69-71.

高瑞杰，鞠正春，吕鹏，2018. 山东小麦超高产栽培技术实践［M］. 北京：中国农业出版社.

宫秀杰，钱春荣，于洋，等，2017. 我国玉米秸秆还田现状及效应研究进展［J］. 江苏农业科学，45（9）：10-13.

龚振平，2009. 土壤学与农作学［M］. 北京：中国水利水电出版社.

龚振平，马春梅，2013. 耕作学［M］. 北京：中国水利水电出版社.

顾建勤，2012. 种子加工贮藏技术［M］. 天津：天津大学出版社.

郭克歌，2015. 小麦适时播 播后须镇压［N］. 河南科技报，09-25.

侯贤清，李荣，贾志宽，等，2017. 西北旱作农田不同耕作模式对土壤性状及小麦产量的影响［J］. 植物营养与肥料学报，23（5）：1146-1157.

黄玲，徐兴科，闫璐，等. 旺长麦田春季机械镇压对小麦生育性状及产量的影响［C］. 科技创新与绿色生产——2019 年山东省作物学会学术年会.

黄迎光，郑以宏，袁永胜，等，2014. 倒伏时期和倒伏程度对小麦产量的影响 [J]．山东农业科学（6）：51-53．

鞠正春，高瑞杰，董庆裕，2018. 小麦宽幅精播高产栽培技术 [M]．北京：中国农业出版社．

李霞，2016. 发展玉米秸秆还田机械化的思考 [J]．当代农机（4）：66-68．

李继业，董洁，田洪臣，等，2013. 农业节水工程技术手册 [M]．北京：化学工业出版社．

李科江．冬小麦播后镇压技术 [N]．河北科技报，2016-10-11．

李晓静，刘彦军，张雪花，等，2019. 不同镇压处理对小麦生长发育特性及产量的影响 [J]．农业科技通讯（8）：112-115．

吕思光，马根众，何明，2006. 联合收获保护性耕作机械化实用技术培训教材 [M]．北京：人民武警出版社．

马根众，王博，于靖波，等，2020. 山东小麦全程机械化生产解决方案 [J]．农业工程（6）：1-6．

马雪苗，杨红军，2015. 小麦不同阶段的镇压方法 [N]．河北科技报，10-31．

马志强，马继光，2009. 种子加工原理与技术 [M]．北京：中国农业出版社．

孟范玉，周吉红，王俊英，等，2015. 冬末春初京郊麦田镇压和补水对小麦产量的影响 [J]．农业科技通讯（3）：68-70．

聂良鹏，郭利伟，牛海燕，等，2015. 轮耕对小麦-玉米两熟农田耕层构造及作物产量与品质的影响 [J]．作物学报，41（3）：468-478．

钱生越，鲁植雄，2020. 粮食生产全程机械化技术手册 [M]．北京：中国农业出版社．

全国农业技术推广服务中心，2015. 植保技术与施药技术指南 [M]．北京：中国农业出版社．

山东省农业机械管理局，2014. 农机化实用技术培训教材 [Z]．济南：山东省农业机械管理局．

石建红，2012. 小麦镇压好处多，方法得当效果好 [N]．河北科技报，10-18．

孙鹏，宁明宇，2016. 种子加工技术 [M]．北京：中国农业出版社．

王斌章，周卫学，魏党振，等，2001. 超高产小麦镇压措施的应用技术 [J]．农业科技通讯（12）：6-7．

王发明，2014. 冬小麦机械化镇压有学问 [J]．农业知识（31）：48．

参 考 文 献

王法宏，等，2014. 小麦良种选择与丰产栽培技术［M］. 北京：化学工业出版社.

王健波，2014. 耕作方式对旱地冬小麦土壤有机碳转化及水分利用影响［D］. 北京：中国农业科学院.

王晓光，赵世宏，2019. 玉米秸秆打捆回收技术特点及推广途径分析［J］. 农机使用与维修，(12)：114.

王艳锦，王明艳，张全国，等，2020. 秸秆肥料化利用研究进展［J］. 农业工程，10 (9)：58-61.

吴长征，马庆林，2017. 茌平玉米机收秸秆还田技术发展调研［J］. 济南：山东农机化，2：26-27.

吴礼树，2004. 土壤肥料学［M］. 北京：中国农业出版社.

杨艳丽，石磊，张兴菇，2019. 机械化深耕深松技术应用及机具类型［J］. 农机使用与维修，8：102.

殷文，赵财，于爱忠，等，2015. 秸秆还田后少耕对小麦/玉米间作系统中种间竞争和互补的影响［J］. 作物学报，41 (4)：633-641.

于振文，2013. 作物栽培学各论：北方本［M］(2 版). 北京：中国农业出版社.

于振文，2015. 全国小麦高产高效栽培技术规程［M］. 济南：山东科学技术出版社.

于振文，2017. 黄淮海小麦绿色增产模式［M］. 北京：中国农业出版社.

于振文，巩庆平，2006. 山东省冬小麦主导品种与主推技术［M］. 济南：山东科学技术出版社.

余松烈，1990. 山东小麦［M］. 北京：中国农业出版社.

张强，梁留锁，2016. 农业机械学［M］. 北京：化学工业出版社.

张正，2015. 山东省耕作制度发展现状、存在问题与发展方向［J］. 中国农业信息 (3)：31-33.

赵其斌，2015. 冬小麦机械化镇压划锄操作及注意事项［J］. 农机科技推广 (2)：48-49.

图书在版编目（CIP）数据

山东小麦农机农艺融合生产技术 / 鞠正春等主编
. —北京：中国农业出版社，2022.2
ISBN 978-7-109-28965-9

Ⅰ.①山… Ⅱ.①鞠… Ⅲ.①小麦－农业生产－农业
机械化－研究－山东 Ⅳ.①S233.72

中国版本图书馆 CIP 数据核字（2021）第 255374 号

中国农业出版社出版
地址：北京市朝阳区麦子店街 18 号楼
邮编：100125
责任编辑：李 蕊 舒 薇 黄 宇
版式设计：杨 婧 责任校对：沙凯霖
印刷：北京印刷一厂
版次：2022 年 2 月第 1 版
印次：2022 年 2 月北京第 1 次印刷
发行：新华书店北京发行所
开本：880mm×1230mm 1/32
印张：10
字数：270 千字
定价：48.00 元